"山东省社会科学规划研究项目·海洋强省建设研究专项（19CHYJ11）"最终成果

山东高等学校青创人才引育计划立项团队·聊城大学太平洋岛国研究团队阶段性成果

梁甲瑞 著

南太平洋海洋治理及其当代影响

*Ocean Governance in the South Pacific and its contemporary impact*

中国社会科学出版社

图书在版编目(CIP)数据

南太平洋海洋治理及其当代影响/梁甲瑞著.—北京:中国社会科学
出版社,2021.8
ISBN 978 – 7 – 5203 – 8433 – 9

Ⅰ.①南… Ⅱ.①梁… Ⅲ.①南太平洋—海洋学—研究 Ⅳ.①P7

中国版本图书馆 CIP 数据核字(2021)第 093537 号

| | | |
|---|---|---|
| 出 版 人 | 赵剑英 | |
| 责任编辑 | 耿晓明 | |
| 责任校对 | 李　莉 | |
| 责任印制 | 李寡寡 | |

| | | |
|---|---|---|
| 出　　版 | 中国社会科学出版社 | |
| 社　　址 | 北京鼓楼西大街甲 158 号 | |
| 邮　　编 | 100720 | |
| 网　　址 | http://www.csspw.cn | |
| 发 行 部 | 010 – 84083685 | |
| 门 市 部 | 010 – 84029450 | |
| 经　　销 | 新华书店及其他书店 | |

| | | |
|---|---|---|
| 印　　刷 | 北京君升印刷有限公司 | |
| 装　　订 | 廊坊市广阳区广增装订厂 | |
| 版　　次 | 2021 年 8 月第 1 版 | |
| 印　　次 | 2021 年 8 月第 1 次印刷 | |

| | | |
|---|---|---|
| 开　　本 | 710×1000　1/16 | |
| 印　　张 | 16.5 | |
| 插　　页 | 2 | |
| 字　　数 | 245 千字 | |
| 定　　价 | 98.00 元 | |

# 目　　录

# 绪　　论

**一　国内外相关研究的学术史梳理及研究动态**

关于全球海洋治理的研究，国内学术界刚起步，比如王琪和崔野在《将全球治理引入海洋领域——论全球海洋治理的基本问题与我国的应对策略》①一文中讨论了全球海洋治理产生的背景、基本内涵、构成要素及制约因素等理论问题，并就我国在全球海洋治理中的地位和应对策略进行分析。黄任望在《全球海洋治理问题初探》②一文中尝试对全球海洋治理进行定义，并对全球海洋治理的主体、客体和方法进行初探。

关于太平洋岛国海洋治理的研究，国内学术界没有系统展开，截至 2020 年底只有 5 篇论文，其中曲升在《南太平洋区域海洋机制的缘起、发展及意义》③一文中通过对相关条约（公约）文本、会议公告、区域政策和战略规划文本、区域组织工作报告等一手资料的解读，考察南太平洋区域海洋机制缘起发展的历程和主要政策措施，总结其成就和不足。陈洪桥在《太平洋岛国区域海洋治理探析》④一文中从研究南太平洋地区政策的历史背景入手，在太平洋岛国区域论坛的综合性战略行动框架基础上研究景观框架，再对最新的太平洋地区主义框架进行分析。显然，国内对于太平洋岛国海

---

① 王琪、崔野：《将全球治理引入海洋领域——论全球海洋治理的基本问题与我国的应对策略》，《太平洋学报》2015 年第 6 期。

② 黄任望：《全球海洋治理问题初探》，《海洋开发与管理》2014 年第 3 期。

③ 曲升：《南太平洋区域海洋机制的缘起、发展及意义》，《太平洋学报》2017 年第 2 期。

④ 陈洪桥：《太平洋岛国区域海洋治理探析》，《战略决策研究》2017 年第 4 期。

洋治理的研究比较薄弱，相关研究停留在初始阶段，缺乏系统性的研究。

国外对全球海洋治理的实践在二战后就开始了，但对全球海洋治理的研究始于 20 世纪 90 年代。对全球海洋治理的研究维度主要集中在海洋治理合法性问题、海洋治理原则、海洋治理机制以及微观领域的海洋治理。其中简·万·塔腾霍夫（Jan Van Tatenhove）在《整合型海洋治理：合法性问题》（Integrated Marine Governance：Questions of Legitimacy）一文中探讨了联合海洋治理所面临的合法性问题。乔恩·戴克（Jon M. Dyke）、德吾德·策尔克（Durwood Zaelke）和格莱特·休伊森（Grant Hewison）在《为了 21 世纪的海洋自由》（*Freedom for the Seas in the 21st Century*）一书中基于传统的"海洋自由"概念未能体现当下海洋所面临的复杂挑战，从新的角度探讨海洋治理。德吾德·策尔克在《公海及其资源的全球治理和管理》（International Governance and Stewardship of the High Seas and Its Resources）一文中探讨了新海洋机制的发展，并提出了海洋治理和管理的六个宏观层面的机制。阿韦德·帕尔多（Arvid Pardo）在《海洋治理的角度》（Perspectives on Ocean Governance）一文中阐述了海洋空间治理的三个原则，同时，他把海洋视为人类共同的财产，并提出了关于海洋概念的五个含义。杰克逊·戴维斯（W. Jackson Davis）在《新全球海洋治理体系的需要》（The Need for a New Global Ocean Governance System）一文中探讨了基于保护海洋环境的海洋治理新型联合体系的必要性，并提出了三个前提条件。进入 21 世纪之后，随着海洋治理新问题的出现，学术界对海洋治理的研究也发生了新的动向。比如，丽萨·坎贝尔（Lisa M. Campbell）、诺艾拉·格雷（Noella J. Gray）等人在《全球海洋治理：新出现的问题》（Global Oceans Governance：New and Emerging Issues）一文中从海洋水文层面、政治层面及社会层面，探讨了海洋治理面临的挑战。

国外对太平洋岛国海洋治理的研究与全球海洋治理的研究几乎同步。由于渔业资源在太平洋岛国经济发展以及居民生存中扮演着重要角色，相关研究大部分是关于渔业资源保护。其中格雷西·方

(Gracie Fong) 探讨了南太平洋渔业局在海洋生物资源治理和保护中的作用。佛罗里安·库班（Florian Cubon）介绍了太平洋岛国如何为子孙后代保护海洋资源。在他看来，地区合作有助于治理与保护海洋资源。瑞贝卡·格鲁比（Rebecca L. Gruby）和泽维尔·巴索托（Xavier Basurto）在《多层海洋公域治理：帕劳保护区网络中的政治和多中心性》（Multi – level Governance for Large Marine Commons：Politics and Polycentricity in Palau's Protected Area Network）一文中重点关注与帕劳的国家海洋保护区网络有关的机制变化以及帕劳通过政府和非政府组织在海洋治理决策过程中如何获得影响力。虽然太平洋岛国有着丰富的全球海洋治理实践，但学术界对此缺乏系统研究。既有相关研究未结合全球海洋治理理论，对海洋治理的研究仅局限在南太平洋地区。

总之，到 2020 年底，国内外学术界对于全球海洋治理以及太平洋岛国海洋治理的研究处于一种探索阶段。全球海洋治理的实践早已有之，全球海洋治理理论的研究滞后于海洋治理实践。既有研究未把全球海洋治理理论与南太平洋海洋治理有效结合起来，研究维度仅局限在全球层面或地区层面，忽略了全球海洋治理理论与地区海洋治理实践的有效结合。

## 二　研究价值

### （一）学术价值

欧盟 2016 年《国际海洋治理：我们海洋的未来议程》的出台，标志着全球海洋治理具备了理论基础。既有关于全球海洋治理的研究虽然探讨了全球海洋治理理论，但是并未从完整意义上提出全球海洋治理理论。本书充分考虑了欧盟的《国际海洋治理：我们海洋的未来议程》，并用太平洋岛国海洋治理的实践检验和丰富全球海洋治理理论。

### （二）应用价值

山东省委、省政府印发了《山东海洋强省建设行动方案》，确定了山东海洋强省建设的"十大行动"，其中之一为海洋治理能力提升。太平洋岛国被认为是小岛屿发展中国家（Small Island Developing States），也被认为是海洋大型发展中国家（Large Ocean Developing States）。太平洋岛国有效地倡导海洋治理理念和践行海洋治理理论，在全球海洋治理中扮演着领头羊的角色。因此，山东可以借鉴南太平洋地区的海洋治理经验，提升海洋治理能力。

### 三　研究重点难点

本书一方面揭示南太平洋地区在全球海洋治理理论的框架中如何进行海洋治理，另一方面则关注南太平洋地区海洋治理对山东海洋治理能力提升有何借鉴意义以及山东如何参与南太平洋地区海洋治理。

本书的难点是研究条件的限制性。南太平洋地区拥有大量的区域组织，缔结了许多公约，产生了许多报告、文本等，搞清区域组织的来龙去脉和运行机制，以及如何解读南太平洋地区关于海洋治理的公约、报告、文本等都困难重重，需要实地调研和搜集第一手资料，而不能通过二手资料来解读。

### 四　研究目标

本书完成后应基本达到这样几个目标：（1）对"全球海洋治理"及其相关概念的清晰界定，搞清全球海洋治理理论的新内涵；（2）对南太平洋地区海洋治理进行正确、客观的探讨，在第一手资料的基础上，做出令人信服的分析；（3）剖析南太平洋地区海洋治理对山东海洋治理能力提升的启示；（4）探讨山东参与南太平洋地区海洋治理的路径。

### 五　研究思路方法

#### （一）基本思路

第一，对"全球海洋治理"相关概念进行界定，以便构建研究框架。在界定基本概念之后，结合《国际海洋治理：我们海洋的未来议程》，并考虑全球海洋新出现的问题，来探讨全球海洋治理理论的新内涵。

第二，在全球海洋治理理论框架之下，利用搜集的第一手资料，剖析南太平洋地区海洋治理。利用南太平洋地区海洋治理这个案例来检验、丰富全球海洋治理理论。同时，探讨南太平洋地区海洋治理对山东海洋治理的启示。

第三，太平洋岛国由于国小民少，具有先天的脆弱性。山东致力于建设海洋强省，积极参与南太平洋地区海洋治理是建设海洋强省的内在要求。有必要探讨山东参与的南太平洋地区海洋治理的具体路径。

第四，山东参与南太平洋地区海洋治理的前景与建设海洋强省有着很大的相关性，因此，有必要探讨山东参与南太平洋地区海洋治理的前景。

（二）研究方法

比较研究方法：比较太平洋岛国与西方国家在海洋治理理念方面的不同、比较当下全球海洋治理与以往的不同等。

文本解读法：吸收国际法学、国际政治学等相关知识和理论，解读南太平洋地区关于海洋治理的公约。

实证研究方法：去太平洋岛国进行实地考察，搜集第一手的研究资料。

## 六　研究创新之处

以往关于全球海洋治理理论的研究未考虑欧盟 2016 年推出的《国际海洋治理：我们海洋的未来议程》，而欧盟在全球海洋治理中具有举足轻重的地位，显然以往的研究存在着缺陷。本书对全球海洋治理理论的探讨充分考虑了欧盟的《国际海洋治理：我们海洋的未来议程》，并用太平洋岛国海洋治理这个案例来检验并丰富全球海洋治理理论。

本书探讨了南太平洋地区海洋治理对山东海洋治理能力提升的启示以及山东如何参与南太平洋地区海洋治理，这有助于山东为我国参与全球海洋治理贡献力量，发挥山东作为海洋大省的作用。

## 七　研究内容

### （一）研究对象

作为海洋大型发展中国家，太平洋岛国在全球海洋治理中扮演着领头羊的角色。在全球海洋治理的框架中，太平洋岛国为何进行海洋治理、如何进行海洋治理、对山东海洋治理能力提升有何启示以及山东参与南太平洋地区海洋治理的路径是本书尝试探究的主题。

### （二）总体框架

本书由绪论、主体五部分内容和结语组成。

绪论主要涉及基本概念界定、国内外研究现状以及本书研究的基本方法、思路和观点。

1. 全球海洋治理视域下的南太平洋地区海洋治理

该部分将在既有全球海洋治理理论的基础上，结合《国际海洋治理：我们海洋的未来议程》，并考虑全球海洋新出现的问题，来探讨全球海洋治理理论的新内涵。新内涵主要包括全球海洋治理的新主体、新客体以及新治理路径。同时，该部分将梳理南太平洋海洋治理范畴、主体、客体、对全球海洋治理的启示以及对建构新型国际海洋秩序的作用，用太平洋岛国海洋治理的实践来检验全球海洋治理理论。

2. 南太平洋地区海洋治理的新趋势

随着国际社会对于深海资源的重视，南太平洋地区的深海资源治理机制开始出现。该部分将结合已有的实践经验，探讨南太平洋地区的深海资源治理。

3. 域内外国家及组织参与南太平洋地区海洋治理

随着域内外国家及组织日益重视同太平洋岛国的外交关系，参与南太平洋地区海洋治理成为它们的一项焦点议题。域外国家和组织充分发挥自身优势，采取符合自身特性的方式，帮助太平洋岛国进行海洋治理，并取得了积极的效果，有效提升了它们在南太平洋地区的影响力。

4. 山东参与南太平洋地区海洋治理的路径

根据《山东海洋强省建设行动方案》，山东海洋治理能力提升的一个行动是提升参与国际海洋治理能力。南太平洋地区面临的海洋问题日益多元化、复杂化，因此，山东积极参与南太平洋地区海洋治理不仅可以帮助太平洋岛国克服自身脆弱性，而且可以为我国参与全球海洋治理贡献力量。

5. 山东参与南太平洋地区海洋治理的前景

该部分将探讨山东参与南太平洋地区海洋治理的优势以及面临的阻碍，更好地服务于建设海洋强省的战略目标。

# 第一章　全球海洋治理视域下的
# 南太平洋海洋治理

　　海洋与人类的生存与发展有着密切的联系。进入 21 世纪以来，海洋作为人类第二生存和发展空间，在世界舞台上的作用日益重要。随着全球化的发展，很多海洋问题越来越严峻，比如海洋资源枯竭、海洋生态恶化等，因此，全球海洋治理迫在眉睫。作为世界海洋的重要海域，南太平洋的海洋治理面临的形势更为严峻。南太平洋海域正面临着全球气候变化这一全球性的挑战，海洋资源、海洋环境保护已经成为太平洋岛国可持续发展的重大挑战。除此之外，过度捕捞、海平面上升、海洋环境污染、海洋生物多样性遭到破坏等问题同样严峻。然而，在全球海洋治理方面，南太平洋地区有效地倡导着海洋治理价值理念和践行海洋治理理论，处于全球海洋治理的领先地位。正如太平洋岛国论坛副秘书长安迪·冯泰（Andie FongToy）表示："在全球应对如何在可持续发展、管理和保护海洋及海洋资源之间建立一个平衡关系方面，我们一直是先行者。实现这一平衡是开展良好的海洋治理与管理的关键。"[①] 本章从全球海洋治理的角度评析南太平洋的海洋治理，包括五部分。第一部分介绍全球海洋治理理论。第二部分评析南太平洋的海洋治理。第三部分探讨太平洋岛民海洋治理理念与西方的区别。第四部分探讨南太平洋地区海洋治理对全球海洋治理

---

　　[①] 《太平洋岛屿国家，不是小的脆弱经济体，而是大的海洋国家》，博鳌亚洲论坛，http://www.boaoforum.org/2017nhhydt/32865.jhtml。

的启示。第五部分探讨了南太平洋地区海洋治理的利弊。本章的研究属于实证研究，所使用的资料及数据大部分是从南太平洋地区官方网站所得。

## 第一节　全球海洋治理理论

目前，虽然人们越来越多的使用全球海洋治理这个概念，但是学术界对全球海洋治理的研究并不多，[①] 既有研究主要集中在以下几个维度：（1）全球海洋治理的概念、主体、客体以及方法；（2）全球海洋治理产生的背景及现实意义；（3）全球海洋公域的多层治理；（4）联合海洋治理的合法性问题。本章综合前人的研究，初探全球海洋治理理论的基本内涵，这也是本章的基础理论部分。只有搞清楚全球海洋治理的基本内涵，才能有效地评析南太平洋的海洋治理。与此同时，南太平洋的海洋治理也将丰富全球海洋治理理论。

全球海洋治理是全球治理理论的具体化和实际应用。它是全球化时代下国际政治与公共事务管理相结合的产物，是治理理论在全球事务中的延伸与拓展。而将全球治理理论引入到海洋领域，即产生了"全球海洋治理"。随着全球海洋地位的日益提升和全球治理理论的不断完善，全球海洋治理作为一种新兴的全球治理实践领域，不仅具有直接而重要的现实意义，也在不断完善全球治理的理论深度和实践广度。[②]

---

① 既有关于全球海洋治理的研究主要有：王琪、崔野：《将全球治理引入海洋领域——论全球海洋治理的基本问题与我国的应对策略》，《太平洋学报》2015 年第 6 期；黄任望：《全球海洋治理问题初探》，《海洋开发与管理》2014 年第 3 期；Rebecca L. Gruby, Xavier Basurto, "Multi - level Governance for Large Marine Commons: Politics and Polycentricity in Palau's Protected Area Network", *Environmental Science and Policy*, Vol. 33, 2013, pp. 260 – 272; Jan van Tatenhove, "Integrated Marine Governance: Questions of Legitimacy", *Marine Studies*, Vol. 1, No. 10, 2011, pp. 87 – 113.

② 王琪、崔野：《将全球治理引入海洋领域——论全球海洋治理的基本问题与我国的应对策略》，《太平洋学报》2015 年第 6 期。

全球海洋治理的实践早已有之，先于全球海洋治理理论。① 需要指出的是，欧盟在全球海洋治理理论中处于引领者的地位，欧盟海洋治理进程因区域外动力与面对危机带来的压力而不断完善。强大的综合实力以及在创建全球海洋治理机制过程中的先导作用，使欧盟成为全球海洋治理体系的赢家。2016 年 11 月，欧盟委员会与欧盟高级代表通过了首个欧盟层面的《国际海洋治理：我们海洋的未来议程》，包括 50 个纲领性文件，目的是在欧盟与全球范围内保证安全、干净、可持续治理的海洋。该联合声明文件包括三个领域，分别是完善全球海洋治理架构；减轻人类活动对海洋的压力，发展可持续的蓝色经济；加强国际海洋研究和数据搜集能力，致力于应对气候变化、贫穷、粮食安全、海上犯罪活动等全球海洋挑战，以实现安全、可靠以及可持续开发利用全球海洋资源。同时，该联合声明是欧盟对接《联合国 2030 年可持续发展议程和可持续发展目标》（SDG），特别是 SDG14 条款的一部分，以保护和可持续利用海洋及海洋资源。世界自然基金会欧盟海洋政策专员萨曼莎·伯吉斯（Samantha Burgess）表示："就推动全球治理而言，希望欧盟可以做个很好的示范，颁布新的立法规范，通过加强与各国政府合作，确保欧盟和国际社会实现可持续发展。"② 因此，全球海洋治理理论应充分结合欧盟的《国际海洋治理：我们海洋的未来议程》。学术界对于全球海洋治理的概念并没有统一的界定。王琪和崔野认为，"全球海洋治理是指在全球化的背景下，各主权国家的政府、国际政府间组织、国际非政府组织、跨国企业、个人等主体，通过具有

---

① 对于全球海洋治理的产生，不同学者有着不同的观点。在王琪和崔野看来，"冷战结束以来，伴随着全球化浪潮的扩展和深入，全球海洋治理逐渐得到国际社会的关注并最终产生"。相关内容参见王琪、崔野《将全球治理引入海洋领域——论全球海洋治理的基本问题与我国的应对策略》，《太平洋学报》2015 年第 6 期；丽萨·坎贝尔、诺艾拉·格雷等人认为："从政治意义上说，现有的国家和多国海洋治理的形成是'二战'后国家建构和联合国确立的国际秩序的产物。"相关内容参见 Lisa M. Campbell, Noella J. Gray, Luke Fairbanks, Jennifer J. Silver and Rebecca L. Gruby, "Global Oceans Governance: New and Emerging Issues", *Annual Review of Environment&Resources*, Vol. 41, No. 1, 2016, p. 3.

② European Commission, "International Ocean Governance: an Agenda for the Future of Our Oceans", Maritime Affairs, Nov. 10, 2016, https://ec.europa.eu/maritimeaffairs/policy/ocean - governance_ en.

约束力的国际规制和广泛的协商合作来共同解决全球海洋问题，进而实现全球范围内的人海和谐以及海洋的可持续开发和利用"①。本章所使用的全球海洋治理概念是欧盟对于此的界定，"全球海洋治理是以保持海洋健康、安全、可持续以及有弹性的方式，管理和利用全球海洋以及海洋资源"②。

由于海洋综合管理与海洋治理密切相关，因此，有必要探究海洋综合管理的相关内容。海洋综合管理的主要目标是促进沿岸和海洋及其生物资源的可持续开发和利用。它是一个动态的、跨学科的、重复的参与过程，旨在促进沿岸和海洋的环境、经济、文化和娱乐这些长期发展目标平衡协调的可持续管理。海洋综合管理采取一定范围沿岸和海洋区域内人类活动规划和管理的综合方法，考虑生态、社会、文化和经济相关特性及其之间的相互作用。从理想情况考虑，海洋综合管理项目应该在一定的地理范围内密切结合的连贯管理体制内运作。海洋综合管理的基本原则包括沿岸和海洋可持续发展原则，环境和发展原则，沿岸和海洋的特殊性、公共性及其资源利用原则。③

## 一 全球海洋治理的范畴

全球海洋治理的范畴主要在体现以下方面。第一，海洋面积广阔，治理海洋意味着治理覆盖全球70%的面积（超越国家管辖权区域的海洋面积占64%）。因此，海洋治理的范畴相当大，比如区域性渔业管理组织管理越洋迁移的鱼类资源。联合国粮农组织制定的《食品安全与贫困视域下的保证可持续小规模捕捞安全的自愿纲领》（Voluntary Guidelines for Securing Sustainable Small – Scale Fisheries in

---

① 王琪、崔野：《将全球治理引入海洋领域——论全球海洋治理的基本问题与我国的应对策略》，《太平洋学报》2015 年第 6 期。

② European Commission, "International Ocean Governance: an Agenda for the Future of Our O-ceans", Maritime Affairs, Nov. 10, 2016, https: //ec. europa. eu/maritimeaffairs/policy/ocean – governance_ en.

③ 林宁、黄南艳、吴克勤：《海洋综合管理手册：衡量沿岸和海洋综合管理过程和成效的手册》，海洋出版社 2008 年版，第 7 页。

the Context of Food Security and Poverty）这一规范应用于世界海洋中大部分的小规模鱼群。这类规范一旦得到发展，开发海床矿产资源的规范也将应用于海底的矿产资源，并为专属经济区的矿产设立最低限度的规则。从这个角度上说，海洋治理是一个巨大的任务。第二，存在一种范畴政治学，这种政治学可以使人们思考范畴是怎么呈现出来的以及会产生什么效果。① 不同的行为体怎样使用范畴去追求特定的主题？在全球海洋治理过程中，全球范畴、区域范畴和国家范畴是如何产生的？这些都是范畴政治学所要关注的议题。

## 二 全球海洋治理理论的主体

全球海洋治理的主体是制定和实施全球规制的组织机构。虽然主权国家和政府是重要的治理主体，但治理主体正突破一国治理的范围。国家、超国家、次国家、国际组织、个人等正在构成日益复杂的治理网络结构。虽然全球化正在深刻改变着当前世界，但主权国家依然是国内和国际关系中行使权威的关键行为体，也是全球治理中最重要的主体。但这一点并不是说国家是"万能的"，相反在全球治理主体日益多元化的时代，主要治理主体的地位正在日益从主权国家政府过渡到其他主体。② 目前，除了主权国家之外，全球海洋治理的重要国际组织是联合国。联合国是国际海洋环境保护事务的主导者，其所主持的公约、决议等文书成为当今全球海洋治理的基本准则。联合国秘书长每年向联合国大会做关于海洋治理的报告，历年的报告中均有大篇幅论及海洋环境保护和保全、海洋渔业资源的养护和管理、海洋生物多样性等海洋治理相关事务。联合国组织中有几个部门涉及海洋治理的事务。联合国海洋与区域网络（UN－Oceans）是跨组织机构的协调机制，致力于加强联合国系统与国际海床局（International Seabed Authority）之间的合作与一致性，并保持与《联合国海洋法公约》的一

---

① James Mccarthy, "Scale, Sovereignty, and Strategy in Environmental Governance", *Antipode*, Vol. 37, No, 4, 2010.

② 蔡拓、杨雪冬、吴志成：《全球治理概论》，北京大学出版社 2016 年版，第 10 页。

致性。① 联合国环境规划署（UNEP）是联合国处理环境事务的机构，区域海洋环境项目和《保护海洋环境免受陆地活动影响全球行动纲领》等海洋环境保护项目主要由其负责实施和执行。② 国际海事组织（IMO）致力于防止船舶造成海洋污染，下设海洋环境保护委员会，负责制定和修改预防船舶和航运污染海洋环境的公约或行为准则。联合国粮农组织（FAO）主要负责海洋生物资源保护和海洋渔业资源有关公约和议定书的实施。与此同时，联合国秘书处、联合国开发计划署、国际海洋法庭、世界气象组织等都在各自的领域积极开展海洋治理活动。

非政府组织在全球海洋治理中是一支不可替代的重要力量，其凭借自身所具有的专业知识、认知与行动网络以及独立性身份的立场，在全球海洋治理中发挥着独特的作用。同时，非政府组织的"民间性"属性还赋予其相比于国家行为体更天然的社会动员优势。比如，国际绿色和平组织的反对日本捕鲸活动、美国野生救援协会发起的禁食鱼翅运动等，1972 年伊丽莎白·曼·博尔吉斯（Elizabeth Mann Borges）教授倡导并创办了国际海洋学院，这些组织和运动对全球海洋治理具有一定的推动作用。③

## 三 全球海洋治理的客体

全球海洋治理的客体就是全球海洋治理的对象，是已经深刻影响或将要影响全球海洋的问题。目前，全球海洋治理在以下几个领域有新出现的问题。④

（1）海洋食物生产。小规模捕捞或水产养殖都不是新问题，但是由于它们对于海洋食品安全和沿岸居民就业以及海洋环境保护都有着

---

① 更多关于联合国海洋与区域网络的内容参见 "UN – Oceans"，United Nations, http：//www. unoceans. org/。

② 更多关于联合国环境规划署的内容参见 http：//www. unep. org/。

③ 转引自黄任望《全球海洋治理问题初探》，《海洋开发与管理》2014 年第 3 期。

④ Lisa M. Campbell, Noella J. Gray, Luke Fairbanks, "Global Oceans Governance：New and Emerging Issues", *The Annual Review of Environment and Resources*, Vol. 1, No. 41, 2016.

重要影响，因此它们正在成为新的热点。① 小规模捕捞的特征是多样的捕捞技术、捕获类型和数量的临时性以及低水平的资本。水产养殖大约生产了50%的海洋食物，自2000年之后，以年平均6.2%的速度增长。海洋水产养殖的模式与种类不同，包括开放水域的金枪鱼和浮游生物、龙虾等的养殖。历史上，小规模捕捞的经济价值和社会价值被忽略了，在渔业科学发展中并没有起作用。20世纪中期，政府间组织、非政府组织以及跨国机构开始通过鼓励小规模捕捞现代化来追求海洋经济的发展和减少贫困。在工业捕鱼中，国家资助的机构推动了捕鱼业的发展，提高了捕鱼的效率。更好的基础设施保证了市场和收益。根据《联合国粮农组织2014年指南》，近年来，小规模捕捞聚焦于渔民生计、人权和制度的发展。②

（2）海洋产业化。持续存在以及新出现的海洋产业均处于变动之中。传统的诸如捕鱼的产业活动就是不成功海洋治理的例子，而对于新的产业活动，比如水产养殖、海底采矿，被认为是发展海洋社区的机会。③ 长期存在的产业活动（捕捞金枪鱼）和新兴产业活动（海底采矿）的治理体现了海洋的保护理念与开发潜力之间的冲突。目前，全球渔船的数量是海洋所能承载的2—3倍。全球53%的海域渔业被完全开发，32%的被过度开发。一些重要的鱼类已经减少到了全球最低点，它们的生存受到了很大的威胁。④ 广袤的海洋蕴藏着丰富的、全人类共有的战略资源，如深海油气、海底可燃冰、热液硫化物矿床、大洋多金属矿产和深海生物基因资源等，加快海底采矿，发展海

① Ratana Chuenpagdee, *World Small - Scale Fisheries Contemporary Visions*, The Netherlands: Eburon Acad, 2011; Kate O' Neill, Erika Weinthal, Kimberly Marion Suiseeya, "Methods and Global Environmental Governance", *Annual Review of Environment and Resources*, Vol. 38, No. 1, 2013; UN FAO, Voluntary Guidelines for Securing Sustainable Small - Scale Fisheries in the Context of Food Security and Poverty Eradication, 2014.

② UN FAO, Voluntary Guidelines for Securing Sustainable Small - Scale Fisheries in the Context of Food Security and Poverty Eradication, 2014.

③ L. M. Campbell, N. J. Gray, Fairbanks, J. J. Silver, "Oceans at Rio + 20", *Conservation Letters*, Vol. 6, No. 6, 2013.

④ "Unsustainable Fishing", WWF Global, http://wwf. panda. org/about_ our_ earth/blue_ planet/problems/problems_ fishing/.

洋产业，已成为各国的战略重点。

（3）海洋生物多样性保护。对海洋生态系统的关注多集中于珊瑚礁、红树林、海草床和极地等生物多样性丰富和典型的生态系统。根据《2018年世界珊瑚礁现状报告》，全球范围内54%的珊瑚礁处于濒危状态，其中15%将在今后10—20年内消失。自1980年以来，每年有110平方千米海草消失，据估算，全球剩余海草面积仅有17.7万平方千米。建立一个保护海洋的全球网络是当下海洋治理的一个重点。[①] 国际社会努力进行海洋治理的目标中心是"截至2020年，要保护全球海洋的10%"[②]。生物多样性的保护超出了国家管辖权。超出国家管辖权的区域没有用于生物多样性可持续利用和保护的约束机制。几十年来，多重行为体一直致力于填补海洋治理的缺口，特别是呼吁联合国海洋法会议执行在超出国家管辖权的区域建立海洋保护区。2004年，联合国大会建立了"特设开放非正式工作小组"（Ad Hoc Open – ended Informal Working Group），用于研究在超出国家管辖区的区域内进行生物多样性保护及可持续利用的相关问题。

（4）全球环境变化。海洋对全球环境和气候调节有着重要作用。同样，全球气候变化对海洋环境会产生深刻影响。全球气候变化最显著的特征是温室气体增加，导致全球气候变暖。全球气候变暖导致极地冰川融化、海平面上升速度加快。海平面上升不仅会引起潮滩湿地与其他低地淹没，加剧海岸侵蚀、低洼地洪涝和盐水入侵等海洋灾害，而且会降低海水盐度、增大海水混浊度、减少溶解氧等，进而影响生物群落，严重威胁海洋生态环境。由于全球海水表面温度上升而造成的大量珊瑚礁白化现象，也引起了国际社会的广泛注意。不断升高的海洋温度可以直接影响海洋生物的新陈代谢、寿命

---

① G. Noella, "Sea Change: Exploring the International Effort to Promote Marine Protected Areas", *Conservation &Society*, Vol. 4, No. 8, 2010.

② "Strategic Plan for Biodiversity 2011 – 2020 and the Aicbi Biodiversity Targets", CBD, https://www.cbd.int/sp.

周期和行为方式。① 空气中二氧化碳浓度的增加致使海洋中吸收溶解的二氧化碳也在增加，并导致海水逐渐变酸，海洋酸化会使珊瑚和其他含石灰质海洋生物的碳酸钙骨骼部分崩解。

（5）海洋污染。自 20 世纪 70 年代以来，海洋污染一直是一个问题。在全球气候变暖的趋势下，海洋污染更加严峻，主要表现在以下几个方面。第一，海洋垃圾和有毒物质。公海上海航和捕鱼活动的不断增多，以及向海洋倾泻工业废弃物，加剧了海洋垃圾的积累。海洋垃圾不仅污染了海洋环境，而且干扰海上航线，威胁海洋鱼类。另外，一些国家近海海洋污染治理不力，以及越来越多的船只进入公海并从事勘探开发等活动，造成重金属和有毒物质进入公海。第二，石油泄漏事故。海洋石油泄漏事故已经司空见惯，包括油田泄漏、油井井喷、油轮泄漏等。溢油破坏了海洋水生环境，使海上浮游生物大大减少，扩散的油污对鲸鱼、海豚等海洋生物造成严重威胁。第三，核电站泄漏事故。临海建设的核电站一旦发生核泄漏，就会对海洋环境造成持久的影响。

除了以上几个方面之外，海洋安全治理也是全球海洋治理不可忽视的一个方面。海洋安全治理主要围绕海盗和恐怖主义、海上演习与侦查以及关于海洋界限的争议问题等。公海是海盗最为猖獗的区域，公海海盗和恐怖主义治理刻不容缓。在亚丁湾、索马里海域和马六甲海峡海域，海盗和恐怖主义不断制造事端，劫持油轮、商船，洗劫财物，绑架人质。由于公海不属于任何国家，因此许多国家在公海开展军事演习或试验。自 2001 年以来，以应对非传统安全名义举行的国家间联合军演占了联合军演的 80% 以上，而假想敌明确的威胁性军事演习虽然频次较少，但演习规模大、实战性强，影响非常大。

## 第二节　南太平洋的海洋治理

自古以来，海洋是太平洋岛国居民生活重要的一部分。南太平洋

① "Marine problems: climate change", WWF Global, http: //wwf. panda. org/about_ our_ earth/blue_ planet/problems/climate_ change/.

为岛国的居民提供了交通、资源、食物以及身份认同感。① 在过去的数十年间，南太平洋地区的海洋治理面临着严重的威胁，出现了很多海洋问题，比如过度捕捞、环境污染日益严重、海水温度增高、海平面上升等，这些问题严重破坏了海洋环境及海洋生态系统。然而，南太平洋地区在全球海洋治理中扮演着领头羊的角色，主要是因为该区域有着明确的海洋治理主体、客体以及规范。

## 一 南太平洋海洋治理的范畴

根据对《太平洋岛国区域海洋政策和针对联合战略行动的框架》（Pacific Islands Regional Ocean Policy and Framenork for Integrated strategi Action，PIROP）的解读，南太平洋地区包括太平洋岛国和属地（太平洋共同体）所在的太平洋的一部分，这些国家是太平洋区域理事会的成员国（CROP）。同样地，南太平洋区域的范畴不仅包括这些岛国所拥有的200海里专属经济区，而且还包括该地区海洋生态系统的海洋和沿岸地区。太平洋岛国被认为是小岛屿发展中国家，也被认为是海洋大型发展中国家。②

## 二 南太平洋海洋治理的客体

根据前文对全球海洋治理客体的界定，"全球海洋治理的客体就是全球海洋治理的对象，是已经深刻影响或将要影响全球海洋的问题"。南太平洋地区海洋治理的客体主要包括以下几个方面。

（1）栖息地和物种的保护。南太平洋有很多濒临灭绝的植物和动物物种，其中有些岛国超过80%都是本地物种。然而，由于人为和自然因素的干扰、外来物种的侵入、人口增长和其他因素的影响，太平洋岛国的生物多样性面临着很大的压力，因此，该地区是动植物物

---

① World Bank，"A Global Representative System of Marine Protected Areas，Marine Region 14：Pacific"， http：//www. environment. gov. au/coasts/mpa/nrsmpa/global/volume4/chapter14. html，1995，p. 2.

② FFA，PIFS，SPC，SPREP，SOPAC，USP，Pacific Islands Regional Ocean Policy and Framework for Integrated Strategic Action，2005，p. 4.

种受威胁最严重的地区。太平洋岛国规模小，相互之间处于孤立的状态，这使得岛国在应对这些威胁时显得过于脆弱。在所罗门群岛的很多地方，当地人捕杀海豚和鲸类物种。他们把这些动物集中赶到特定的海湾进行捕杀，以便获得动物的牙齿和肉。不断增加的人口以及日新月异的新技术（舷外发动机和刺网的使用）严重影响了一些物种（比如海牛和乌龟），导致了种群的碎片化，甚至局部灭绝。世界上超过95%的鸟类灭绝发生在太平洋群岛上，南太平洋大约30%的鸟类正在灭绝。在南太平洋地区，很少有人关注关于环境危机评估的研究，而且居民正在侵犯当地对鸟类寿命和生物多样性有重要影响的原始森林。入侵物种是鸟类最大的威胁。入侵物种威胁着许多面临灭绝的物种，这些物种组成了当地的生态系统，而入侵物种改变了它们的生存方式。不仅如此，入侵物种还对当地水资源等有不良影响。①

（2）海岸带综合管理（Integrated Coastal Management）。海岸线上的水域生态系统和陆地生态系统的交叉使两个不同的、复杂的、相互联系的生态系统集合在一起。不幸的是，人类活动正在破坏生态系统，威胁着生态系统长期的可持续性。最严重的问题是生物多样性的丧失、固体和液体废物的不完善治理、资源的过度开发、具有破坏性的耕种方式、外来物种的侵入以及海岸退化等。一个复杂的问题是该地区的发展受制于岛国的小规模以及远离国际市场的事实。这些问题的解决非常复杂，因为很多制度和利益必须在问题解决的过程中进行考量。管理很多相关活动的责任被分散到不同的国家与区域组织中。一个组织的活动可能会对另一个组织的资源产生负面影响。合适立法的缺少以及执行现存治理战略能力的不足同样会阻碍太平洋岛国对海洋治理的反应。②

（3）渔业资源。像以前一样，目前海洋资源对太平洋岛民的饮食、文化和经济有着重要的影响。太平洋拥有世界海洋中相对完整的渔业资源，就其本身而言，这些渔业资源正日益受到威胁。对许多太

---

① SPREP, *Pacific Region*, 2003, pp. 14 – 15.

② SPREP, *Pacific Region*, 2003, p. 15.

平洋岛国来说，基于它们拥有广阔的海洋区域，渔业资源为其提供了经济发展的最大潜力。当下太平洋岛国在渔业资源方面面临着巨大的挑战。过度捕捞日益成为一种威胁。如果这种商业捕捞活动得不到控制，预计到 2030 年，该地区 75% 的沿岸渔业资源将不能满足当地的饮食需求。[①] 大眼金枪鱼被过度捕捞，黄鳍金枪鱼也存在这种趋势。太平洋岛国未能从其渔业资源中直接受益。据估计，太平洋岛国专属经济区中，金枪鱼资源每年可产生约 40 亿美元的价值，但其中只有 15% 流向这些岛国。太平洋岛国的主要经济来源是出售捕捞许可资格。境外渔船捕捞金枪鱼的数量占总量的三分之二，其中近 90% 的金枪鱼被运送到区域外进行加工处理。近海渔业也受到人口增长和气候变化的威胁。经济价值高的品种濒临灭绝。[②] 很多学者已经意识到境外捕鱼船的负面影响，比如，大卫·豆尔曼（David J. Doulman）和皮特·泰拉瓦斯（Peter Terawasi）认为："在南太平洋地区，大片的海域都要遵循沿岸国家管辖权。很多远海捕鱼国的渔船在该地区活动，因此有必要建立一个监督这些渔船的机制，以更好地维护太平洋岛国论坛渔业署成员国的对于渔业资源的合法权益。"[③] 哈内森（Hannesson）认为："传统意义上，太平洋岛国根本未有效利用渔业资源，但海洋专属经济区使它们获得了控制渔业资源的资格。然而，事实上，大部分渔业资源被境外捕鱼船所控制。"[④]

（4）海洋污染。污染是南太平洋地区可持续发展的主要威胁之一。污染源和污染程度的增加正在破坏太平洋岛国维持健康社会、促进发展和投资，以及保证居民有一个可持续未来等方面的努力。南太平洋地区主要的污染形式为航运相关的污染、有毒化学物质和废弃

---

① "Pacific Ocean Scape", Conservation International, http://www. conservation. org/where/Pages/Pacific - Oceanscape. aspx.

② "A Regional Roadmap for Sustainable Pacific Fisheries", Ocean Conference, https://oceanconference. un. org/commitments/? id = 18778.

③ David J. Doulman, Peter Terawasi, "The South Pacific Regional Register of Foreign Fishing Vessels", *Marine Policy*, July, 1990, p. 325.

④ Hannesson, "The Exclusive Economic Zone and Economic Development in the Pacific Island Countries", *Marine Policy*, No. 6, Vol. 32, 2008.

物、固体废弃物的治理和处理。外来海洋物种、船舶残骸、海洋事故和船舶废弃物威胁着该地区的沿岸和海洋资源。许多岛国陆地面积较小，缺少关于废物再循环的技术，这导致了塑料、废纸、玻璃、金属和有毒化学物质的扩散。大部分垃圾缓慢分解，并渗透到土壤和饮用水中，而未被分解的垃圾则占用了空间。恶臭的有机废物吸引了携带病毒的害虫，比如蚊子、老鼠和苍蝇。目前，海洋科学家们在南太平洋小岛——亨德森岛上，调查估算认为该岛有 3800 万件垃圾，重达17.6 吨，亨德森岛可能成为世界上人造垃圾碎片覆盖率最高的地方。①

（5）气候变化。许多太平洋岛国面临气候变化、生物多样性丧失和海平面上升等危机。由于地理原因，气候变化是近年来太平洋岛国面临的主要问题，岛国面临着热带风暴、海平面上升等大陆国家所不曾面对的自然灾害。岛国"气候变化政府间专家小组"（IPCC）的一项评估报告中指出，岛国短期内（2030—2040 年）面临着民生、近海居所、基础设施和经济稳定的中度风险，而长期内（2080—2100年）面临着高度风险。欧盟全球气候变化联盟（GCCA）通过南太平洋委员会和南太平洋地区区域环境署（SPREP）对 9 个岛国提供了气候变化应对项目援助。2014 年 2 月，欧盟与太平洋岛国论坛签订了一项关于气候变化适应和可持续能源的融资协定，根据该协定，欧盟将提供 37 亿欧元的援助。欧盟与岛国在气候变化领域的合作使得它们在国际舞台上能以一个声音说话，这反过来强化了双方之间的认同。中国对太平洋岛国的援助不仅应重点关注太平洋岛国的气候变化，而且也应在国际舞台上与岛国站在一起。太平洋岛国海拔较低，使它们在应对气候变化方面十分脆弱。2015 年 3 月，强烈热带气旋重创了整个南太平洋地区，使瓦努阿图与图瓦卢遭受到了巨大的损失。气候变化不仅影响海洋，而且还影响着生物多样性以及小岛国的土壤和水资源。如果不能适应气候变化，太平洋岛国将在未来面临较

---

① "Island in South Pacific 'Has World's Worst Plastic Pollution'", Independent UK, http: //www. independent. co. uk/environment/.

高的社会和经济成本。对于低洼的环礁珊瑚岛来说，极端天气甚至会导致居民转移到其他岛礁上居住或移民到其他国家。①

（6）非传统安全：海盗。自古以来，海盗多发生在重要的航线以及重要的海港附近，这些海峡、水道有的地方非常狭窄，易于海盗进行劫掠和袭击。库克海峡东西宽只有 23—144 千米，狭窄的水道有利于海盗进行袭击。除此之外，一旦超级油轮沉没或泄露，就可能阻碍其他船只通行，从而阻断海上运输航线，严重影响经济的发展。20世纪 80 年代以来，全球海盗活动日益猖獗，海盗事件数量逐年上升。特别是"9·11"事件之后，全球海盗事件数量急剧增长，对世界海运和国际贸易造成严重威胁。海盗问题在南太地区日益被关注。目前，全世界90%的贸易依靠海运，大约有 4 万艘船航行于世界各地海域，海盗们很容易发现可袭击目标并轻而易举地实施攻击。对太平洋岛国来说，它们未经历过工业化阶段，对于全球变暖带来的影响有着强烈的不满情绪，这些不满情绪极易引发国内政治动荡。2002 年 2月，国际海事局发出警告："恐怖分子有可能变成海盗，抢劫船只进行恐怖活动，特别是大型运输船作为他们自杀性恐怖活动的工具，企图冲击主要海港或者枢纽。"在这种情况下，南太平洋地区的恐怖分子极易变成海盗，威胁海港或者运输通道的安全。根据国际海事局的报道，南太平洋地区的海盗形势正日益恶化。从 2010—2014 年中，太平洋岛国中有四个国家的船只被海盗攻击的次数较多，这四个国家分别是基里巴斯、马绍尔群岛、图瓦卢和瓦努阿图（见表 1 – 1）。②南太平洋地区的区域安全环境日益复杂和多样化，出现了各种形式的跨国犯罪行动，其中，海盗问题严重威胁着区域安全。由于海盗问题是跨国犯罪活动，仅仅依靠某一个国家很难解决海盗问题。2002 年 8月，第三十三届太平洋岛国论坛会议通过了《关于地区安全的纳索尼尼宣言》（Nasonini Declaration on Regional Security），论坛领导人意识

---

① SPREP, *Pacific Region*, 2003, pp. 16 – 17.

② IHS Fairplay. "Piracy：South Pacific", http：//fairplay. ihs. com/safety – regulation/.

到了通过合作改善区域安全环境的重要性。①

表 1 - 1                2010—2014 年太平洋岛国船只被攻击的次数

| 国家 | 2010 年 | 2011 年 | 2012 年 | 2013 年 | 2014 年 |
|---|---|---|---|---|---|
| 基里巴斯 | 1 | 1 | 0 | 1 | 1 |
| 马绍尔群岛 | 36 | 45 | 21 | 31 | 36 |
| 图瓦卢 | 1 | 1 | 2 | 0 | 0 |
| 瓦努阿图 | 1 | 1 | 0 | 1 | 0 |

资料来源：*Piracy and Armed Robbery Against Ships*, ICC International Maritime Bureau, http：//www. hellenicshippingnews. com/wp - content/uploads/2015/01/2014 - Annual - IMB - Piracy - Report - ABRIDGED. pdf。

### 三　南太平洋地区海洋治理的主体

由于太平洋岛国实力弱小，很难依靠自身力量进行海洋治理，因此它们主要依靠区域组织来克服自身在海洋治理方面的脆弱性，主要的区域组织有太平洋岛国论坛、太平洋共同体（Pacific Community，SPC）、南太平洋大学、太平洋岛国论坛渔业署（FFA）、南太平洋区域环境署（SPREP）。② 与此同时，太平洋岛国还利用一些国际组织在海洋治理方面的优势，积极与国际组织合作，主要的国际组织有联合国、欧盟、世界银行等。

（1）太平洋共同体。太平洋共同体是太平洋地区主要的科技组织，自 1947 年成立以来，不断致力于发展。目前，太平洋共同体拥有 26 个成员国，其中包括 22 个太平洋岛国以及 4 个创始国。该组织的管理机构是太平洋共同体大会，每两年召开一次，每个成员国在决议时都具有投票权。③ 太平洋共同体的宗旨是利用科学和技

---

①　Pacific Islands Forum Secretariat. "Security", http：//www. forumsec. org/pages. cfm/political - governance - security/security/.

②　Martin Tsamenyi, "The Institutional Framework for Regional Cooperation in Ocean and Coastal Management in the South Pacific", *Ocean&Coastal Management*, No. 6, Vol. 42, 1999.

③　"About US", Pacific Community, http：//www. spc. int/about - us/history/.

术专业知识，解决成员国具体的发展需求。值得注意的是，太平洋共同体有一个很强的比较优势，即能够使用多学科的方法解决该地区最复杂的发展挑战，包括气候变化、自然灾害、非传染性疾病、性别公平、青年就业率、食品安全等。作为南太平洋地区主要的组织，太平洋共同体发展计划的制定契合了国家层次、地区层次以及全球层次，体现了可持续发展目标（SDGs）和小岛屿发展中国家快速发展模式（SAMOA Pathway）。① 作为可持续发展的重要保证，海洋治理是太平洋共同体的明确目标，这从其理念以及战略方向中可以体现出来。太平洋共同体秉持着太平洋岛国论坛领导人所认可的理念，"我们的理念是建设一个和平、和谐、安定、包容及繁荣的地区，以便让太平洋的居民可以过一种自由、健康的生活"。为了更好地促进南太平洋地区的可持续发展，太平洋共同体制定了《战略计划 2016—2020》（Pacific Community Strategic Plan 2016 – 2020）。海洋治理是其中的重点，环境恶化、气候变化和自然灾害威胁着南太平洋的经济、生存环境和文化，太平洋共同体将通过多领域的努力，帮助成员国实现发展目标。其中一个目标与海洋治理息息相关，即"帮助南太平洋地区的居民从可持续发展中受益"，具体而言，太平洋共同体将在以下几个方面实现这个目标：加强自然资源的可持续治理（主要有渔业资源、陆地和深海资源、水资源、农业、林业和陆地资源）、提高多领域应对气候变化和自然灾害的能力等。②

除此之外，太平洋共同体通过海洋资源部门（Marine Resources Division）调整了与海洋相关的活动，主要聚焦在以下几个领域。第一，《沿海渔业计划》（The Coastal Fisheries Programme）强调与评估、发展及管理建议及科技培训有关援助的条款，以发展和管理中小规模的近岸和国内沿海渔业资源；第二，《大洋洲渔业计划》（The Oceanic Fisheries Programme）承担了南太平洋地区金枪鱼资源

---

① "Our Work", Pacific Community, http：//www. spc. int/our – work/
② Pacific Community, *Pacific Community Strategic Plan 2016 – 2020*, 2015, p. 2, 5 – 6.

的科学研究和余量评估；第三，《区域海洋计划》（The Regional Maritime Programme）致力于帮助太平洋岛国制定合适的国家政策和法规，以执行主要的国际海洋公约。[1]

（2）太平洋岛国论坛。太平洋岛国论坛成立于 1971 年 8 月，是南太平洋地区重要的区域政治组织，目前共有 18 个成员国和 12 个特别观察员。从 1989 年起，论坛决定中、美、英、法、日等国出席论坛首脑会议后的对话会。[2] 正如论坛在 2004 年《奥克兰宣言》（Auckland Declaration）中所确立的指导性原则，"争取对保护世界上最大的海洋及其资源的责任达成共识"[3]。论坛年会为采取关于地区环境问题的具体行动提供了重要的平台。事实上，论坛发起了地区合作的行动，以解决南太平洋地区主要的环境问题，比如核试验、可持续渔业治理、有毒废弃物的运输等。

（3）南太平洋大学。南太平洋大学于 1970 年根据《皇家宪章》（Royal Charte）建立，总部位于斐济的苏瓦，成员国包括库克群岛、斐济、基里巴斯、马绍尔群岛、瑙鲁、纽埃、萨摩亚、所罗门群岛、托克劳、汤加、图瓦卢、瓦努阿图。南太平洋大学多年以来与南太平洋地区的区域组织互动密切，因此扮演着正式地区组织的角色。就南太平洋地区的海洋资源和环境治理的区域内合作而言，南太平洋大学的培训和研究已经使其成为重要的参与者。南太平洋大学关于海洋资源和环境治理的培训及研究活动对于该地区机制的发展和能力的建构有重要作用，其中特别重要的是《海洋研究计划》（Marine Studies Programme）和海洋研究所。《海洋研究计划》有三个目标：第一，为太平洋岛民在快速变化的时代理解、保护、治理和利用海洋资源，提供必要的机会；第二，尽可能为太平洋岛民提供机会，促进海洋领域

---

① Martin Tsamenyi, "The Institutional Framework for Regional Cooperation in Ocean and Coastal Management in the South Pacific", *Ocean&Coastal Management*, No. 6, Vol. 42, 1999.

② "About US", Pacific Islands Forum Secretariat, http：//www. forumsec. org/pages. cfm/a-bout - us/.

③ "Mission and Vision", Pacific Islands Forum Secretariat, http：//www. forumsec. org/pa-ges. cfm/about - us/mission - goals - roles/.

的研究、教育、培训和就业；第三，为南太平洋大学、太平洋岛国以及国际组织之间提供海洋领域的合作。①

（4）南太平洋区域环境署。在制定地区环境政策和标准方面，南太平洋区域环境署在南太平洋地区处于最前列的地位。在《南太平洋区域环境署协议》（The SPREP Agreement）的基础上，南太平洋区域环境署于1993年6月成立，拥有26个成员国②。南太平洋地区的政府和行政机构掌握着秘书处，负责地区环境的保护和可持续发展。南太平洋区域环境署制定的《战略行动计划2011—2015》（Strategic Action Plan 2011 - 2015）指导着该组织，主要包括四个战略重点：气候变化、生物多样性和生态系统的治理、废弃物治理和污染控制、环境监督和治理。③ 该组织包括南太平洋区域环境署会议和秘书处两部分。规划署会议拥有全权，并为相关方讨论与海洋环境保护有关的问题提供平台，主要有五个功能：支持和审查《战略行动计划》和南太平洋区域环境署的总方针、接受董事会的报告、接受工作计划和审查执行过程、接受财政预算、实现其他功能以使《南太平洋区域环境署协议》生效。秘书处的功能是发展区域环境专业知识、为政府协调专家的援助、促进环境监督和研究、促进信息交流。④

（5）太平洋岛国论坛渔业署。论坛渔业署成立于1979年，论坛领导人签署了《论坛渔业署公约》（FFA Convention）。关于海洋渔业的国际法律框架在那段时间发生了巨大的变化，尤其是出台了《联合国海洋法公约》的出台赋予了沿岸国家在200英里专属经济区管理生物资源的权利。论坛渔业署的发起国预想了为了可持续管理，需要加强国家能力和地区团结、控制和发展近海资源。自那时

① SPREP, Pacific Region, 2003, p. 473.
② 26个成员国分别是美属萨摩亚、澳大利亚、北马里亚纳群岛联邦、库克群岛、密克罗尼西亚联邦、斐济、法国、法属波利尼西亚、关岛、基里巴斯、马绍尔群岛、瑙鲁、新喀里多尼亚、新西兰、纽埃、帕劳、巴布亚新几内亚、萨摩亚、所罗门群岛、托克劳、汤加、图瓦卢、英国、美国、瓦努阿图、瓦里斯与富图纳。
③ "About Us", SPREP, http：//www. sprep. org/about - us.
④ "Governance", SPREP, http：//www. sprep. org/Legal/agreement - establishing - sprep.

起，论坛渔业署的成员国由 10 个增加到 17 个。论坛渔业署由论坛渔业委员会和论坛秘书处组成，前者是主管部门，由来自每个成员国的代表组成，后者位于所罗门群岛的霍尼亚拉。论坛渔业署每年都召开部长会议，以商讨地区渔业问题。目前，渔业管理与其他一系列问题和领域相互影响，包括海洋治理、适应和应对气候变化、海洋空间规划和小岛屿发展中国家问题。结果，论坛渔业署成员国在一个复杂的海洋环境中起了相应的作用，这需要平衡科技、科学和政治等多方面技巧。论坛渔业署过去主要致力于为太平洋岛国领导人提供关于战略渔业政策的建议。论坛渔业署为太平洋岛国论坛领导人年会提供了年报。在《战略行动计划》的框架下，论坛渔业署将加强与太平洋岛国论坛的联系，这对南太平洋地区的渔业资源有重要的意义。①

除了以上地区组织之外，其他国际组织也是南太平洋地区海洋治理的重要角色。没有这些国际组织的参与，南太平洋地区很难依靠自身力量进行海洋治理。这里主要介绍联合国与欧盟这两个参与南太平洋地区海洋治理的重要国际组织。

考虑到联合国在当今世界中的特征，联合国一般被认为在全球治理中具有重要的地位。② 从联合国成立以来的趋势看，联合国与区域组织、次区域组织的联系越来越紧密。太平洋岛国论坛被联合国长期邀请作为观察员参加联大会议和工作，与联合国有着密切的联系。1983 年，联合国环境署制定了《南太平洋地区治理自然资源和环境的行动计划》（Action Plan for managing the natural resources and environment of South Pacific Region），其中明确指出："联合国环境署把南太平洋地区视为'焦点区'，联合国将与太平洋岛国论坛及南太平洋委员会保持密切的合作关系，以促进该计划的实施。"③ 1991

① FFA, *Pacific Islands Forum Fisheries Agency Strategic Plan 2014 – 2020*, 2014, pp. 3 – 14.
② Ramesh Thakur, Grian Job, Monica Serano and Diana Tussie, "The Next Phase in the Consolidation and Expansion of Global Governance", *Global Governance*, Vol. 20, No. 1, 2014.
③ UNEP, Action Plan for Managing the Natural Resources and Environment of South Pacific Region, 1983, p. 1.

年由 43 个小岛及低洼海岸线国家构成的小岛屿国家联盟（Alliance of Small Island States，AOSIS）已经具有一定的国际政治地位。联合国环境与发展大会为岛国提供了表达对全球环境和发展问题担忧的平台。

此外，作为全球海洋治理的重要参与者，欧盟对全球海洋治理作出了极大贡献。冷战后，欧盟积极推进和深化区域一体化进程，倡导国际社会协同应对全球化的挑战，并不断构建和完善自己的全球治理战略，特别是在全球环境治理、应对气候变化方面走在世界前列。太平洋岛国论坛是欧盟在南太平洋地区最重要的合作伙伴，是欧盟主要的发展伙伴和讨论南太平洋地区问题的主要政治渠道。2008 年，太平洋岛国论坛同欧盟正式签署了《太平洋地区战略研究》和《太平洋地区指导计划》，这是 2008—2013 年间欧盟同太平洋岛国合作的纲领性文件，欧盟计划援助 9500 万欧元实施该计划。其中，在《太平洋地区指导计划》的框架下，欧盟通过欧洲发展基金（EDF）援助该地区的所有项目。截至 2020 年底，欧盟根据这一指导计划向太平洋岛国援助了大约 3.18 亿欧元，其中大部分用于环境保护领域。[①] 与此同时，欧盟还同其他南太平洋地区的区域组织有着合作关系，主要有太平洋小岛屿发展中国家、小岛屿国家联盟、美拉尼西亚先锋集团（The Melanesia Spearhead Group）、波利尼西亚领导集团（The Polynesia Leaders Group）、密克罗尼西亚首席执行官峰会（The Micronesia Chief Executive's Summit）、太平洋岛国发展论坛（Pacific Islands Development Forum）。[②]

## 四 南太平洋地区海洋治理规范

全球海洋治理作为一种机制，本质上就是一种合作。之所以会发生这种合作，是因为各国都面临着共同的海洋问题，具有共同的

---

① "European Development Fund", Pacific Island Forum Secretariat, http://forumsec.org/pages.cfm/strategic – partnerships – coordination/european – development – fund/.

② "European Union Development Strategy in the Pacific", *European Parliament*, 2014, https://ec.europa.eu/research/social – sciences/pdf.

利益。由于治理海洋问题需要的不是偶然的合作，而是需要采取系统的共同行动，因此会在合作过程中形成各种约束海洋治理主体的规范。从某种程度上说，这些约束性的规范就是海洋治理机制。就南太平洋地区来说，海洋治理规范具有该地区独特的特点，从宏观层面到微观层面。同时，这些规范既包括框架，又包括海洋保护协议，有效地指导了该地区的海洋治理，有助于保护海洋资源、完善海洋治理。①

（1）宏观层面的海洋治理规范。海洋具有流动性和跨界性的特点，这就需要有一个宏观的规范来指导海洋治理。南太平洋地区已经意识到随着海洋问题的增多，不同领域的规范也越来越多，这使得海洋治理规范具有碎片化的特点，因此需要一个宏观的规范来整合具体领域的规范。②《太平洋岛国区域海洋政策和针对联合战略行动的框架》是一个宏观层面的海洋治理规范，适用于所有太平洋岛国及太平洋岛国领地，太平洋岛国领导人通过太平洋岛国论坛接受了这个规范。这个框架不仅强调了海洋、沿岸资源和环境对太平洋岛国、社区及个人的重要性，而且指导着南太平洋地区在海洋问题上的区域协调、合作及整合，目的是保持区域海洋政策的完善海洋治理、确保可持续利用海洋资源的目标。该规范将有着很好的前景，并发挥着总领性的作用，因为它是地区努力实现海洋治理努力的结果，基于现有的国际和地区建立地区合作、协调的整体框架，以确保可持续治理和保护地区海洋生态系统。在未来，它将为国家和地区行动的协调，提供必要的基础。③ 2010 年，太平洋岛国论坛领导人批准了《太平洋景观框架》（Framework for a Pacific Oceanscape）。《太平洋景观框架》是一个地区行动和举措的框架，涉及大约 3000万平方千米海洋以及陆地生态系统。它加强了太平洋岛国区域海洋政策的整体性，确保当下与未来的居民以及全球社会维持海洋文化

---

① "Key Ocean Policies and Declarations", Pacific Islands Forum Secretariat, http://www.forumsec.org/pages.cfm/strategic – partnerships – coordination/.

② SPC, Regional Ocean Policy and Framework for Integrated Strategic Action, 2005, p. 3.

③ SPC, Regional Ocean Policy and Framework for Integrated Strategic Action, 2005, pp. 1 – 24.

和天然完整性。① 该框架强调了六大战略目标，其中一个目标是"促进良好的海洋治理"②。

　　与此同时，《太平洋计划》（Pacific Plan）也属于宏观层面的海洋治理规范。为了加强太平洋岛国之间的战略合作和区域一体化，2004年太平洋岛国论坛会员国一致同意制定《太平洋计划》，该计划的首个有效期是2005—2014年初。论坛成员国领导人在第三十四届论坛峰会上共同发表了《奥克兰宣言》，"论坛领导人相信太平洋地区可以成为一个自由、和谐、安全与经济繁荣的地区，我们珍惜太平洋的多样性，并寻求一个文化、传统和宗教信仰被重视的未来"③。从某种意义上讲，《太平洋计划》被认为是太平洋岛国新时期的发展战略，因为每次太平洋岛国论坛峰会的重要议题之一是《太平洋计划》，制定和实施《太平洋计划》成为太平洋岛国论坛的重要任务。根据《太平洋计划》，太平洋岛国的重要理念是在集体行动问题上紧密合作，避免单独行动，共同管理资源，营造建设"一个和平、和谐、安全和经济繁荣的地区，因此人们可以过上自由的生活"。《太平洋计划》有四个战略目标：经济增长、可持续发展、治理与安全。这些战略目标经历了时间的检验，成为区域合作的重点。2009年，可持续发展的目标扩大了两个主要范畴：适应气候变化和提高居民的幸福指数。④《太平洋计划》的提出涉及太平洋岛国的政治、经济、安全等方面的战略设计，充分考虑到了各国以及各地区的利益，并加强了与区域外国家的互动，因此《太平洋计划》是新时期太平洋岛国的总体战略，该战略是国际政治、地区政治以及太平洋岛国国内战略综合作用的结果。一方面，它被认为是驱动太平洋地区主义的总体

---

　　① "Key Ocean Policies and Declarations", Pacific Islands Forum Secretariat, http：//www. forumsec. org/pages. cfm/strategic – partnerships – coordination/.

　　② 更多关于《太平洋景观框架》的内容参见 http：//www. forumsec. org/pages. cfm/strategic – partnerships – coordination/。

　　③ "The Pacific Plan", Pacific Islands Forum Secretariat, http：//www. forumsec. org/pages. cfm/strategic – partnerships – coordination/.

　　④ "The Pacific Plan", Pacific Islands Forum Secretariat, http：//www. forumsec. org/pages. cfm/strategic – partnerships – coordination/.

战略，是集体行动的框架，并界定了太平洋地区组织委员会的结构；另一方面，它有许多重点，但不会局限于某一个领域。它并不是强制性的，没有执行权。它并没有预算，也没有规定明确的期限。太平洋岛国论坛在 2013 年对《太平洋计划》进行了更新，被称之为《2013年〈太平洋计划〉回顾》（Pacific Plan Review 2013），它确保了区域一体化与合作的动力，更加明确了太平洋岛国在海洋治理方面的战略。[1]

（2）微观层面的海洋治理规范。南太平洋地区面临着多种多样的海洋环境问题，因此，相应的海洋治理规范比较健全，而且跨度也比较长，有的海洋治理规范从 20 世纪六七十年代就制定了。具体而言，海洋治理规范主要集中在渔业资源、环境保护等领域。

渔业资源领域太平洋岛国严重依赖海洋和沿岸渔业资源，渔业资源是岛国传统食物以及收入的重要来源。由于主要鱼群的不断迁移，太平洋岛国远距离捕鱼的能力不足，地区合作对太平洋岛国显得尤为重要。相应的，南太平洋地区拥有世界上最复杂和先进的合作及治理规范。[2] 20 世纪 90 年代，南太平洋地区在渔业资源保护领域最严重的问题是漂网捕鱼，因此论坛渔业署在 1989 年批准了《禁止在南太平洋漂网捕鱼公约》（The Convention for the Prohibition of Fishing with Long Drift nets in the South Pacific）。该公约的目的不仅仅是禁止使用漂网捕鱼，而是在更广泛的层面实现地区间关于渔业资源治理的合作。公约相关方同意相互之间以及与远海捕鱼国、南太平洋地区相关的渔业组织进行合作。[3] 1982 年 2 月，密克罗尼西亚、基里巴斯、马绍尔群岛、瑙鲁、帕劳、所罗门群岛以及巴布亚新几内亚签订了《瑙鲁协议》（Nauru Agreement Concerning Coopera-

---

① "Pacific Plan Review 2013", Pacific Islands Forum Secretariat, http：//www. forumsec. org/resources/uploads/attachments/documents.

② Quentin Hanich, Feleti Teo and Martin Tsamenyi, "A Collective Approach to Pacific Islands Fisheries Management：Moving beyond Regional Agreements", *Marine Policy*, Vol. 34, 2010, p. 85.

③ Martin Tsamenyi, "The Institutional Framework for Regional Cooperation in Ocean and Coastal Management in the South Pacific", *Ocean &Coastal Management*, Vol. 42, 1999.

tion in the Management of Fisheries of Common Interest）。该协议在不损害缔约国主权的前提下，协调相关国家专属渔区内的渔业资源管理，并建立对外籍渔船的统一管理。同时，该协议加强了成员国之间在渔业资源管理方面的合作，使该区域内的渔业资源利用达到利益最大化，深刻影响着南太平洋地区的渔业活动。① 《太平洋岛国政府与美国政府之间的渔业协定》（Treaty on Fisheries between the Governments of Certain Pacific Island States and the Government of the United States of America）是美国与太平洋岛国签订的关于金枪鱼的协定，于 1988 年生效。2013 年，双方同意把该协定延长 18 个月。2014 年 10 月，双方又延长了该协定的有效期。② 《瓦卡协议》（Te Vaka Moana Arrangement）是波利尼西亚岛国之间关于渔业可持续发展的合作协议，目的是在渔业资源领域实现共同目标、共享信息、推进合作。③ 2007 年，第三十八届太平洋岛国论坛会议通过了《太平洋渔业资源的瓦瓦乌宣言》（The VAVA'U Declaration On Pacific Fisheries Resource）。该宣言不仅致力于在南太平洋地区制定关于鱼类资源的新治理方案，加强团结，在发展经济的同时，承诺使用可持续治理方法保证未来的鱼类资源。④ 2008 年 5 月，为了促进《瓦卡协议》的实施，第四届论坛渔业委员会部长会议通过了《地区金枪鱼管理和发展战略 2009—2014》（Regional Tuna Management and Development Strategy 2009–2014）。该战略致力于指导战略治理与发展，并根据广义的目标及成果指标，强调结果的意义。它的理念是通过

---

① "Nauru Agreement Concerning Cooperation in the Management of Fisheries of Common Interest", Pacific Islands Forum Fisheries Agency, https：//www. ecolex. org/details/treaty/nauru – agreement – concerning – the – cooperation – in – the – management – of – fisheries – of – common – interest – tre – 002025/.

② "Treaty on Fisheries between the Governments of Certain Pacific Island States and the Government of the United States of America" NOAA Fisheries, 2015, www. nmfs. noaa. gov/ia/agreements.

③ "Te Vaka Moana Arrangement", Te Vaka Moana, http：//www. tevakamoana. org/legal – framework.

④ "Key Ocean Policies and Declarations", Pacific Islands Forum Secretariat, http：//www. forumsec. org/pages. cfm/strategic – partnerships – coordination/.

可持续发展渔业资源，使南太平洋地区的居民享受高水平的社会和经济福利。基于这个理念，《地区金枪鱼管理和发展战略2009—2014》制定了两个目标：可持续的海洋渔业和生态系统、可持续利用渔业资源基础上的经济增长。与此同时，该战略通过以下几个方式为南太平洋地区的海洋渔业提供重要的支柱：第一，维持和支持地区团结；第二，从区域、次区域和国家层面上，为所追求的目标提供共识；第三，为论坛渔业署成员国提供一种使长期经济和社会效益最大化的方式；第四，就在地区层面和国家层面提供援助的行为体的参与而言，确保连贯性。①

　　环境保护领域涉及的内容比较多，主要有生物多样性、废弃物处理等。《南太平洋无核区条约》（South Pacific Nuclear Free Zone Treaty Act 1986）于1985年签署，于1986年生效。该条约重申了《不扩散核武器条约》对于防止核武器扩散和促进世界安全的重要性。缔约国承诺不通过任何方式在南太平洋无核区内的任何地方生产或以其他办法获取、拥有或控制任何核爆炸装置，不寻求或接受任何援助以生产或获取核爆炸装置。② 为了禁止向太平洋岛国倾倒有毒的、放射性的废弃物以及控制南太平洋地区有毒废弃物的跨国流动，太平洋岛国论坛成员国于1995年签订了《韦盖尼公约》（Waigani Convention），2001年生效。该公约主要针对有毒的、爆炸性的、腐蚀性的、易燃性的、放射性的、传染性的废弃物。《韦盖尼公约》为防止太平洋岛国成为"垃圾场"，提供了一个有效的预防机制，同时还阻止过往船只向岛国倾倒垃圾。③ 《阿皮亚公约》（Apia Convention）是一个于1976年签订的多层次的环境保护条约，生效于1990年，主要目的是采取行动保护、利用、发展南太平洋地区的自然资源。④ 《努美阿公

---

① FFA, Regional Tuna Management and Development Strategy 2009 - 2014, May 2009, pp. 1 - 20.

② "South Pacific Nuclear Free Zone Treaty Act 1986", SPREP, http：//www. sprep. org/attachments/legal/SPNFZstatus. pdf.

③ "*Waigani Convention*", SPREP, http：//www. sprep. org/attachments/Publications.

④ "Apia Convention", SPREP, http：//www. sprep. org/legal/meetings - apia - convention.

约》（Noumea Convention）签订于 1986 年，生效于 1990 年，是一个全面的"伞形结构"协议，用于保护、治理和发展南太平洋地区的海洋和沿岸环境。为了保护南太平洋地区的环境，缔约国同意采取与国际法一致的措施，以预防、减少和控制协定生效区域内的污染问题。尤其重要的是，各方应该在协定生效的范围内禁止放射性废物或其他放射性物质的行为。[①]

## 第三节　太平洋岛民海洋治理理念与西方的区别

当下的全球海洋治理观念仍然以西方国家或国际组织的观念为主，是一种把人与自然割裂开来的"二元"观念。规范全球海洋治理观念是践行海洋治理行动的正确前提。对于观念的重要性，朱迪斯·戈尔茨坦和罗伯特·基欧汉强调了这一点。"观念所体现出的原则化或因果性的信念为行为者提供了路线图，使其对目标或目的—手段关系更加明晰。"[②] 就海洋治理观念而言，以太平洋岛民为代表的土著民秉持"人海合一"的一元海洋治理观念，有效指引着南太平洋地区海洋治理，使得南太平洋地区成为全球海洋治理的引领者。

### 一　西方海洋治理观念

在西方的环境观念中，人类被置于中心的位置，凌驾于自然之上。一些西方重要的环境组织，比如世界环境与发展委员会、保护自然和自然资源的国际联盟、世界自然基金会、联合国环境规划署，都认为人类优于自然界其他一切生物。这是一种典型的"人类中心论"

---

① "The Convention", SPREP, http：//www. sprep. org/legal/the - convention.
② ［美］朱迪斯·戈尔茨坦、罗伯特·基欧汉：《观念与外交政策：信念、制度与政治变迁》，刘东国、于军译，北京大学出版社 2005 年版，第 3 页。

或"人类优越论"①。在很长一段时间内，战胜自然的观念在西方文化中居于重要地位，以至于西方学者讨论最多的是人类如何改造自然。近代以来，由于自然科学获得了飞速发展，在人与自然问题上占统治地位的是16世纪至17世纪根据培根的科学方法、牛顿物理学和笛卡尔哲学所建构的，以机械论的方式展示宇宙的观点。这种观点主张人与自然的分离与对立。培根、笛卡尔等人都极力鼓吹科学和知识的力量，认为科学可以使人成为自然的主人和占有者。这种观念加剧了人与自然的分离与对抗，促使人类强化其在自然界中的中心地位。②

海洋是自然环境的重要组成部分，是人类生存的基础线。在过去的100多年中，"无限海洋"（Limitless Sea）和海洋自由的观念一直是西方的主流思想。现代西方文明一直以开发、发现、征服海洋周围的陆地、海洋及海洋资源为基础。由于海洋被视为"边疆领土"，当处理海洋及其资源问题时，"听之任之"（anything goes）的态度被认为是合适的。自《联合国海洋法公约》签订后，科技的发展极大地证明了这种观念已经不合时宜。20世纪80年代末，公海漂网捕鱼的推广是对稀缺渔业资源过度捕捞的典型案例。传统意义上，在海洋具有容纳所有类型废弃物无限能力的前提下，海洋自由观念包括了污染的自由。公海的军事活动同样被认为符合海洋自由观念，但这些活动具有明显污染海洋的能力，威胁着海洋环境，阻碍着对海洋的和平利用。③ 按照格劳秀斯的看法，一般来说，船舶对海上通道的利用并不会破坏其他任何船舶对海上通道的使用权。海洋必须提供航行和捕鱼的自由。海洋渔业资源取之不尽，某一个国家捕鱼船的活动并不会干扰其他国家捕鱼船在同一海域的活动。

就海洋环境而言，很长一段时期内，"人类控制海洋""海洋资

① Hayden Burgess, "An Introduction to Some Hawaiian Perspectives on the Ocean", in Jon M. Van Dyke, Durwood Zaelke, Grant Hewison, *Freedom for the Seas in the 21ˢᵗ Century: Ocean Governance and Environmental Harmony*, Washington D. C. : Island Press, 1993, p. 91.

② 李冠福、刘武军：《略论人与自然关系的历史演变与可持续发展》，《广西师范大学学报》1997年增刊。

③ Jon M. Van Dyke, Durwood Zaelke, Grant Hewison, *Freedom for the seas in the 21ˢᵗ century: Ocean Governance and Environmental Harmony*, Washington D. C. : Island Press, 1993, p. 3.

源是无限的"的观点比较流行。然而，人类活动对海洋环境的压力日
益明显，各种海洋问题不断出现。由于人口持续增长的压力（特别是
在沿海地区）以及现代科技的影响，人类活动正日益影响海洋自然系
统、用尽海洋资源以及破坏海洋的自然风景。显然，相比之前，我们
需要更多了解自然环境，并继续加强对周围世界的认知。在对待海洋
问题上，我们正炫耀人类与自然环境互动的路径。许多有关价值的问
题出现，我们被迫考虑更广泛的人类合作方式，以保护共同财产。从
17 世纪开始，所有国家都可以利用公海的海洋资源。海洋空间在早
期被认为是公共资源，向所有国家开放。渔业资源是取之不尽的。当
时技术有限以及人口相对较少，人类对海洋资源和海洋空间的压力也
有限。面对新技术的出现、人类利用海洋手段的变化以及人类对海洋
认知的改变，海洋自由原则日益不合时宜。① 具体而言，西方海洋观
念具有四个特征。第一，把人类视为海洋的"管家"（stewardship）。
"管家"一词多用于当下环境保护用语中，说明人类是海洋"仁慈的
君主"。该词意味着人类具有保护海洋的责任，正如他们保护自己的
领地、森林和王国一样。然而，这同样意味着他们的地位优于所管理
的海洋，并与之分离。第二，西方主流的观点是人类所处的环境是资
源不足的。基于此，所有的资源都应当被索取，并形成一种经济模式
的基础。出于这种稀缺性，为了驱动经济的发展，人类必须在生产成
本和销售价格之间保障边际利润。依此观点，为了推动经济的发展，
人类必须最大限度地开发利用海洋资源，而不必优先考虑对海洋环境
的影响及海洋资源的可持续利用。第三，海洋是一个"水生大陆"
（aquatic continent）。1990 年 10 月 27 日，美国前总统布什在火奴鲁鲁
东西方中心的演讲中把海洋视为一个"水生大陆"。如果这个概念可
以被接受，接下来的相关举措是把陆地的观念应用到资源和领土。分
界线的概念在欧洲、美洲和其他地方已经深入人心，因此在海洋领域
也被认为是合适的。在西方看来，海洋也是陆地，两者没有明显的区

---

① Lawrence Juda, *International Law and Ocean use Management*, New York: Routledge, 1996, pp. 1 – 2.

别。第四，海洋即资源。《布雷克法律词典》（*Black's Law Dictionary*）把海洋资源界定为可以转化成供应品的金钱或任何财产、赚钱的手段、积累财富的能力等。依此定义，西方海洋治理观念认为资源组成了全球经济模式的初级阶段。① 阿黛尔伯特·瓦勒格（Adalberto Vallega）也认同这个观点。"工业社会和后工业社会都倾向于把海洋视为人类拓宽活动范围的新星球，从该星球恢复满足未来子孙需求的资源具有很大可能性。工业社会把海洋看成是一个巨大的水库，可以提供人类所需的食物、能源和矿物资源。"② 在曼·贝佳斯（Mann Borgese）看来，"人类历史上对海洋的态度基于海洋是取之不尽的宝库的观念。这种观念在工业化社会的几十年中被广泛分享。与此同时，海洋亦被视为建立国际新秩序的关键舞台。在新秩序框架下，人类可以合理利用海洋资源"③。

## 二 太平洋岛国土著的海洋治理观念

在夏威夷土著的赞美诗中，海洋被描述为不只是环境或资源，而是有生命的存在以及其他生物的家园。这种观点明显不同于西方国家视海洋为海上通道、利用资源或食物来源的观点。④ 太平洋岛民对海洋秉持着一种敬畏、尊重的态度，走的是一种"人海合一"的海洋治理道路。在这种观念的指引下，南太平洋地区拥有完善的海洋治理主体、规范。对太平洋岛民而言，海洋绝不仅仅是一种资源，而是一种生命性的存在及其他一些生物的家园。海洋养育了太平洋岛民。海

---

① Hayden Burgess, "An Introduction to Some Hawaiian Perspectives on the Ocean", in Jon M. Van Dyke, Durwood Zaelke, Grant Hewison, *Freedom for the Seas in the 21st Century: Ocean Governance and Environmental Harmony*, Washington D. C. : Island Press, 1993, pp. 92 – 94.

② Adalberto Vallega, *Sustainable Ocean Governance: A Geographical Perspective*, London: Routledge, 2001, p. 213.

③ Mann Borgese, *The Future of the Oceans*, Montreal: Harvest House, 1986, p. 1; Mann Borgese, "Ocean Mining and the Future of World Order", in J. Thiede, K. J. Hsu, *Use and Misuse of the Seafloor*, Chichester: John Wiley & Sons, 1991, pp. 117 – 126.

④ Jon M. Van Dyke, "The role of indigenous people in ocean governance", in Peter Bautista Payoyo, *Ocean governance: Sustainable development of the Seas*, Tokyo: United Nations University Press, 1994, p. 58.

浪载着他们的祖先跨越了时空，从未知的地方而来。对他们而言，陆地与海洋是相互依存、相互联系。太平洋岛民的健康、生活、意识与海洋密切相关。[①] "太平洋岛国的所有文化都是在岛民与海洋的互动中塑造的。总体上看，岛屿越小，其与海洋的互动就越密切，海洋对文化的影响就越明显。"[②]

## （一）太平洋岛民与西方海洋治理观念的区别

与西方国家的海洋观念相比，太平洋岛民也在四个方面体现着自己的观念特性。这四个方面也是太平洋岛民与西方国家海洋观念的最大区别。

第一，太平洋岛民与海洋是一种亲属关系。在太平洋岛民看来，他们是海洋的一部分，与海洋和所有有生命力的合作伙伴保持着亲属关系。"太平洋地区几乎98％是海洋，由此，海洋及其资源对太平洋岛民的生活和未来的繁荣至关重要。海洋及其海岸地区为居民提供了一系列的生态系统服务，为近海和远海渔业资源、旅游业、交通领域提供基础。海洋同样以一种蓝色太平洋大陆特有的方式，提供了一种共性，把太平洋岛民的文化和习俗联结在一起。"[③]《太平洋岛国区域海洋政策和针对联合战略行动的框架》指出，"海洋胜于其他一切，把太平洋岛屿社区联系在一起。太平洋岛屿社区居民居住在大洋岛屿上。几千年来，这里发生了世界上最鼓舞人心的人口迁移现象。海洋对太平洋岛屿社区的历史有着重要的影响。纵观该地区，与海洋有关的风俗形成了当前社会结构、生活、土地系统及治理海洋的基础"[④]。萨摩亚总理在第四十八届太平洋岛国论坛峰会上也强调了这一点，"对太平洋地区、太平洋岛国及岛民而言，海洋是最关键的。太平洋

---

① Jon M. Van Dyke, Durwood Zaelke, Grant Hewison, *Freedom for the Seas in the 21st Century: Ocean Governance and Environmental Harmony*, Washington D. C.: Island Press, 1993, p. 89.

② Epeli Hau'Ofa, "The Ocean in US", *The Contemporary Pacific*, Vol. 10, No. 2, 1998, p. 403.

③ "Ocean Management&Conservation", Pacific Islands Forum Secretariat, https://www.forumsec.org/ocean - management - conservation/.

④ FFA, SPC, SPREP, SOPAC, USP, *Pacific Islands Regional Ocean Policy and Framework for Integrated Strategic Action*, Fiji: Suva, 2005, pp. 1 - 4.

岛民是世界上最大的海洋及其众多岛屿和丰富文化多样性的保管人"①。《战略计划2011—2015》指出,"数千年来,太平洋岛国居民的生存依赖于海洋所提供的丰富的自然资源。不仅如此,海洋还提供了食物、交通、传统实践和经济发展机会"②。太平洋岛民与海洋有着特殊的密切关系。大部分群岛共同体理念和信仰体系把其祖先追溯到海洋。每个太平洋岛民都有着土地和海洋的图腾,并把海洋视为自己的血统,而不是我们所认为的一个省或地区。③ 太平洋岛国人类学家艾佩利·浩欧发在《我们的海洋》一文中系统阐释了太平洋岛民的海洋身份。"海洋定义了我们之前以及未来的身份。海洋就是我们的历史。当前,对大洋洲地区的所有人来说,海洋是唯一的共同财产。"④

20世纪70年代初期和中期,当第三次联合国海洋法会议召开时,密克罗尼西亚议会开始了一项名为《密克罗尼西亚航行、岛屿帝国与海洋所有权的概念》(Micronesia Navigation, Island Empires and Traditional Concepts of Ownership of the Sea),部分目的是诠释密克罗尼西亚人对周围海域利用的历史及对海洋治理问题的重视。该报告指出海洋是岛民日常的一部分,并检验了密克罗尼西亚人海洋治理的传统。密克罗尼西亚人知道他们拥有岛屿周围的海域。对他们而言,海洋是物理环境的一部分,并影响着他们生活的每一部分。生活的真正焦点在海上。海洋为岛民提供了食物、工具和交通手段。⑤

第二,海洋拥有着丰富的资源。与西方观点不同,太平洋岛民的海洋观念是建立在丰富资源的基础上,在分享这些资源的时候,对每

① "Opening Address by Prime Minister Tuilaepa Sailele Mailelegaoi of Samoa to open the 48<sup>th</sup> Pacific Islands Forum 2017", Pacific Islands Forum Secretariat, https: //www. forumsec. org/.

② SPREP, *Strategic Plan 2011 - 2015*, Samoa: Apia, 2011, p. 7.

③ "The Blue Pacific at the United Nations Ocean Conference", Pacific Islands Forum Secretariat, January, 2017, http: //www. forumsec. org/pages. cfm/newsroom/announcements - activity - updates/2017 - 1/.

④ Epeli Hau'Ofa, "The Ocean in US", *The Contemporary Pacific*, Vol. 10, No. 2, 1998.

⑤ Congress of Micronesia, *Micronesia Navigation*, *Island Empires and Traditional Concepts of Ownership of the Sea*, Mariana Island: Saipan, January 14, 1974, pp. 1 - 108.

个人是足够的。然而，海洋资源丰富意味着太平洋岛民需要承担尊重、保护食物供给的责任，并需要意识到事物之间的联系性，而非意味着浪费、忽略或不尊重。《太平洋岛国区域海洋政策和针对联合战略行动的框架》中也指出了这一点。"我们的海洋、沿岸和岛屿生态系统拥有丰富的生物多样性，这维持着太平洋岛屿社区的生活。太平洋拥有世界上最广泛的珊瑚礁、全球重要的渔业资源、储量巨大的深海资源、数量庞大的濒危物种。如果太平洋能负责任地治理，它将具有长久支持太平洋岛屿社区的潜力。国际法赋予了太平洋岛民利用海洋及其资源的权利。与这些权利相对应的是责任，包括可持续发展、治理和保护海洋资源、保护海洋环境和生物多样性。"[1]

第三，海洋不同于陆地，亦不完全与陆地相割裂。海洋不是陆地的延伸，其生态环境与陆地不同。依海为生的群体，依海为家，世代相传，形成了一个不同于陆地居民的群体。太平洋岛民认为太平洋具有自身的特性，应该制定针对海洋的具体规则。如果海洋的某一部分被污染，那么海水覆盖的其他地方也将被污染。如果过度使用海洋资源，则会对濒海的人类产生影响。《密克罗尼西亚航行、岛屿帝国与海洋所有权的概念》指出"与海洋相比，陆地没有意义、微不足道、无趣。海洋决定着生活的韵律。海洋的狂暴告诉岛民他们该何时去航行及去何处航行。理解密克罗尼西亚人如何感知海洋的唯一方式是站在他们的立场上，从他们的角度去感知生活。"[2] 在太平洋岛民看来，海洋不能与陆地相割裂。帕劳的土著将太平洋岛民描述为一只脚站在陆地上，而另一只脚站在海洋中。两只脚都对他们的健康和幸福至关重要。[3]

第四，海洋不仅是资源，更是源泉。太平洋岛民对海洋持一种

---

① FFA, SPC, SPREP, SOPAC, USP, *Pacific Islands Regional Ocean Policy and Framework for Integrated Strategic Action*, Fiji: Suva, 2005, pp. 3 – 4.

② Congress of Micronesia, *Micronesia Navigation*, *Island Empires and Traditional Concepts of Ownership of the Sea*, Mariana Island: Saipan, 1974, pp. 102 – 103.

③ Hayden Burgess, "An Introduction to Some Hawaiian Perspectives on the Ocean", in Jon M. Van Dyke, Durwood Zaelke, Grant Hewison, *Freedom for the Seas in the 21st Century: Ocean Governance and Environmental Harmony*, Washington D. C.: Island Press, 1993, pp. 93 – 94.

传统的观点——海洋即源泉。海洋是超越经济、安全或交通的大量事物的源泉。对太平洋岛民而言，海洋是食物的源泉，也是健康的源泉，为岛民身体和精神的幸福提供多样化的药物。海洋同样是净化、医治和滋养灵魂的源泉，亦是学习自然之道的场所。《太平洋岛国区域海洋政策和针对联合战略行动的框架》指出，"海洋维持着太平洋岛屿社区子孙后代的生存，不仅是交通的媒介，而且是食物、传统和文化的源泉"①。

**（二）太平洋岛民海洋治理观念在海洋规范中的体现**

南太平洋地区的海洋治理规范很好地吸收了太平洋岛民的海洋治理观念，并在实践中得到了很好的检验。早在 20 世纪 80 年代，太平洋共同体就举行了关于传统太平洋岛民近海渔业治理的学术工作坊，以探究太平洋岛民海洋治理的特性及如何把其运用到现代海洋治理中。此外，南太平洋区域环境署在此期间在沿海地区操作了SOPACOAST 项目，推动土著民社区把科技应用到海洋治理中去，重视传统资源治理体系和知识在解决当代资源治理需求中的重要性。研究发现，所罗门群岛的马罗佛（Marovo）妇女在海洋资源治理中扮演着重要角色，她们拥有广泛的传统知识，当代近海渔业资源治理可以从中吸取有益经验。马罗佛海洋环境和资源字典里对当地的传统知识和文件进行了编辑。该词典包括 400 多种鱼类的名称。② 《太平洋岛国区域海洋政策和针对联合战略行动的框架》在其强化海洋政策的倡议中做出具体要求。"发展基于太平洋岛民传统知识和海洋相关产权的海洋治理路径，可以防止海洋资源被过度开采。"③ 值得注意的是，《南太平洋区域环境署保护公约》（以下简称《SPREP 公约》）也充分汲取了太平洋岛民的海洋观念。《SPREP 公约》是目前南太平洋地区

---

① FFA, SPC, SPREP, SOPAC, USP, *Pacific Islands Regional Ocean Policy and Framework for Integrated Strategic Action*, Fiji: Suva, 2005, p. 3.

② SPC, *Traditional Pacific Islander Management of Inshore Fisheries: The SOPACOAST Initiative*, New Caledonia: Noumea, 1988, pp. 1 – 7.

③ FFA, SPC, SPREP, SOPAC, USP, *Pacific Islands Regional Ocean Policy and Framework for Integrated Strategic Action*, Fiji: Suva, 2005, p. 11.

政府环境保护战略的主要框架，强调了一系列环境问题，并包括很多海洋保护条款。由于《SPREP 公约》被太平洋地区许多国家所接受，因此被称为"针对环境的宪法"①。它明确规定公约缔结国要充分考虑太平洋岛民公认习俗中的传统和文化。它汲取了太平洋岛民"海洋不仅是资源，而且是源泉"的理念，要求从源头上保护海洋环境。"应采取多种形式的举措从源头上阻止、减少和控制海洋污染。这些源头主要有石油泄漏、深海资源开采、放射性废弃物、沿海工程。"②

除了太平洋岛国之外，澳大利亚、新西兰都从太平洋岛民的角度，制定了专门的海洋治理规范。2002 年，澳大利亚联邦政府国家海洋办公室发布了《海洋国家：一个土著民的角度，东南区域海洋计划》（Sea Country – an Indigenous Perspective, The South – east Regional Marine Plan）。该计划是澳大利亚实现海洋政策观念的一种规范。它通过建立基于生态系统特点的海洋计划边界，把大型海洋生态系统作为海洋计划进程的起点之一。"土著拥有以一种整体的方式把陆地与海洋联系起来的文化。然而，目前的海洋治理从整体上减少了土著与环境的联系。考古记录显示土著使用、占有和治理的陆地和海洋环境在 5000 年前就比较稳定。土著与该地区的文化和经济联系在沿海生态系统建立之前就开始了。"③

新西兰的毛利人在植根于毛利文化价值观四个原则的基础上，制定了自己的海洋法。第一，海洋是全球环境的一部分，其中的所有元素都相互联系；第二，作为"母亲地球"的一部分，必须保护海洋；第三，受保护的海洋是人类可以利用的财富；第四，对海洋的利用必须以一种整体方式进行控制，目的是维持海洋的可持续性。这四个原则至今仍然指导着毛利人。毛利人的观念是人类不应寻求更有效排放

① Mere Pulea, "The Unfinished Agenda for the Pacific to Protect the Ocean Environment", in Jon M. Van Dyke, Durwood Zaelke, Grant Hewison, *Freedom for the Seas in the 21st Century: Ocean Governance and Environmental Harmony*, Washington D. C.: Island Press, 1993, pp. 103 – 111.

② "Convention for the Protection of the Natural Resources and Environment of the South Pacific Region", SPREP, https://www. sprep. org/attachments/NoumeConventintextATS. pdf.

③ National Oceans Office, *Sea Country – an Indigenous Perspective*, The South – East Regional Marine Plan, Australia: New South Wales, 2002.

废弃物的方式危害环境，而要确保任何活动在源头上产生尽可能少的废弃物。① 《我们的海洋环境 2016》（Our Marine Environment 2016）指出："作为一个国家，我们有责任保护海洋，确保海洋的多样性以及生活福利可以持续为后代所享用。与陆地面积相比，新西兰拥有比较大的海洋区域。新西兰拥有两个主要的岛屿以及 700 多个较小的岛屿，是世界上海岸线最长的国家之一。新西兰的海洋环境复杂、多元，海洋生活环境比较丰富。在毛利人看来，所有有生命的东西之间是相互依存、相互联系的。人类与自然之间的密切关系也意味着保护环境的义务，并为子孙后代着想。"此外，毛利人对文化健康的标准有助于环境决策。"毛利人把'守护环境'观念嵌入实践中，以恢复环境的健康，并再次利用他们的传统知识。文化健康标准支持毛利人对海洋的利用，但它们同样可以通过提供对海洋环境的深度理解，使全部新西兰岛民受益。"② 以渔业资源为例，像许多太平洋岛民一样，毛利人拥有娴熟的捕鱼技术。对他们而言，捕鱼具有文化意义。非太平洋岛民很难理解这一点。毛利人通常捕捞各种有鳍鱼、贝类和鳗鱼。他们将这种传统带入了现代生活。现代毛利人的捕鱼权基于新西兰历史上最重要的文件之一——1840 年的《怀唐伊条约》（Treaty of Waitangi）。③

### 三 太平洋岛民海洋治理理念对全球海洋治理的启示

虽然土著民在文化和政治形态上各不相同，但他们拥有共同的品质，即与自然环境和谐相处。生活在大陆地区的土著一直是狩猎者以及土地耕种者。他们常伴随着维持和更新土壤和森林的情感，如此，子孙后代可以继续赖以生存。依海或岛屿生存的土著民为了更丰富的

① Jon M. Van Dyke, "The Role of Indigenous People in Ocean Governance", in Peter Bautista Payoyo, *Ocean Governance: Sustainable Development of the Seas*, Tokyo: United Nations University Press, 1994, p. 59.

② Ministry for the Environment, *Our Marine Environment 2016*, 2016, pp. 1 – 35.

③ Howard S. Schiffman, "Culture, Conservation and Competition: Orange Roughly and the South Pacific Regional Fisheries Management Organization", *Journal of International Wildlife Law & Policy*, Vol. 15, 2012.

资源，开始转向海洋。需要指出的是，他们同样意识到了海洋资源是可能耗尽的，需要在利用这些资源的过程中保护它们。土著渴望与自然环境和谐相处，这体现在他们的精神观念、图腾及宗教信仰中。[①] 北极地区的土著也拥有与太平洋岛民类似的观念。"对北冰洋沿岸的土著来说，海洋一直是生命的源泉。保护这个幸福的源泉不仅是许多传统故事的主题，而且是规范人与海洋如何互动的基础。他们的价值观与海洋保护、自然资源治理的现代观念密切相关。他们对于人类与海洋关系的认识与西方互不相容。"[②] 作为土著的典型代表，太平洋岛民的海洋治理观念既有独特性又有共性。当前，国际社会已经意识到了海洋治理的紧迫性、重要性，并在全球层面、区域层面及国家层面采取了大量海洋治理举措。然而，人与自然"二元论"的观念仍然植根于当下的海洋治理规范和实践中。因此，全球海洋治理应充分汲取以太平洋岛民为代表的土著海洋治理观念。

**（一）国际海洋法应该考虑土著法律**

自 300 多年前荷兰法学家格劳秀斯写完《海洋自由论》之后，国际社会一直存在海洋必须是自由的假设。正如所有的法律假设一样，格劳秀斯的假设符合奥利弗·温德尔·霍姆斯的格言——法律不是逻辑而是经验的产物。海洋自由及其所涉及的公海理念符合欧洲国家的经济、军事和商业利益。海洋自由概念中有两个缺陷。它与海洋自由概念本身共存。公海自由绝不被认为是一成不变的绝对事物。只有在合理的情况下，海洋才可以被自由利用。海洋自由理念主要为了保护 17 世纪的商业主义，并且在当下同样保护着该利益。然而，太平洋岛民的利益却被忽略或边缘化。在海洋自由的框架下，几个世纪以来，海洋被视为运输通道，如今却成为有毒废弃物和武器试验的场所。国际法及其内在机理增加了社会和经济负

---

① Jon M. Van Dyke, "The Role of Indigenous People in Ocean Governance", in Peter Bautista Payoyo, *Ocean Governance: Sustainable Development of the Seas*, Tokyo: United Nations University Press, 1994, p. 58.

② Alf Hakon Hoel, *Best Practices in Ecosystem - based Oceans Management in the Arctic*, Report Series, No. 129, 2009, p. 12.

担，特别是对太平洋岛民而言。如国际法资本主义——商业主义的历史所体现的那样，海洋法背后的指导原则一直将海洋视为谋取经济利益的资源，或间接作为通道，或直接作为食物或财富的来源。海洋法保护的是利用海洋资源过程中的国家，而不是保护海洋本身。如果可以改变海洋法的哲学基础，人类活动对环境和土著的压力都将大大缓解。学术界已经提出了国际法改革的迫切性。在莫阿娜·杰克逊（Moana Jackson）看来："海洋法改革的过程必须抛弃目前的哲学理念，寻求一种新的广泛意义上的基础。这种基础应允许符合保护机制的管理海洋的自由。同时，这种基础的构建应充分考虑土著法律的观念。欧美法律思潮不仅允许掠夺海洋，而且在17世纪、18世纪、19世纪帝国霸权建立期间，忽略、压制了土著法律。因此，当海洋法考虑土著法律的时候，难免会出现某种程度的不适应。"① 海洋自由原则源于欧洲，基于欧洲的信仰和观念，是从欧洲国家实践中抽象出来的。② 某种程度上说，这两种类型法律的关系在许多方面体现了其服务社会的关系。国际法是殖民分解性过程的一部分，300 多年来深刻影响了土著，特别是太平洋岛民。国际法成为推动不发达非欧洲国家殖民化的一种外力，并把其哲学基础强加于土著法律。

单纯某一土著法律也不可能完全指导海洋治理。然而，毛利人法律的思潮与其他土著民拥有共性。需要强调的是，土著对海洋持共同的观念——海洋并不是只是用于开发的资源。不幸的是，西方殖民政府忽略了毛利人的法律和习俗，因而，毛利人的海洋理念未能以一种有意义的方式为国际海洋法贡献自己的力量，也未能参与新海洋治理机制的构建。非政府组织经常被邀请参加各种各样的海

---

① Moana Jackson, "Indigenous Law and the Sea", in Jon M. Van Dyke, Durwood Zaelke, Grant Hewison, *Freedom for the Seas in the 21st Century: Ocean Governance and Environmental Harmony*, Washington D. C.: Island Press, 1993, pp. 41 – 48.

② J. H. W. Verzijl, "Western European Influence on the Foundations of International Law", *International Law in Historical Perspective*, Vol. 1, 1968. Adda B. Bozeman, *The Future of Law in a Multicultural World*, New Jersey: Princeton University Press, 1971, p. 229.

洋环境会议，但数量较少的土著却被排除在外。纳塔利·斑（Natalie C. Ban）和亚历杭德罗·弗里德（Alejandro Frid）指出，"由于土著民殖民化、边缘化的影响，土著民海洋治理路径在许多地方正在消失"①。

**（二）尊重土著的观念，制定相应的海洋治理规范**

南太平洋地区海洋治理在可持续治理渔业资源、深海资源等方面，取得了显著的成效，并为全球海洋治理和其他地区海洋治理做了很好的示范。其中，该地区很多海洋治理规范都是基于太平洋岛民的海洋观念和传统知识。因此，在全球海洋治理中，其他区域可以依据土著的海洋观念，制定相应的海洋治理规范。这种海洋治理的区域路径更能契合海洋的实际情况，实现因海制宜。正如杰克逊·戴维斯（W. Jackson Davis）所言，这种方式最大的优点是："它在区域层面上对构建机制能力和意识有重要贡献，它的执行着眼于全球和区域管理。区域项目可以最终作为海洋管理机制的'标准模块'。"② 目前，全球层面的海洋治理规范主要是《联合国海洋法公约》，但却很难适应每一个区域。"《联合国海洋法公约》治理着海洋及其资源的利用，提供了广泛海洋治理规则和原则，但该框架有时同质化，而且缺乏协调性。"③

**（三）大国需要发挥应有的责任，尊重土著的传统**

与西方国家不同，海洋污染被太平洋岛民视为对家园的破坏。"太平洋岛民把海洋视为家园，而其他地区的人则把海洋视为交通、航行、联系的通道或者财富的仓库。对太平洋岛民而言，海洋的意义更深远。海洋为他们提供了食物和生活空间，从本质上看，海洋为他们提供了一种生活方式。岛民的传说和神话体现了海洋与岛民之间深

---

① Natalie C. Ban, Alejandro Frid, "Indigenous Peoples' Rights and Marine Protected Areas", *Marine Policy*, Vol. 87, 2018.

② W. Jacson Davis, "The Need for a New Global Ocean Governance System", in Jon M. Van Dyke, Durwood Zaelke, Grant Hewison, *Freedom for the Seas in the 21st Century*, Washington D. C. : Island Press, 1993, p. 161.

③ EU, *International Ocean Governance: An Agenda for the Future of Our Oceans*, Belgium: Brussels, 2016, p. 3.

刻、强烈的关系。太平洋岛民与海洋环境有着密切的联系，视环境破坏为他们文化和生活方式的破坏。南太平洋生态系统非常脆弱，需要采取措施，保护海洋环境和海洋资源。SPC 首先意识到了这个问题，并实施了一些环境项目和工程。其他区域组织也开始重视环境保护问题。"① 作为充分尊重太平洋岛民海洋观念的规范，《南太平洋地区自然资源和环境保护公约》明确提出大国应担负起海洋治理的重任。"大型国家应该履行控制污染的主要责任和义务。也就是说，大型国家不仅要对引起污染的原因负有责任，还要有能力承担有意义的预防措施。大部分太平洋周边国家虽然对该公约所涉及的海洋区域负有责任，但是它们并未加入该公约。太平洋周边国家需要全面、有效地加入该公约。对于接受控制海洋污染的责任，大国的行动迟缓和消极态度对太平洋岛国而言，比较残忍。大国应该像小岛国一样，采取积极的举措，保护南太平洋地区的海洋环境。"②

同大型发达国家居民相比，土著通常处于不利的处境，这已经成为国际社会的共识。在某些情况下，海洋治理规范中拥有一些保护土著的条款。然而，不幸的是，这些条款并没有赋予土著任何真实的权利，而是给予了大型国家提供援助的机会。这些条款没有真正意识到土著民的不利处境。在全球海洋治理中，相比于弱小国家，大国拥有更为先进的海洋治理能力。像太平洋岛民一样，其他地区的土著民也渴望大国能够承担起相应的海洋治理责任。目前，大国对土著民的合法权利态度不一，做法不一。一些大国已经意识到了保护土著民权利的重要性。比如，中国在《中国的北极政策》白皮书中指出："保护北极就是要积极应对北极气候变化，保护北极独特的自然环境和生态

① Florian Gubon, "Steps Taken by South Pacific Island States to Preserve and Protect Ocean Resources for Future Generations", in Jon M. Van Dyke, Durwood Zaelke, Grant Hewison, eds., *Freedom for the Seas in the 21st Century: Ocean Governance and Environmental Harmony*, Washington D. C. : Island Press, 1993, p. 123.

② A. V. S. Va' ai, "The Convention for the Protection of the Natural Resources and Environment of South Pacific Region: Its Strengths and Weaknesses", in Jon M. Van Dyke, Durwood Zaelke, Grant Hewison, eds., *Freedom for the Seas in the 21st Century: Ocean Governance and Environmental Harmony*, Washington D. C. : Island Press, 1993, pp. 113 – 120.

系统，不断提升北极自身的气候、环境和生态适应力，尊重多样化的社会文化以及土著人的历史传统。中国坚持在尊重北极地区居民和土著人的传统文化，保护其独特的生活方式和价值观，的前提下，参与北极资源开发利用，使北极地区居民和土著民成为北极开发的真正受益者。"① 然而，作为世界头号大国，美国不顾太平洋岛国及岛民的利益，于2017年6月，决定退出关于战胜气候变化的全球性公约——《巴黎协定》。特朗普退出《巴黎协定》将会影响发达国家对于发展中国家有关气候应对的财政支持，从而间接损害了太平洋岛国减缓气候变化付出的努力。在特朗普退出《巴黎协定》以后，太平洋岛国指责美国放弃弱小国家，并表达了对美国的不满。图瓦卢总理埃内尔·索本嘉（Enele Sopoaga）表示："不考虑'二战'时的盟友关系，美国人拒绝帮助图瓦卢。我们曾经为美国提供了避风港，助其实现目标，但现在我们正面临着这个时代最大的困难，美国正在抛弃我们。"斐济总理姆拜尼马拉马也表达了类似的观点，"这是一个放弃类似图瓦卢这样的小岛国的典型案例"。作为南太平洋的一个群岛，马绍尔群岛面临着由气候变化所引起的海平面上升的风险，是第一个全球气候条约的签字国。马绍尔群岛总统希尔达·海涅（Hilda Heine）同样表达了对美国的不满和指责。②

## 第四节　南太平洋海洋治理对全球海洋治理的启示

在全球化不断加深的国际背景下，区域一体化蓬勃发展。同一区域内的国家经常面临共同的难题或危机，因此它们更容易发掘共

---

① 《中国的北极政策》，新华网 2018 年 1 月 26 日，http：//www. xinhuanet. com/poli-tics/2018 – 01/26/c_ 1122320088. htm。

② "Donald Trump pulls out of Paris Accord: Pacific Islands accuse US of 'Abandoning' Them to Climate Change", FIRSTPOST, http：//www. firstpost. com/world/donald – trump – pulls – out – of – paris – accord – pacific – islands – accuse – us – of – abandoning – them – to – climate – change – 3509537. html.

同利益与目标,通过建构完善的区域治理机制推动成员国实现"共赢"。就全球治理而言,这是新时期全球面临的重大课题。如果说欧盟完整提出了全球海洋治理理论,那么在全球范围内,南太平洋地区则是海洋治理实践的"先行者",对全球海洋治理有着重要的启示。

## 一 加强区域组织之间的协调与合作

在全球海洋治理体系中,从整体上看,区域组织的地位和影响呈上升趋势,在海洋治理体系中扮演着重要的角色。地区海洋问题是全球海洋问题,因此,地区海洋治理是全球海洋治理中的重要组成部分,区域组织是全球海洋治理的重要主体。如前所述,南太平洋地区有着丰富的海洋治理主体,主要有太平洋共同体、太平洋岛国论坛、南太平洋大学、南太平洋区域环境署、太平洋岛国论坛渔业署。就海洋治理而言,南太平洋地区区域组织的治理比联合国和其他组织更有针对性,效果也更明显。究其原因,南太平洋地区的五大海洋治理主体发挥着重要的作用,而且相互之间的合作关系很密切,形成了一个关于海洋治理的联合网络。"南太平洋地区建立了世界上最复杂、最高级的合作机构。这些区域组织鼓励联合治理,对保护海洋资源以及向国家政府传达治理理念有着重要的作用。以渔业资源保护为例,在地区层面上,太平洋共同体秘书处和论坛渔业署共同为太平洋岛国服务。"① 与此同时,为了更好地关注和促进太平洋及其资源的可持续发展,保护各方面的利益相关者,太平洋联盟(Pacific Ocean Alliance)搭建了一个基于自愿的开放性共享平台,在太平洋联盟框架之内,南太平洋地区的区域组织可以更好地加强合作,并求同存异,促进海洋环境的保护和海洋资源的可持续利用。正如太平洋岛国论坛秘书长图伊洛马·内罗尼·斯莱德(Tuiloma Neroni Slade)所言,"在联合治理太平洋方面,太平洋联盟是很重要的一步。只有平衡各方面

---

① Quentin Hanich, Feleti Teo and Martin Tsamenyi, "A Collective Approach to Pacific Islands Fisheries Management: Moving beyond Regional Agreement", *Marine Policy*, Vol. 34, 2010.

的利益和要求，我们才能找到海洋发展和使用的正确路径"①。有学者高度评价了南太平洋地区的区域合作，比如，塔马锐·图谭嘎塔（Tamari'i Tutangata）和玛丽·鲍尔（Mary Powr）认为："太平洋岛国之所以在应对与海洋资源科学可持续利用方面取得了重大的进步，主要是因为区域合作。太平洋岛国论坛不可能单独解决地区共同的问题以及应对全球气候变化的挑战。"②

与全球层面的国际组织相比，在地区主义、区域一体化的推动下，区域组织更多体现了区域国家合作的价值信念、资源选择和进一步深入合作的期望。区域组织有着更强的地缘认同、历史和文化认同，凝聚力更强，更容易在海洋治理问题上达成共识。区域组织成员对组织的认同与服从要强于对联合国的认同与服从，区域组织对成员的制约也强于联合国。目前的全球海洋治理进入了一个新的阶段，很多国家和地区都意识到了海洋治理的重要性与紧迫性。根据南太平洋地区海洋治理的一个经验，地区层面的海洋治理效果更明显。区域组织要形成一个网络，并加强协调与合作，这样能使成员国形成海洋治理的合力，克服国家个体在海洋治理方面的脆弱性。尤其对于不发达地区而言，如加勒比地区、非洲地区等，建立区域组织网络以及加强相互之间的合作与协调更具有意义。

## 二  构建全球海洋治理伙伴关系

一些区域组织和国家在海洋治理方面可能能力不足，这就需要加强与国际组织的合作。太平洋岛国积极参与多边国际组织，将自己纳入全球海洋治理的网络，强烈支持国际法、国际规范和国际组织，在国际问题上倡导并采用道德规范的立场。很长一段时间内，有政治学者认为："国际组织对较小国家有着特殊的关联性，主要

---

①  "Pacific Ocean Alliance Launched to Strengthen Collaboration Under the Pacific Oceanscape", Conservation, http://www. conservation. org/NewsRoom/pressreleases/Pages/Pacific – Ocean – Alliance – launched – to – strengthen – collaboration – under – the – Pacific – Oceanscape. aspx.

②  Tamari Tutangata, Mary Powr, "The Regional Scale of Ocean Governance Regional Cooperation in the Pacific Islands", *Ocean and Coastal Management*, Vol. 45, 2002.

是因为国际组织内的身份平等性、成员国的潜在安全性以及约束大国的功能。"① 雷蒙·瓦里南（Raimo Vayrynen）甚至把国际组织视为小国最好的朋友。② 国际组织中的成员国身份不仅使得小国享受联合国的服务和其专业化的机构，还使得小国以低成本的方式保持同外部世界的联系，而不是通过双边外交。③ 借助多边机制、倡导国际规范是小国弥补实力缺陷的基本途径。就海洋治理而言，构建全球海洋治理伙伴关系是太平洋岛国弥补自身实力缺陷的重要路径。太平洋共同体在《战略计划2016—2020》中明确指出："太平洋共同体不仅将拓展伙伴关系，以促进在海洋治理领域的合作，而且还将强化现有的合作伙伴关系，包括太平洋区域组织理事会（Council of Regional Organizations of the Pacific），构建新型关系。"④ 为了更好地治理海洋，南太平洋地区的区域组织与联合国、欧盟、世界银行等进行合作。⑤

联合国致力于同各种行为体建立广泛的伙伴关系，这是与其他国际组织最大的不同。1998 年，联合国成立了"伙伴关系"办公室，为促进千年发展目标而推动新的合作和联盟，并为秘书长的新举措提供支持。联合国试图建立最广泛的全球治理伙伴关系，动员、协调及整合不同的行为体参与全球治理的机制和经验。作为政府间组织，欧盟在海洋治理中扮演着重要的角色。2016 年 11 月，欧盟

① Robert O. Keohane, "Lilliputians' Dilemmas: Small States in International Politics", *International Organization*, Vol. 23, No. 2, 1969; Robert L. Rothstein, *Alliances and Small Powers*, London: Columbia University Press, 1968, p. 39.

② Raimo Vayrynen, "Small States: Persisting Despite Doubts," in Efraim Inbar and Gabriel Sheffer, eds., *The National Security of Small States in a Changing World*, London: Routledge, 1997, pp. 41–76.

③ Oliver Hasenkamp, "The Pacific Island Countries and International Organizations: Issues, Power and Strategies", in Andreas Holtz, Matthias Kowasch and Oliver Kasenkamp, eds., *A Region in Transition: Politics and Power in the Pacific Island Countries*, Saarland: Saarland University Press, 2016, p. 228.

④ SPC, Strategic Plan 2016–2020, 2015, p. 7.

⑤ "Partnering International Ocean Instruments and Organizations", Pacific Islands Forum Secretariat, http://www.forumsec.org/pages.cfm/strategic – partnerships – coordination/pacific – oceanscape/partnering – international – ocean – instruments – organisations. html.

委员会与欧盟高级代表通过了首个欧盟层面的全球海洋治理联合声明文件，包括 50 个纲领，以建设一个欧盟和全球的安全、干净、可持续治理的海洋。该联合声明文件集中三个领域，分别是完善全球海洋治理架构；减轻人类活动对海洋的压力，发展可持续的蓝色经济；加强国际海洋研究和数据搜集能力，致力于应对气候变化、贫穷、粮食安全、海上犯罪活动等全球海洋挑战，以实现安全、可靠以及可持续的开发利用全球海洋资源。同时，该联合声明是欧盟应对《联合国 2030 年可持续发展议程和可持续发展目标》（SDG），特别是可持续发展目标 14（SDG14）条款的一部分，以保护和可持续的利用海洋及海洋资源。世界自然基金会欧盟海洋政策专员萨曼莎·伯吉斯（Samantha Burgess）表示，"就推动全球治理而言，希望欧盟可以做个很好的示范，颁布新的立法规范，通过加强与各国政府合作，确保欧盟和全球海洋实现可持续发展"[1]。2017 年 4 月，欧盟部长强调了欧盟及成员国努力保护海洋的迫切需要。欧盟海洋事务和渔业专员卡门努·韦拉（Karmenu Vella）表示，"欧盟及其成员国在强化全球海洋治理领域，扮演着领头羊的角色。发表联合声明有助于我们保护和更好地利用珍贵的海洋资源"[2]。除了联合国与欧盟之外，作为非政府组织，世界银行在全球海洋治理领域也扮演着重要的角色。世界银行制定了"全球海洋伙伴关系"（Global Partnership for Oceans），目标是整合全球行动，评估及战胜与海洋健康有关的威胁。"全球海洋伙伴关系"的援助领域有可持续渔业资源、减少贫困、生物多样性及减少污染，由 140 多个政府、国际组织、公民社会团体及私人部门组织构成。南太平洋地区参与的区域组织有太平洋岛国论坛秘书处、太平洋共同体、论坛渔业署及南太平洋

---

① "International ocean governance: an agenda for the future of our oceans", EU Maritime Affairs, https: //ec. europa. eu/maritimeaffairs/policy/ocean – governance_ en.

② "EU and Member States agree to step up efforts to protect oceans", EU Maritime Affairs, https: //ec. europa. eu/maritimeaffairs/content/eu – and – member – states – agree – step – efforts – protect – oceans_ en.

区域环境署。① 以世界银行为代表的非政府组织在全球海洋治理中是一支不可替代的重要力量，其凭借自身所具有的认知、资金、行动网络及独立性身份和立场，在全球海洋治理中发挥着独特的作用。

### 三 地区海洋治理理念与全球海洋治理理念的有效对接

作为全球海洋治理的重要组成部分，地区海洋治理应该有效对接全球海洋治理的理念，有效融入全球海洋治理体系。事实上，除了主权国家以外，联合国是全球海洋治理的重要主体。《联合国海洋法公约》是海洋治理的国际法基础，对内海、临海、专属经济区、大陆架、公海等概念进行了界定，并对领海主权争端、污染处理等具有指导作用。太平洋岛国论坛在 1971 年召开的第一届会议上就讨论了《联合国海洋法公约》，具有重要的意义。基于《联合国海洋法公约》，《南太平洋区域海洋政策》不仅提出了海洋治理的框架，即可持续发展、治理和保护太平洋地区的海洋资源，还提出了五个指导性原则。②《联合国 2030 年可持续发展议程和可持续发展目标》将国际社会的目光聚焦于海洋治理。其中，第 14 条对太平洋岛国提出了海洋治理的理念，即"保护和可持续利用海洋和海洋资源"。这为太平洋岛国和沿岸居民带来了新的机会，有助于南太平洋地区更好地进行海洋治理。不难看出，南太平洋地区的海洋治理理念与规范都与全球海洋治理保持着有效的对接，因此，太平洋岛国在全球海洋治理中处于前线地位。

地区海洋治理与全球海洋治理的有效对接是大势所趋。除了南太平洋地区以外，欧盟也积极与全球海洋治理进行对接。如前所述，欧盟委员会与欧盟高级代表通过了首个欧盟层面的全球海洋治理联合声

---

① "Partnering International Ocean Instruments and Organizations", Pacific Islands Forum Secretariat, http://www.forumsec.org/pages.cfm/strategic – partnerships – coordination/pacific – oceanscape/partnering – international – ocean – instruments – organisations.html.

② "Key Ocean Policies and Declarations", Pacific Islands Forum Secretariat, http://www.forumsec.org/pages.cfm/strategic – partnerships – coordination/pacific – oceanscape/key – ocean – policies – declarations.html.

明文件，该联合声明有效对接了SDG14，奠定了欧盟在全球治理体系中的地位。早在通过联合声明之前，在过去的十几年，欧盟做了大量关于对接全球海洋治理的努力。第一，针对所有的海洋及海洋问题，采用一种整体的方法，即《欧盟联合海洋政策》；第二，制定欧盟层面的战略，以促进可持续的、包容性的"蓝色增长"（Blue Growth）；第三，落实强调共同挑战与机会的区域战略（Regional Strategy），加强与非欧盟国家及来自民间团体和私人部门的利益相关者的合作；第四，每年拨款大约3.5亿欧元用于海洋研究，提高合作与信息分享水平；第五，通过《欧盟安全战略》，以辨认、阻止和应对安全挑战。①对于小国而言，积极对接全球海洋治理、融入全球海洋治理体系的进程不仅可以克服自身脆弱性、减少治理成本，还可以利用全球海洋治理体系所带来的各种便利，搭乘"便车"。

## 第五节　南太平洋海洋治理利弊初探

伴随全球化的深入，国际社会日益依赖海洋所提供的公共产品。如何有效地治理海洋与人们的生活密切相关。国际社会对海洋治理予以充分重视。《联合国海洋法公约》的生效，体现了国际社会共同治理海洋的努力。然而，海洋问题并没有得到有效地解决，反而在恶化。气候变化、非法捕鱼、海洋生物多样性遭到破坏等海洋问题层出不穷。对于海洋治理而言，仅仅依靠全球层面上的治理显然不够。由于地理原因，全球各个地区的海洋特性不同，面临的问题各异，因此，全球层面的海洋治理准则并不适合每一个地区。在全球海洋治理的进程中，区域海洋治理扮演着重要的推动角色。

目前，国内外学术界对于海洋治理的研究较多，涉及的议题较广。对于区域海洋治理的研究也是汗牛充栋。就国内学术研究而言，《全球海洋治理视域下的南太平洋地区海洋治理》一文中探讨了南太

---

① "International Ocean Governance: An Agenda for the Future of Our Oceans", EU Maritime Affairs, https://ec.europa.eu/maritimeaffairs/policy/ocean-governance_en.

平洋地区海洋治理的客体、主体、规范及对全球海洋治理的启示。[①]
王光厚、王媛在《东盟与东南亚的海洋治理》中阐述了东盟应对东
南亚地区海洋治理的特点。[②] 程晓勇在《东亚海洋非传统安全问题及
其治理》中探讨了东亚海洋非传统安全治理呈现出的两个重要特
征。[③] 吴士存、陈相秒探讨了南海海洋治理体系的构建。[④] 蒋恩源、
李晶、任朱莉在《基于科学的海岸和海洋治理：来自东南亚的案例》
一文中列举了利用科学知识对东南亚海岸及海洋资源的治理案例。[⑤]
陈洪桥探讨了太平洋岛国区域海洋治理框架与政策，并分析了岛国的
执行情况。[⑥] 就国外学术界而言，区域海洋治理的研究比较多，而且
大多集中在南太平洋地区的海洋治理。比如，阿黛尔博特·瓦勒格
（Adalberto Vallega）探讨了区域海洋治理的分类、角色以及未来的趋
势。[⑦] 马克·巴伦西亚（Mark J. Valencia）探讨了东北亚和东南亚区
域海洋机制构建的前景。[⑧] 米歇尔·洛奇（Michael Lodge）探讨了南
太平洋地区渔业治理，并论及了该地区渔业治理的"最短期限和准入
条件"[⑨]。约瑟夫·摩根（Joseph Morgan）探讨了东南亚的海洋区域
与区域主义。[⑩] 科林·亨特（Colin Hunt）介绍了南太平洋地区的金枪

① 梁甲瑞、曲升：《全球海洋治理视域下的南太平洋地区海洋治理》，《太平洋学报》
2018 年第 4 期。

② 王光厚、王媛：《东盟与东南亚的海洋治理》，《国际论坛》2017 年第 1 期。

③ 程晓勇：《东亚海洋非传统安全问题及其治理》，《当代世界与社会主义》2018 年
第 2 期。

④ 吴士存、陈相秒：《论海洋秩序演变视角下的南海海洋治理》，《太平洋学报》2018
年第 4 期。

⑤ 蒋恩源、李晶、任朱莉：《基于科学的海岸和海洋治理：来自东南亚的案例》，《太
平洋学报》2018 年第 4 期。

⑥ 陈洪桥：《太平洋岛国区域海洋治理探析》，《战略决策研究》2017 年第 4 期。

⑦ Adalberto Vallega, *Sustainable Ocean Governance*：*A Geographical Perspective*, London：
Routledge, 2001, pp. 190 – 210.

⑧ Mark J. Valencia, "Regional Maritime Regime Building：Prospects in Northeast and South-
east Asia," *Ocean Development & International Law*, Vol. 3, No. 31, 2010.

⑨ Michael Lodge, "Minimum Terms and Conditions of Access：Responsible Fisheries Manage-
ment and Measures in the South Pacific Region", *Marine Policy*, Vol. 16, Issue 4, 1992.

⑩ Joseph Morgan, "Marine regions and regionalism in South – east Asia," *Marine Policy*, Oc-
tober 1984, pp. 299 – 310.

鱼治理。① 塔玛锐·图谭嘎塔、玛丽·鲍尔（Mary Power）探讨了南太平洋地区海洋治理，并论及了海洋治理区域路径的优势。② 马丁·萨门妮（Martin Tsamenyi）谈及了南太平洋地区海洋治理关于区域合作的制度框架。③

综合来看，国内学术界对于区域治理的研究虽然涉及南太平洋地区、东南亚地区、东亚地区以及南海，但却没有深入探讨区域海洋治理的特性与优势。国外学术界对于区域海洋治理的研究较多，涉及南太平洋地区、东南亚地区，但绝大部分聚焦于南太平洋地区，这说明南太平洋地区是国内外学术界研究区域海洋治理的典范。本节尝试探讨区域海洋治理的理论支撑，并以南太平洋地区的海洋治理为案例，来说明区域海洋治理的优势，同时探讨区域海洋治理的前景。

## 一 区域海洋治理的理论基底

学术界已经意识到区域海洋治理的效能，并倡议将其作为海洋治理的一项原则。比如，在约翰·范德克（Jon M. Van Dyke）看来，区域海洋治理比全球海洋治理更为有效、更为合适。由于不同的政治体系和不同的情形影响着不同的海域，世界不应该只拥有一个单独的海洋治理实体。联合国环境署（United Nations Environment Programme，UNEP）已经开始把全球海洋划分为不同的片区。以区域海洋规范为基础可以成为推动海洋治理的最有效方式。海洋在面临的问题及所拥有的资源方面，差异很大。邻近海洋的沿岸居民应当最终对影响他们近岸区域的决策拥有更多的控

① Colin Hunt, "Management of the South Pacific Tuna Fishery", *Marine Policy*, Vol. 21, No. 2, 1997.

② Tamari'i Tutangata, Mary Power, "The Regional Scale of Ocean Governance Regional Cooperation in the Pacific Islands", *Ocean & Coastal Management*, Vol. 45, 2002.

③ Martin Tsamenyi, "The Institutional Framework for Regional Cooperation in Ocean and Coastal Management in the South Pacific", *Ocean & Coastal Management*, Vol. 42, 1999.

制权。[①] 国际社会对区域海洋治理的重视由来已久。自二战以后,海洋治理区域路径的概念历经很多演变。[②] 20 世纪 70 年代早期,UNEP 治理委员会采取了解决海洋污染的区域合作路径。1974 年,UNEP《区域海洋计划》(Regional Seas Programme, RSP) 获得通过。RSP 是 UNEP 在过去四十多年中最突出的成就之一。RSP 在世界范围内划分了 18 个海洋和沿岸地区。它致力于通过"共享海洋"(shared seas) 的路径,解决全球海洋和沿岸地区日趋恶化的问题。具体而言,"共享海洋"路径即相邻国家采取广泛、具体的行动,保护共同的海洋环境。目前,出于保护可持续治理海洋和沿岸环境的考量,超过 143 个国家加入了 18 个《区域海洋公约和行动计划》。所有各自的《区域海洋公约和行动计划》体现了相似的治理路径,但各自的政府和机构一直在调整,以应对各自具体的挑战。40 多年来,《区域海洋公约和行动计划》成为区域层面上保护海洋环境的全球唯一法律框架。[③] 无论在学术层面上,还是在实践层面上,区域海洋治理在海洋治理中都扮演着重要的角色。然而,学术界对于区域海洋治理的研究并不深入,缺乏一些相关的基础性研究。因此,有必要对区域海洋治理的概念和理论特性进行探讨。

## 二 区域海洋治理的概念

何为区域海洋治理?目前,学术界没有一个统一的概念界定。这与国际社会对于区域海洋治理的实践并不相契合。2017 年,高级可持续性研究所 (Institute for Advanced Sustainability Studies)、可持续发展和国际关系研究所 (Institute for Sustainable Development and Interna-

---

① Jon M. Van Dyke, "International Governance and Stewardship of the High Seas and Its Resource", in Jon M. Van Dyke, Durwood Zaelke, Grant Hewison, *Freedom for the Seas in the 21st Century*, Washington D. C. : Island Press, 1993, pp. 18 – 19.

② Lewis M. Alexander, "Marine Regionalism in the Southeast Asian Seas", Honolulu: East – West Center, *Research Report*, No. 11, July 1982, p. 1.

③ "Why Does Working with Regional Seas Matter?", UN Environment, https://www. unenvironment. org/explore – topics/oceans – seas/what – we – do/working – regional – seas/why – does – working – regional – seas – matter.

tional Relations）以及 UNEP 联合推出了名为《区域海洋治理在执行 SDG14 中的角色》（The Role of Regional Ocean Governance in Implementing SDG14）研究报告。该研究报告对区域海洋治理进行了概念界定。"区域海洋治理即国家间共同治理他们的海洋、沿海和海洋资源的努力。它在范围、空间幅度及指令方面不尽相同。这种多样性体现了不同地区、议程、部门和海洋生态系统多样化的需求和重点。"与此同时，区域海洋治理的核心类型包括区域海洋公约与行动计划、区域渔业机构、参与区域海洋治理的政治和经济社区、领导人驱动的倡议、大型海洋生态系统。①

### 三 区域海洋治理的学理探究

从区域海洋治理的概念得知，它涉及海洋地理以及区域主义。因此，海洋地理学和海洋区域主义可以成为其理论支撑。

第一，海洋地理学。为了更好地了解地球表面的物理特征和人类活动对它的潜在影响以及辨识人类社会和政治行为的空间表现，地理学家主要关注的一直是地球表面的细分。这些努力导致了与区域有关的地理学理论及方法的设计和验证，这源于物理环境与文明的互动。这些路径从根本上适用于地球领域，同时使用相似区域路径勘察海洋的需求只是被偶发地尝试。② 海洋和沿海区域的问题虽然本质上是全球性的，但每一个区域在原因及大小方面存在明显的差异。最有效的方式应该是通过区域路径来治理，并把此作为泛区域和全球发展战略的一部分。③ 在海洋治理区域路径的支持者看来，独特的本地问题需要独特的本地方案。他们进一步指出了一个事实——去中心的调节体系更有效。在任何情况下，它是在现有区域海洋保护条款和公约的框

---

① IASS, UNEP, IDDRI, *The Role of Regional Ocean Governance in Implementing Sustainable Development Goal 14*, 2017, p. 13.

② Adalberto Vallega, *Sustainable Ocean Governance：A geographical perspective*, London：Routledge, 2001.

③ Quentin Skinner, *The Foundations of Modern Political Thought*, Tokyo：United Nations University Press, 1994, pp. 139 – 140.

架下更好地建立起来。这种论断是有据可依。比如，热带海洋区域一般与发展中国家接壤，与温带海洋区域有着明显不同的生态。相反，一般来说，温带海洋区域一般与全球工业化区域接壤。① 这属于海洋地理学的范畴。海洋地理学是研究海洋各种特性、形成、运动和变化规律、海洋与人类环境的关系、海洋资源的形成、分布和开发利用以及海洋地域差异的学科。由此可见，海洋地域差异是海洋地理学研究的重要组成部分。就海洋地域而言，RSP 在全球范围内划分了 18 个区域，共分为三类：UNEP 管理区域、非 UNEP 管理区域及独立区域。具体而言，UNEP 管理区域包括加勒比地区、东亚海域、东非地区、地中海地区、西北太平洋地区、西非地区、里海；非 UNEP 管理区域包括黑海地区、东北太平洋地区、红海与亚丁湾、南亚海域、东南太平洋地区、太平洋地区、海洋环境保护的区域组织；独立区域包括北极地区、大西洋地区、波罗的海、东北大西洋地区。② 海洋环境变化很大，取决于海洋的地理、深度、温度、盐度及洋流。进一步来说，海洋环境受沿岸地区交通的密度、政治、经济和社会的发展影响。所有这些因素对一个地区的沿海国家形成了独特的污染问题。半封闭的海域有自己的特点，全球海洋污染标准在这些海域并不合适。另外一些大的海域，比如油轮运输较多的印度洋部分海域或石油勘探和开采的北海，需要将总体标准适应于区域的独特性。③

第二，海洋区域主义。当下，全球及其国际环境的主要特征是以日趋合并的压力整合与分片为主要进程，这被称之为全球主义与地区主义。由于这两组多维度的进程主要基于它们的相互依存，这种压力

---

① W. Jacson Davis, "The Need for a New Global Ocean Governance System", in Jon M. Van Dyke, Durwood Zaelke, Grant Hewison, *Freedom for the Seas in the 21ˢᵗ Century*, Washington D. C. : Island Press, 1993, pp. 160 – 162.

② "Why does Working with Regional Seas Matter?", UN Environment, https：//www. unenvironment. org/explore – topics/oceans – seas/what – we – do/working – regional – seas/why – does – working – regional – seas – matter.

③ Boleslaw Adam Boczek, "Global and Regional Approaches to the Protection and Preservation of the Marine Environment", *Case Western Reserve Journal of International Law*, Vol. 16, Issue 1, 1984.

的本质是非常复杂、相当模糊不清的。① 根据国际关系研究中新区域
主义路径的观点，虽然区域化经常被视为对全球化的政治应对，但地
区应当首先被认知，其次在全球转变的持续过程中被建构及重新建
构。② 区域主义被理解为一种体现经济、文化、政治和社会层面的一
种多维度形式，而地区则被理解为在领土框架内通过区域化进程来不
断改变和适应。③ 当今的趋势是海洋区域主义，它考虑到了特殊海洋
区域的具体需求和特征。权威决策者面临的一个根本问题是在治理国
际问题时，究竟采取解决问题的全球方案还是地理上有限的区域方
案。多样化的区域主义理论被对国际关系根本形态感兴趣的人所熟
知。在波尔斯劳·亚当·博茨克（Boleslaw Adam Boczek）看来，区
域主义是介于海洋污染的全球调节与单边的国家路径之间的一种折中
方式。海洋治理区域路径规避了国际法的抽象，可以单独使用或作为
海洋治理全球路径的补充，更适合于具体环境的特点和特殊海洋区域
的需求。某种程度上说，海洋治理的区域路径和全球路径可以共存。
一些国际规范鼓励其中一些条款的区域化，而一些区域规范也可以影
响全球规范及其他区域规范。在控制和治理半封闭海域的污染方面，
海洋治理区域路径被证明是特别合适的。④ 福西特（Louis Fawcett）
在回顾国家间经济与政治区域主义的发展历程时指出，《联合国宪
章》第八章"区域安排"较为间接地为战后的区域主义发展提供了
合法性基础。较之"陆上"的经济与政治区域主义，海洋区域主义
的突出特征便是以《联合国海洋法公约》为主体的全球性海洋法明
确设立了各国开展海洋区域合作的义务。《联合国海洋法公约》正文

---

① Michat tuszczuk, "Maritime Regionalism as a Framework for Analysing the Territorial Challenges of the Arctic Transformation", Conference papers, 2013.

② Luk Van Langenhove, *Building Regions: The Regionalization of the World Order*, Farnham: Ahgate, 2011, p. 22.

③ Michat tuszczuk, "Maritime Regionalism as a Framework for Analysing the Territorial Challenges of the Arctic Transformation", Conference papers, 2013.

④ Boleslaw Adam Boczek, "Global and Regional Approaches to the Protection and Preservation of the Marine Environment", *Case Western Reserve Journal of International Law*, Vol. 16, Issue 1, 1984.

部分中有超过 20 个条文包含有对区域合作的不同表述，在多个功能领域中设立了沿岸国之间或沿岸国与海域使用国之间，直接或通过国际组织开展区域合作的义务。与之相应，当前全球范围内除欧盟以超国家体制在"欧盟海"的海洋政策一体化之外，其他典型的海洋区域合作均围绕特定功能领域展开。据此，海洋区域主义可定义为：沿岸国（在一些情况下还包括海域使用国以及相关国际组织）依据海洋法规定的合作义务，在特定海洋区域围绕特定功能领域开展制度化合作的过程，以及由此产生的合作机制、规范与措施等。在这一定义之下，海洋区域主义涵括全球性海洋法中区域合作的法律基础与具体区域性海洋合作机制两个层面。①

在国际关系研究中，区域主义研究方法具有必要性。巴里·布赞和奥利·维夫在《地区安全复合体与国际安全结构》中认为区域主义研究方法的主要特征在于，强调介于全球层次和本地层次之间的独特的分析层次。区分区域层次与单位层次通常并没有什么争议。地区，几乎也不论如何界定，都必须包括地理上聚集在一起的这类单位的群体，而且这些群体必须内嵌于更大的国际体系，这个体系具有其自身的结构。②

约瑟夫·奈与罗伯特·基欧汉在 1973 年对"超国家地区"（supra – national region）给出了经典的定义。"一个超国家地区就是有限数量的国家通过地理联系和相互依存的程度联系在一起。"③ 然而，此定义缺乏精确构成这种类型区域的成分。正如卢克·万·兰根霍夫（Luk Van Langenhove）所言："超国家地区确实以无层次实体的形式存在，通常的特征是如区域协定或机构有关整合与合作不同层面的一

---

① 郑凡：《从海洋区域合作论"一带一路"建设海上合作》，《太平洋学报》2019 年第 8 期。

② ［英］巴里·布赞、［丹麦］奥利·维夫：《地区安全复合体与国际安全结构》，潘忠岐、孙霞、胡勇、郑力译，上海人民出版社 2009 年版，第 26—27 页。

③ Rober O. Keohane, Joseph S. Nye, *Transnational Relations and World Politics*, Boston：Harvard University Press, 1973.

体化的正式层次。"① 应当指出的是，国际合作是由政府介入的过程，因为它们相信合作伙伴的政策可以通过合作或协调推进它们自身目标的实现。国际合作与国家行为密切相关。② 海洋区域的发展也是这种情况。过去，构成海洋区域的因素包括地理、人口、经济和权力分配。海洋被认为是连接大陆的主要纽带。20世纪后半叶，随着海洋政治的发展，作为更有效管理海洋的方式，海洋治理的过程已经成为包括经济发展、环境保护和海洋安全的重点。这些因素相互依存、不可分割。③ 由于《联合国海洋法公约》的存在，区域海洋治理比以往更加明显、有效。在马里安·爱德华·哈利扎克（Marian Edward Halizak）看来，海洋区域的发展包括以下几个因素：（1）国际海洋运输的日益关联；（2）有助于海洋资源开发技术的发展达到前所未有的速度；（3）海洋环境的生态重要性。这些因素相互交织在一起，支持不同海洋区域的发展。一项海洋政策机制即一个治理安排的体系，还包括在特定社会结构或海洋区域内落实这些安排的机制集合。具体而言，作为海洋政策机制的地理阶段，海洋区域发展规划被认为是一组确定因素之间的协议，包括三个方面：（1）海洋地理区域权力和机构的分配；（2）针对群众成员权利和责任的体系；（3）管理成员行为的大量规则和制度。④

## 四 海洋治理区域路径特性

伴随海洋问题的日益多元化、复杂化，海洋治理成为国际社会的焦点问题。区域海洋治理日益受到关注。一方面，区域路径在推动海洋治理的可持续方面扮演着关键角色；另一方面，与海洋治理

---

① Luk Van Langenhove, *Building Regions: The Regionalization of the World Order*, Farnham: Ahgate, 2011, p. 22.

② Rober O. Keohane, *After Hegemony: Cooperation and Discord in the World Political Economy*, Princeton: Princeton University Press, 1985, p. 243.

③ M Gupta, "Maritime Regimes for Regional Cooperation", *Politcal Economy of the Asia Pacific*, Vol. 1, No. 46, 2010.

④ Mark J. Valencia, "Regional Maritime Regime Building: Prospects in Northeast and Southeast Asia", *Ocean Development & International Law*, Vol. 3, No. 31, 2000.

的全球路径相比，区域路径不可避免地面临着一些挑战。海洋治理区域路径虽然存在几十年，但它的弊端仍然很明显，主要体现在几个方面。

第一，大部分海洋污染会波及全球，包括来自普遍存在的多氯联苯的污染和其他氯代烃类及重金属的污染。区域层面的举措并不能有效解决这些问题的全球影响。海洋污染全球治理体系的理论原理是海洋自由。如果公海对所有国家开放，应控制所有国家引起的海洋污染的威胁，否则就意味着损害全球共同体中其他成员国的利益。总体而言，保护海洋环境应由一个全球性的机构来调节。这个全球性的机构不但设定标准，而且要执行保护海洋的举措。基于这个观点，现存的区域治理方式并不契合海洋法的基本原则。进一步说，海洋污染超越了任何政治界线，国际社会的一个共识是船舶引起的海洋污染应依据全球标准来治理。①

第二，由于海洋污染是全球性的，建立统一的标准和执行规范需要全球协调。没有全球层面的协调，区域层面的治理标准将会缺乏持续性。很大程度上说，不同地区的问题相互关联，解决方案也必须相互关联。② 阿韦德·帕尔多（Arvid Pardo）在《海洋治理的角度》（Perspective on Ocean Governance）一文中强调了建立统一海洋治理秩序的重要性。"海洋在100多个主权国家之间处于分片的状态，虽然允许每一个主权国家之内的治理以及适合治理对海洋的专门利用，但这不足以治理对海洋的专门性利用。我们需要解决利用与开放海洋资源的需要同避免此举带来负面影响之间分裂的状态。事实上，当下的世界秩序框架并不能解决这一问题，尽管它以《联合国海洋法公约》为标志取得了很大的进步。世界共同体需要建立一个新的法律秩序，

---

① Boleslaw Adam Boczek, "Global and Regional Approaches to the Protection and Preservation of the Marine Environment", *Case Western Reserve Journal of International Law*, Vol. 16, Issue 1, 1984.

② W. Jacson Davis, "The Need for a New Global Ocean Governance System", in Jon M. Van Dyke, Durwood Zaelke, Grant Hewison, *Freedom for the Seas in the 21st Century*, Washington D. C. : Island Press, 1993, p. 162.

从整体上治理海洋。这样的新法律秩序必须维护所有海洋使用者的共同利益，适应海洋环境的综合性、专门性利用，并为所有国家在海洋空间的利用方面提供扩展的机会。"①

　　第三，也许最显著的是，在海洋污染中，区域海洋框架并没有抑制海洋污染。只有 UNEP 涉及地中海的区域海洋规范拥有重视海洋污染源的显著协议，海洋的污染源主要是来自陆地的污染。即便地中海区域海洋项目涉及的处理海洋污染源最成功、最成熟，也未能完全治理地中海污染。这主要是因为海洋环境是一个整体。鹿守本在《海洋管理通论》中指出，海洋污染绝大部分来自陆地。一般认为约有 80% 的海洋污染是陆源污染物造成的。大量的陆源污染物进入海洋，对海洋环境的破坏十分突出，每年因陆源排放导致的海洋污染事件也最多。其危害的隐患自不必论，紧急性与突发灾害层出不穷。② 以太平洋地区为例，"由于在太平洋小型分散的社区里，陆地环境问题与海洋问题紧密相连，因此海洋环境不能被分裂为'环境肖像'（environmental portrait）的具体部分。一些学者已经观察到诸如工业和国内废弃物倾倒、不断增加的沿岸人口、未经处理的污水排放和旅游业的发展对沿岸水域、珊瑚礁、环礁湖和脆弱的生态系统有着很大的危害"③。然而，南太平洋地区至今没有一个专门涉及基于陆地污染的海洋环境保护规范。

　　由于地域相邻，区域内国家面临更多共同的威胁和挑战，具有很大的利益相关性。这使得区域内国家更能够针对海洋问题，制定更适合本地区的治理政策和措施。南太平洋地区提供了一个海洋治理区域路径的典型成功案例。每个地区面临的实际情况及面临的海洋问题不同，所以海洋治理区域路径也会因地区而异。在国际社会将主要精力

---

　　① Arvid Pardo, "Perspectives on Ocean Governance", in Jon M. Van Dyke, Durwood Zaelke, Grant Hewison, *Freedom for the Seas in the 21ˢᵗ Century*, Washington D. C. : Island Press, 1993, pp. 39 – 40.

　　② 鹿守本：《海洋管理通论》，海洋出版社 1997 年版，第 173—174 页。

　　③ Mere Pulea, "The Unfinished Agenda for the Pacific to Protect the Ocean Environment", in Jon M. Van Dyke, Durwood Zaelke, Grant Hewison, *Freedom for the Seas in the 21ˢᵗ Century*, Washington D. C. : Island Press, 1993, pp. 102 – 103.

放在海洋治理的全球路径的同时，区域路径不仅会弥补全球路径的不足，还可以充分发挥区域路径本身的优势，以"具体问题，具体分析"的逻辑来治理海洋问题。虽然区域路径在全球海洋治理中扮演着极其重要的角色，但海洋治理是一个多层面的系统工程，因此单纯区域路径并不能完全解决日益复杂化的海洋问题。多层面相结合的路径充分考虑了海洋的地理特点以及整合了各层面路径的优势。一项关于海洋污染源的调查揭示了海洋环境保护中所存在的多样化、复杂性问题。由此，考虑到污染源的源头和特性以及海洋具体的水文、生态特点，保护、减少及控制海洋污染的举措必须在国家层面、次区域层面、区域层面及全球层面展开。比如，由于世界范围内的油轮和化学品运输船的运输，石油泄漏引起的污染属于全球性问题。然而，在半封闭海域，比如波罗的海，基于陆地的污染是典型的区域问题。① 进一步说，无论以何种路径来治理海洋问题，着眼点不能仅限于短期利益，而应以长远的眼光来治理海洋，更好地构建人类海洋命运共同体。

长远来看，随着全球海洋治理理论的不断完善以及应用的日益广泛，全球海洋治理将会成为全球治理的一个重要领域。南太平洋海洋治理有助于国际社会深化对海洋治理的认识，更好地维护海洋环境、利用海洋资源等，促进人类与海洋的和谐共存。南太平洋海洋治理为全球海洋治理提供了一个很好的方案，也是一个海洋治理成功的案例。正如约翰·戴克、德吾德·策尔克（Durwood Zaelke）和格莱特·休伊森（Grant Hewison）所言，"许多当下及未来保护海洋的实践都可以从土著人的传统中发现。依岛屿或海岸生存的居民早在快速交通或联系的时代之前，就意识到了海洋资源的有限性。传统意义上，人们不把海洋生物视为不同的种类，而视为他们整体生活的一部分。如今，太平洋岛民开始构建基于自身对海洋认知的南太平洋海洋机制，并引进保护海洋环境的路径。太平洋岛国在海洋治理方面的经

---

① Boleslaw Adam Boczek, "Global and Regional Approaches to the Protection and Preservation of the Marine Environment", *Case Western Reserve Journal of International Law*, Vol. 16, Issue 1, 1984.

验和倡议将指导我们如何可持续生存"①。

　　未来，伴随海洋重要性的提升以及海洋问题的复杂化、多元化，全球海洋治理的道路任重道远。国际社会只有共同合作，在实践中不断加强合作，在合作中不断总结经验和教训，才能更有效地进行全球海洋治理。同时，全球海洋治理为世界各国的合作提供了重要的机遇。当今世界，求和平、谋发展、促合作、图共赢已经成为时代的主流。南太平洋拥有广阔的地缘政治环境，特别适合域外国家通过合作来参与海洋治理，而并不是建立在相互威胁基础上的消极竞争与零和博弈。域外国家通过合作参与海洋治理，加强沟通与对话，淡化威胁与避免冲突，则有希望在南太平洋地区建立一种新型大国合作关系。这不仅对于域外国家和太平洋岛国有重要意义，而且有助于建构和谐的"人类命运共同体"。在广阔的南太平洋上参与海洋治理是一个巨大的挑战，对域外国家而言，这也是一种战略机遇，形势的发展呼唤域外国家形成合力。域外国家应当更新观念，避免在南太平洋出现合作困境，共同发展，互利共赢，使南太平洋成为一个和平、稳定、安全、干净的海洋。

① Jon M. Dyke, Durwood Zaelke and Grant Hewison, *Freedom for the Seas in the 21ˢᵗ Century*, Washington D. C. : Island Press, 1993, p. 4.

# 第二章 深海资源治理：南太平洋海洋治理的趋势

　　伴随海洋在国际政治、经济、科学技术中战略地位的日益提升，国际海域事务正发生深刻的变化。深海作为一个特殊的"区域"，正成为国际社会的焦点。国际深海区域是人类尚未充分认识和利用的最大潜在战略资源基地。国际社会对海底主张权利的趋向是在第二次世界大战期间开始的。委内瑞拉和英国于1942年2月签订了《帕里亚条约》，在委内瑞拉和特立尼达之间瓜分了帕里亚湾的海底；阿根廷于1944年1月对其大陆架的资源提出了一项含糊的权利主张。① 进入21世纪之后，国际深海区域的战略重要性日益凸显。深海海床中可发现的主要资源，至少在可预见的未来，是多金属结核。具有商业利益的结核，通常也表现为锰结核，是典型的高品位的金属矿，包含有锰、铁、镍、铜和钴。据估算，结核量达十亿吨级。这些资源的商业性收益在20世纪六七十年代首次受到极大的关注。那时，多半是基于与其他公海自由相似的基础，仅有少数发达国家有技术和财力进行成功的采矿作业，并从中获益。② 随着海洋科学技术的提高，很多国家都意识到了深海采矿的重要性。在这种情况下，全球深海资源管理已成为一个关键议题。当下的深海管理主要是基于《联合国海洋法公约》，以国际海底管理局（International Seabed Authority, ISA）为主。

---

① ［加拿大］巴里·布赞：《海底政治》，时富鑫译，生活·读书·新知三联书店1981年版，第15页。

② ［澳］维克托·普雷斯科特、克莱夫·斯科菲尔德：《世界海洋政治边界》，吴继陆、张海文译，海洋出版社2014年版，第22页。

这种管理机制成为国际社会的共识。然而，作为国际深海采矿的重要力量，欧盟在深海资源立法、技术、国际参与等方面处于世界领先地位。因此，全球深海资源治理应考虑到欧盟的一些先进经验和规范。同时，在全球海域中，南太平洋地区的深海资源储量丰富、治理规范健全、治理理念先进。欧盟积极参与这一地区的深海资源治理。因此，探讨南太平洋地区的深海资源治理有助于完善全球深海治理机制。

全球深海资源治理在国内外的研究中比较多，但缺乏既考虑欧盟的深海资源治理机制又探讨南太平洋地区深海治理实践的研究。国内的研究中，彭建明、鞠成伟探讨了深海资源开发全球治理的形势、体制与未来。① 国外的研究中，就全球深海治理，大部分学者研究了深海资源治理的原则。比如，杰夫·阿尔德隆（Jeff A. Ardron）、亨利·鲁尔（Henry A. Ruhl）、丹尼尔·琼斯（Daniel O. B. Jones）介绍了深海资源治理中的透明性原则。② 艾琳·杰克儿（Alien Jaeckel）、克里斯蒂娜·耶勒（Kristina M. Gjerde）等人则探讨了深海治理中的人类共同财产原则。③ 玛丽·布雷尔（Marie Bourrel）、托尔斯滕·蒂勒（Toresten Thiele）、邓肯·科利尔（Duncan Currie）也探讨了人类共同财产原则。④ 尼尔·克雷克（Neil Craik）介绍了深海资源治理中的适应性原则。⑤ 还

---

① 更多相关内容参见彭见明、鞠成伟《深海资源开发的全球治理：形势、体制与未来》，《国外理论动态》2016 年第 11 期。

② Jeff A. Ardron, Henry A. Ruhl, Daniel O. B. Jones, "Incorporating Transparency into the Governance of Deep – seabed Mining in the Area beyond National Jurisdiction", *Marine Policy*, Vol. 89, 2018.

③ Aline Jaeckel, Kristina M. Gjerde, Jeff A. Ardon, "Conserving the Common Heritage of Humankind: Options for the Deep – seabed Mining Regime", *Marine Policy*, Vol. 78, 2017. Aline Jaeckel, Kristina M. Gjerde, Jeff A. Ardon, "Sharing Benefits of the Common Heritage of Mankind: Is the Deep Seabed Mining Regime Ready?", Marine Policy, Vol. 70, 2016.

④ Marie Bourrel, Toresten Thiele, Duncan Currie, "The Common of Heritage of Mankind as a Means to Assess and Advance Equity in Deep Sea Mining", *Marine Policy*, Vol. 95, 2018.

⑤ Neil Craik, "Implementing adaptive Management in Deep Seabed Mining: Legal and Institutional Challenges", *Marine Policy*, Vol. 9, 2018.

有一些学者对深海采矿提出了质疑。① 就南太平洋地区深海治理而言，皮埃尔·勒莫尔（Pierre – Yves Le Meur）探讨了法属波利尼西亚的深海采矿前景。② 梅勒妮·布拉德利（Melanie Bradley）、艾莉森·斯瓦德陵（Alison Swaddling）对太平洋岛国深海资源治理进行了环境影响的评估。③ 汉娜·莉莉（Hannah Lily）介绍了南太平洋地区深海资源治理的区域规范。④

综合来看，既有关于全球深海资源治理的研究缺乏对于欧盟理念和经验的引入。既有关于南太平洋地区深海资源治理的研究缺乏全球视角。本章结合欧盟的深海资源治理理念和经验，将全球深海治理与南太平洋地区深海治理结合在一起，并尝试探讨了南太平洋地区深海治理对于全球的启示，具有一定的理论意义和现实意义。

## 第一节　全球深海资源治理机制

奥兰·扬（Oran Young）把资源机制界定为"用来安排对资源感兴趣的行为体秩序的社会制度"。他称之为制度视角，不同于资源分配和利用的更为普遍的经济或生态视角。每一种资源机制的核心是用来界定资源本身和决定资源利用行为体机会的权利和规则。有些制度安排会给对某些既定活动感兴趣的行为体创造机会，其特定的内容使行为体产生强烈的兴趣。由于权利并总是被尊重，普遍接受的规则经常被违反，因此，奥兰·扬增加了资源机制的第三个组成部分——顺应机制（compliance mechanism）。机制的形成可能是参与者之间达成

---

① Rakhyun E. Kim, "Should Deep Seabed Mining be Allowed?", *Marine Policy*, Vol. 82, 2017.

② Pierre – Yves Le Meur, Nicholas Arndt, Patrice Christmann, Vincent Geronimi, "Deep – Sea Mining Prospects in French Polynesia: Governance and the Politics of Time", *Marine Policy*, Vol. 95, 2018.

③ Melanie Bradley, Alison Swaddling, "Addressing Environmental Impact Assessment Challenges in Pacific Island Countries for Effective Management of Deep Sea Minerals Activities", *Marine Policy*, Vol. 95, 2018.

④ Hannah Lily, "A Regional Deep – sea Minerals Treaty for the Pacific Islands", *Marine Policy*, Vol. 70, 2016.

协议或合约的结果。① 作为一种特定的海洋资源，深海资源的权利和责任由《联合国海洋法公约》所确定。相关国家必须严格遵守《联合国海洋法公约》。深海资源机制符合奥兰·扬的资源机制框架。伴随深海资源战略价值的提高，很多国家都将精力放在了深海采矿上。美国、日本、澳大利亚等海洋强国掀起了争夺深海资源开发权的"蓝色圈地"运动。基于此，针对深海采矿的治理呼之欲出。全球深海资源治理是涉及多元行为体管理全球深海资源的过程与机制。参与治理的主体除了主权国家之外，还有大量非国家行为体，样式多样化。全球深海资源治理机制逐渐成形，并产生了重要影响，但深海资源治理是一项困难的任务。国内有学者提出了这一观点。在鹿守本看来，海洋矿产是一次性资源，如何贯彻可持续利用原则，延长开发利用的寿命，这是海洋矿产资源管理中需要纳入的一项任务。②

## 一 既有全球资源治理机制

既有全球资源治理机制涉及全球层面和国家层面。全球层面上，《联合国海洋法公约》和国际海底管理局是综合深海治理框架。国家层面上，主权国家、主权国家之间的互动以及主权国家与国际组织的互动构成了这一层面的治理框架。

公海资源是人类共同财产的认识经历了一个过程。1967 年 8 月 17 日，马耳他大使阿韦德·帕尔多提出"关于保留现在处于国家管辖海域范围以外的海域下的海床和深海做和平用途并利用其资源为人类谋福利的宣言和条约"的议案，其目的是使公海资源国际化，避免被发达国家掠夺，或被各国竞相占有和利用，也避免使用深海进行军事活动等非和平目的。在巴里·布赞看来，阿韦德·帕尔多的提议是一个推动业已开始的大胆行动。其目的是在先进技术使开采活动成为可能以及导致更多的国家提出权利主张以前促进深海的国际化，为之

---

① Oran Young, *Natural Resources and Social Institutions*, Berkeley：University of California Press, 1982, pp. 111 – 115.

② 鹿守本：《海洋管理通论》，海洋出版社 1997 年版，第 136 页。

后联合国议程的一个重要部分奠定了格局。① 联合国大会于 1967 年
10 月通过了这项议程，形成了第二十二届联大第 2340 号决议，即
"审议各国现行管辖范围以外，公海海底洋底及其资源的和平利用，
以及资源用于人类福利问题"的决议。第二十五届联大通过了第
2749 号和第 2750 号决议，承认国家管辖范围以外的海床洋底及其底
土以及该区域资源是人类的共同财产。《联合国海洋法公约》建立了
全新的国际海底概念，采纳了在此之前国际社会的一些共识，规定了
公海区域的资源为全人类的共同财产。

《联合国海洋法公约》第 136 条确立了国际深海区域，并规定其
资源属于人类共同财产。它的法律定位和原则对于全球深海治理至关
重要。② 根据《联合国海洋法公约》的规定，任何国家不应对深海区
域的任何部分或其资源主张或行使主权或主权权利，任何国家或自然
人或法人，也不应将深海区域或其资源的任何部分据为己有。同时，
《联合国海洋法公约》还规定深海区域内活动应为全人类共同利益，
不论各国地理位置如何，也不论是沿海国或内陆国，并特别考虑到发
展中国家和尚未取得完全独立或联合国按照其大会第 1514（XV）号
决议和其他有关大会决议所承认的其他自治地位的人民的利益和需
要。同时，《联合国海洋法公约》强调了对于海洋环境的保护。"应
参照本《联合国海洋法公约》对深海区域活动采取必要措施，以确
保切实保护海洋环境，不受这种活动可能产生的有害影响。"③ 虽然
《联合国海洋法公约》被普遍认为是国际社会的重要胜利之一，但它
在深海资源开采方面并没有取得广泛支持。有关于此方面的谈判一些
国家实现了一些妥协，达成了一些共识，但美国、英国和德国拒绝在
有关深海资源开采的《联合国海洋法公约》上签字。这些国家不受

---

① ［加拿大］巴里·布赞：《海底政治》，时富鑫译，生活·读书·新知三联书店
1981 年版，第 83 页。

② Aline Jaeckel, Kristina M. Gjerde, Jeff A. Ardon, "Conserving the Common Heritage of
Humankind: Options for the Deep - seabed Mining Regime", *Marine Policy*, Vol. 78, 2017,
p. 157.

③ 国家海洋局海洋发展战略研究所：《联合国海洋法公约》，海洋出版社 2014 年版，
第 92—93 页。

《联合国海洋法公约》的约束，这降低了它的法律效力。签字国中唯一的工业化国家是冰岛。没有主要发达国家的支持，《联合国海洋法公约》中提及的体现深海采矿程序变得不切实际。① 《联合国海洋法公约》确立了深海资源治理机制的原则，而国际海底管理局则是执行深海管理机制的具体机构。自《联合国海洋法公约》生效后，它的一些条款，特别是关于深海采矿分享收益的条款，继续处于分裂状态。一些对深海采矿感兴趣的工业国家拒绝在《联合国海洋法公约》上签字。因此，随后的一系列谈判成为《关于执行〈公约〉第十一部分的协定》的内容，这个协定确保了对《联合国海洋法公约》的支持，但它把关于收益分享的细节留给了以后来发展。② 《联合国海洋法公约》的大部分内容得到了大多数国家的认可，但关于深海资源开采的第十一部分，被认为是《联合国海洋法公约》未能获得全体接受的最大障碍。最主要的意见是由美国提出的，它对矿产许可证的授予程序、海底矿床开采的限制、协议中的财政规则、海底矿床委员会所做的决定以及强制性的技术转移都表示了强烈反对。③

国际海底管理局是《联合国海洋法公约》缔约国根据《联合国海洋法公约》第十一部分和《关于执行〈公约〉第十一部分的协定》所确立的国际深海区域制度而建立的政府间国际组织，主要机构包括大会、理事会和秘书处，并设立了企业部。国际海底管理局成立于1994年，自1996年开始运作，一个主要功能是调节深海采矿活动，重视保护海洋环境在深海采矿活动中免于污染。国际海底管理局的第一个重点是调节多金属结核的勘探和开采，包括协调深海资源勘探者与国际海底管理局之间的责任，目的是在环境层面确保深海资源的可持续发展。国际海底管理局也不断推动以下五个方面的工作：第一，

---

① Jon M. Van Dyke, Durwood Zaelke, Grant Hewison, *Freedom for the Seas in the 21st Century: Ocean Governance and Environmental Harmony*, Washington DC: Island Press, 1993, p. 377.

② Aline Jaeckel, Kristina M. Gjerde, Jeff A. Ardon, "Conserving the Common Heritage of Humankind: Options for the Deep - seabed Mining Regime", *Marine Policy*, Vol. 78, 2017, p. 199.

③ ［美］比利安娜、罗伯特：《美国海洋政策的未来：新世纪的选择》，张耀龙、韩增林译，海洋出版社2010年版，第232页。

通过支持来自发展中国家高水平科学家和技术人员的参与，在国际深海区域鼓励海洋科考；第二，举办关于深海采矿及其环境影响的工作坊；第三，举办与《联合国海洋法公约》相关问题的区域研讨会；第四，执行国际海底管理局合约上培训项目，每一个国际海底管理局的合约上都要为发展中国家人民推荐一个培训项目；第五，做"利益相关方调查"，目的是为深海采矿调节框架搜集相关信息。国际海底管理局所有活动的结果都通过工作坊论文集、技术研究、简报和手册的出版物来传播。目前，国际海底管理局发布了三个深海治理规范，分别是《深海区域内多金属结核管理规定》《深海区域内多金属硫化物勘探开发条例》和《富钴结壳勘察管理规定》。① 尽管国际海底管理局已经出台了关于三种深海矿产规范，但总体而言，它并未出台完善的国际法律框架。当下，国际海底管理局致力于在可持续发展中扮演积极角色。2018 年 12 月，国际海底管理局总干事迈克尔·洛奇（Michael Lodge）在第七十三届联合国大会上强调了国际海底管理局一年来为实现可持续发展 2030 议程做出的努力，并呼吁联合国大会承认国际海底管理局在可持续海洋上推动 SDG14 的关键角色。国际海底管理局在深海区域环境治理中的角色与关于超出国家管辖权范围海洋生物多样性保护和可持续利用的工作具有特殊相关性。② 然而，国际海底管理局也有其缺陷。

第一，国际海底管理局的深海治理机制缺乏透明度。一些学者指出了这个问题。就自然资源治理而言，透明度是完善责任、可执行性、可持续性以及取得更公平结果的一个必要因素。深海采矿如果缺乏透明度，深海资源分配的细节及随之而来的环境影响将在很大程度上具有不确定性。利益相关者一直认为国际海底管理局的透明度不充分，特别是关于其委员会会议和合约商是否履行义务的评估信息。与渔业治理组织对全球渔业资源的治理相比，国际海底管理局的实践被

① "Activities Summary", ISA, https：//www. isa. org. jm/scientific – activities.

② "ISA Highlights Sustainable Development Milestones At 73$^{rd}$ Session of UN General Assembly", ISA, 12 December 2018, https：//www. isa. org. jm/news/isa – highlights – sustainable – development – milestones – 73rd – session – un – general – assembly.

认为是最不透明的。很多国际海洋组织在 20 世纪 90 年代中期开始讨论透明度问题，国际海底管理局内部并没有类似的讨论。国际海底管理局自 2014 年发布了一份关于这个议题的研究之后，年度会议记录中才开始出现这类的讨论。国际海底管理局在一些方面的规则和条例（比如在特定时间后允许信息发布、要求采用预防性路径）一直具有前瞻性思维，但在很多方面，国际海底管理局的规则、条例和程序并未体现当今最好的深海治理实践。①

第二，国际海底管理局在执行人类共同财产原则方面面临着挑战。国际海底管理局的一个主要功能是在确保开发共同财产方面确保全体收益时候，代表着"全人类"。在这种背景下，所有的国家都是受益者，不管它们的地理位置和经济状况如何。如果人类共同财产原则被法律认可，由于它涉及全人类，因此具有空间性；由于涉及当下以及未来子孙后代，因此具有跨时期性。《联合国海洋法公约》并没有设定任何关于深海采矿中的收益如何分配的机制，唯一的要求是收益分配应该平等，这要求考虑到对深海采矿具有脆弱性的发展中国家的优先权。目前国际社会不存在关于深海资源收益平等分配的共识。②

除了《联合国海洋法公约》和国际海底管理局之外，主权国家在全球深海治理体制中的作用不容忽视。在全球治理体系中，主权国家是深海治理的推动者、学习者和维护者。美国与俄罗斯就是很好的案例。美国有着完善的深海资源开发政策。过去几十年，美国通过国内法律和双边协议建立了深海采矿的法律框架。③《深海海底硬固体矿物资源法》管理着美国的深海采矿活动。④ 这是世界上第一部关于深海资源治理的规范。基于《深海海底硬固体矿物资源法》，美国公民

① Jeff A. Ardron, Henry A. Ruhl, Daniel O. B. Jones, "Incorporating Transparency into the Governance of Deep – seabed Mining in the Area beyond National Jurisdiction", *Marine Policy*, Vol. 89, 2018.

② Marie Bourrel, Toresten Thiele, Duncan Currie, "The Common of Heritage of Mankind as a Means to Assess and Advance Equity in Deep Sea Mining", *Marine Policy*, Vol. 95, 2018, p. 313.

③ Steven Groves, "The U. S. Can Mine the Deep Seabed Without Joining the U. N. Convention on the Law of the Sea", *BACKGROUNDER*, No. 2746, December 4, 2012, p. 1.

④ "Seabed Activities", NOAA, https://www.gc.noaa.gov/gcil_seabed_management.html.

和企业可以向国家海洋和大气管理局申请为期 10 年的深海采矿手续。《美国海洋行动计划》提出了有限开发深海资源的计划。《国家海洋勘探法案》提出优先考虑深海勘探工作。俄罗斯也非常重视深海资源开发，制定了一些深海资源治理规范，包括《关于大陆架的法令》《关于在大陆架上开展工作的程序和保护大陆架自然资源》第 564 号决议等。2001 年，普京授权起草了《2020 年前俄罗斯联邦海洋学说》。该文件成为俄罗斯海洋政策的基础，并指出俄罗斯开发资源的目标从大陆架延伸到了大洋底层。同时，俄罗斯参加了"国际大洋金属"国际共同组织。

### 二 欧盟的深海治理规范与经验

冷战后，欧盟积极推进和深化区域一体化进程，倡导国际社会协同应对全球化挑战，并不断构建和完善自己的全球治理战略，特别是在全球海洋治理方面走在世界各国的前列。作为全球治理的重要参与者，欧盟在全球海洋治理中扮演着积极角色。

就深海资源治理而言，近年来，欧盟在治理规范和经验上都取得了显著的进步。不仅如此，欧盟的许多组织目前以技术提供者和资源经营者的身份参与了深海资源开采活动。这些领域虽然规模小，但具有可持续增长及提供就业机会的潜力。[1] 欧盟在《国际海洋治理：我们海洋的未来议程》中指出了当下深海资源治理的不足。"目前的框架并不能确保海洋的可持续治理。该框架并不完整，需要进一步完善。它存在巨大的法律缺陷，特别是关于在超出国家管辖范围区域进行海洋生物多样性的保护和可持续利用。ISA 尚未完成矿业法典（mining code），建立深海资源开采相关的必要规则和程序。"[2] 欧盟在 2012 年 9 月发布了《针对海洋持续增长的蓝色增长机会》，确立了深海资源的投资战略，涉及的海域包括波罗的海、大西洋、亚得里亚海等，并指出 2020 年之前，全球 5% 的矿产将来自海洋，到 2030 年，

---

[1] "Seabed Mining", EU, https：//ec. europa. eu/maritimeaffairs/policy/seabed_ mining_ en.

[2] EU, *International Ocean Governance：An Agenda for the Future of Our Oceans*, Brussels, November 2016, p. 3.

这一数字将增加到 10%。欧洲公司拥有专业船只和水下处理的经验，有能力提供高质量的产品和服务。它们持续的竞争力取决于对有内在风险市场和研究的投资、开采技术的发展、获得国际海域开采手续的能力、避免危害生态系统的举措。① 欧盟对于深海资源的投资很大程度上集中在相关海洋科学研究上。"从 2007 年至 2010 年，欧盟通过644 项工程对海洋研究和创新的财政贡献达到了 14 亿欧元。"②

通过梳理欧盟深海治理规范，可以发现整体治理是其深海治理的主要路径。欧洲学者阿韦德·帕尔多早就提出了这一点。他把整体性路径视为海洋治理的重要原则之一。"世界共同体需要建立一个新的作为整体的海洋治理法律秩序。这样的新秩序保护所有使用者的共同利益，包含了海洋环境专门和广泛的使用者，为海洋空间利用中的所有国家提供了扩展的机会。这些目标只有是为了所有国家的利益和平等分配收益，通过对超出国家管辖权范围海洋空间资源的有效治理和发展才能实现。为此，海洋治理规范需要充分考虑海洋的空间性，包括海洋、水层、深海等。"③ 既有的深海治理机制忽略了整体性路径，只提及了海洋是人类共同财产的原则。欧盟完善了当下的深海治理机制，为国际社会如何开发和保护深海资源制定了一个基本原则。《整合型海洋政策》把欧盟所有与海洋相关的海洋治理规范整合在一起，是一个协调与发展海洋治理活动的框架，并考虑到了最大化利用海洋及其资源，目的之一是推动欧洲在全球海洋事务中取得领导权。它充分考虑到了人类活动与相关产业对海洋的影响，鼓励不同部门共享数据，强化合作，同时构建了不同层面政府的不同部门决策者之间的密切合作关系。④ 除了设定治理规范之外，欧盟还注重关于此的反馈，目的是不断完善当下的治理规范。欧盟在 2015 年 6 月发布了《欧盟

---

① EU, *Blue Growth Opportunities for Marine and Maritime Sustainable Growth*, Brussels, September 2012, pp. 1 – 12.

② EU, *Progress of the EU's Integrated Maritime Policy*, Brussels, 2012, p. 7.

③ Jon M. Van Dyke, Durwood Zaelke, Grant Hewison, *Freedom for the Seas in the 21st Century: Ocean Governance and Environmental Harmony*, Washington DC: Island Press, 1993, p. 39.

④ "The Integrated Maritime Policy", EU, https://ec. europa. eu/maritimeaffairs/policy_ en.

利益相关者对深海采矿的调查：反馈与总结》，其中指出一般的观点是符合欧盟环境规则的深海采矿的法律举措比较充足，但仍有更好的执行和协调空间。舆论认为欧盟应该通过其科研项目，促成国际社会对深海治理最佳实践、最合适技术和环境影响的理解。①

由此可见，欧盟的深海资源治理机制是一个具有合法性的完整框架，整体性路径是其最基本的特性，丰富的深海资源研究项目及投资确保了技术优势。深海资源治理反馈将进一步完善欧盟的治理体制。最重要的是，欧盟的深海资源治理体制进一步完善了全球深海资源治理体制，体现了欧盟的先进的治理理念与方案。这一点也符合阿韦德·帕尔多的理念。"为了更好地治理人类共同财产资源，人类共同及不仅仅需要一个 ISA，同样需要建立一个把海洋视为整体平衡的国际体系。国际法尚未涉及这一点。"②

## 第二节  南太平洋深海资源治理

全球深海资源治理体制为国际社会提供了一个总体框架和法律规范，但缺乏足够多的实践经验。南太平洋地区富含重要的深海矿物资源，拥有着本地区完善的深海治理规范，有效践行着全球深海资源治理体制。欧盟在这一过程中发挥着引领性的作用，指导着南太平洋地区深海治理。反过来说，南太平洋地区的深海治理进一步验证和完善了全球深海资源治理体制。南太平洋地区大约覆盖全球海洋面积的50%，是深海资源开采的焦点区域。作为小岛屿发展中国家，太平洋岛国的利益与深海资源开采密切相关。③

---

① EU, *EU Stakeholder Survey on Seabed Mining：Summary of Responses*, Brussels, September 9, 2015, p. 3.

② Jon M. Van Dyke, Durwood Zaelke, Grant Hewison, *Freedom for the Seas in the 21st Century：Ocean Governance and Environmental Harmony*, Washington DC：Island Press, 1993, p. 40.

③ Hance D Smith, "Introduction to Deep Sea Mining Activities In The Pacific Region", *Marine Policy*, Vol. 95, 2018.

## 一　南太平洋地区的深海资源属性

自多金属锰结核于 1783 年在大西洋地区被发现之后，国际社会对深海资源的兴趣持续增加。在"二战"后经济繁荣期间，为了满足对金属日益增加需求的需要，国际社会重点开采锰结核。直到 20 世纪 70 年代早期，南太平洋地区深海资源开采才达到一个适中的水平。这一时期，金属价格的增加，战略资源的需要催生了国际社会对深海资源的兴趣。太平洋共同体应用地理和技术部（SOPAC）在 20 世纪 70 年代早期到 21 世纪初同太平洋岛国和多边国际组织合作致力于深海资源的开发。南太平洋地区在 20 世纪 70 年代聚焦于多金属结核，直到 20 世纪 80 年代才在基里巴斯的菲尼克斯群岛考察富钴结壳。1985 年，巴布亚新几内亚北部发现了海底块状硫化物。① 太平洋岛国的海洋面积远大于其陆地面积。"太平洋边界海洋项目"（Pacific Maritime Boundaries Project）使太平洋岛国确立了其与《联合国海洋法公约》一致的海洋区域和边界。海洋区域的确立为太平洋岛国更有效治理深海资源、保护海洋环境提供了法律基础。②

截至 2020 年底，在太平洋岛国管辖的海域内，已知探明的深海矿床类型主要有三种，分别是海底热液矿床、多金属锰结核、钴结壳。海底热液矿床主要是海底活跃以及不活跃的火山口沉淀出密集的矿物质，包括铜、铁、锌、银等，这也被称为海底大型硫化矿。大多数热液硫化物矿床规模较小，但是有的矿床规模也较大。拥有大型硫化矿的国家是斐济、巴布亚新几内亚、所罗门群岛、汤加和瓦努阿图。其中，巴布亚新几内亚比斯马克海域曼纳斯与新爱尔兰海盆拥有金属品位相当高的热液硫化物矿床，矿床品位远远高出陆地矿床和大洋多金属结核的品位。太平洋是多金属锰结核分布最广、经济价值最高的地区。多金属锰结核多出现在 4000—6000 米的深

---

① "SPC – EU EDF10 Deep Sea Minerals Project", SPC, SOPAC, July 2012, http://dsm. gsd. spc. int/public/files/reports/country/PR103_ Cook%20Islands%20National%20Workshop. pdf.

② Robyn Frost, Paul Hibberd, Masio Nidung, Emily Artack, Marie Bourrel, "Redrawing the map of the Pacific", *Marine Policy*, Vol. 95, 2018.

海，这些锰结核包含钴、铜、铁、铅、锰、镍和锌的混合体。它们大多出现在库克群岛和基里巴斯附近的海域，少量出现在纽埃和图瓦卢附近的海域。钴结核含有其他贵金属和稀土元素。钴结核是深海中一种重要的矿产资源。1980 年，德国与英国第一次使用索纳号科考船进行海洋调查时，在太平洋发现了钴结核，并指出了其中巨大潜在的经济价值。它们通常出现在 400—4000 米的海域，大多集中在基里巴斯、马绍尔群岛、密克罗尼西亚、纽埃、帕劳、萨摩亚和图瓦卢。[①] 20 世纪早期，首次在太平洋海底发现大量多金属结核，被视为巨大财富。特别是发展中国家把矿床视为消除贫困的潜在收入来源，并通过缩小南北差距来建立国际经济新秩序。据推测，深海海床采矿通过提供资金和其他所有国家都均等分配的经济收益，助推全球可持续发展。[②]

## 二　南太平洋深海治理网络

南太平洋地区深海治理主要依靠区域组织。这不仅有助于克服太平洋岛国先天的脆弱性，还有助于增强该地区的凝聚力，形成了一种整合性治理路径。其中，欧盟在该地区深海治理网络中扮演着强心剂的作用，强化与该地区区域组织的深海治理合作。目前来看，太平洋共同体、南太平洋区域环境署、太平洋岛国论坛构成了南太平洋地区深海治理的网络架构。太平洋共同体主要负责深海技术研究和应用，南太平洋区域环境署主要负责评估深海资源开发对海洋环境的影响，太平洋岛国论坛主要负责从宏观层面上制定深海资源治理的原则、路径或呼吁采取有关深海资源治理的行动。

第一，太平洋共同体（SPC）。SPC 是南太平洋地区深海治理的首要主体。SPC 成立于 1947 年，包括 26 个成员国，主要任务是在太平洋岛屿背景和文化深度理解的指导下，通过科技和知识的有效应

---

① The World Bank, *Precautionary Management of Deep Sea Mining Potential in Pacific Island Countries*, 2016, p. 15.

② Rakhyun E. Kim, "Should Deep Seabed Mining be Allowed?", *Marine Policy*, Vol. 82, 2017.

用，努力为太平洋人民谋幸福。① SPC 下属的应用地理科学和技术部（Applied Geoscience and Technology Division，AGTD）涉及深海资源治理。AGTD 的战略计划包括四个主要部分：自然资源的监测和评估、自然资源的发展和治理、管理深海资源开采的风险、为成员国提供高效和相关的服务。②

欧盟是太平洋共同体主要的发展伙伴和南太平洋地区重要的海洋治理伙伴。欧盟与太平洋共同体在深海资源治理方面有着深度合作关系。欧盟与太平洋共同体深海资源项目（EU – SPC Deep Sea Minerals Project，DSMP）是双方合作关系的深度体现。DSMP 的主要目的是为符合国际法的任何深海采矿活动的治理提供支持，特别注重保护海洋环境和确保为太平洋岛民提供公平的财务协议。该项目同样鼓励国家深海资源治理中的参与式决策。③ DSMP 发布了描述关于 SPC 成员国专属经济区内深海资源的一系列信息，并制定了它们深海资源开采的法律框架。④ 欧盟与 SPC 之间的深海采矿项目恰逢其时。⑤ 自《洛美协定》（2008—2013）生效后，欧盟 40% 的区域援助被用于南太平洋地区的深海资源治理。⑥

第二，南太平洋区域环境署（SPREP）。SPREP 在 20 世纪 70 年代末开始运作，最终成为 UNEP 区域海洋项目（Regional Seas Programme，RSP）的组成部分。基于此前达成的关于南太平洋环境的各种公约，SPREP 获得了深度发展动力。经过长期的商议之后，SPREP 于 1992 年脱离了 SPC，迁至萨摩亚。1993 年 6 月 16 日《建立 SPREP

---

① "About US"，SPC，https：//www. spc. int/about – us.

② SPC，*Applied Geoscience and Technology Division Executive Summary*，Fiji：Suva，November 2013，p. 2.

③ "About The SPC – EU Deep Sea Minerals Project"，SPC，http：//dsm. gsd. spc. int/index. php.

④ SPC，*Applied Geoscience and Technology Division Executive Summary*，Fiji：Suva，November 2013，p. 2.

⑤ "About The SPC – EU Deep Sea Minerals Project"，SPC，http：//dsm. gsd. spc. int/.

⑥ Geert Laporte，Gemma Pinol Puig，"Reinventing Pacific – EU relations：with or without the ACP?"，ECDPM，October 2013，http：//ecdpm. org/wp – content/uploads/2013/11/BN – 56 – Future – of – Pacific – EU – Relations – With – or – Without – ACP – 2013. pdf.

协议》的签订意味着 SPREP 作为独立的政府间国际组织实现了自治。
SPREP 的目的是推动南太平洋地区的合作，为保护环境和确保可持续
发展提供支持。它的理念是太平洋环境维持与南太平洋地区文化一致
的生活与自然财产。① 深海资源治理是 SPREP 的重要议题。保护南太
平洋地区深海生物多样性是治理的主要目的。在任何深海采矿活动手
续被批准之前，深海生物聚群（biological communities）的复杂特性需
要进一步研究。2013 年 12 月，SPREP 和 SPC 举办了为期 4 天的工作
坊，目的是在 DSMP 的基础上强化太平洋岛国的治理体系，使深海采
矿活动对环境的影响降到最低限度。在杜克大学海洋实验室教授辛
迪·范·多佛（Cindy Van Dover）看来，深海采矿活动将会对深海的
渔业、软体动物、海绵动物和蠕虫有长期潜在的影响。一次单独的深
海采矿活动与火山爆发具有同样的影响。② SPREP 是南太平洋地区最
早引入、介绍环境影响评估（Environment Impact Assessment，EIA）
的区域组织。自 20 世纪 90 年代以来，SPREP 在其成员国中一直推动
环境规划和评估的使用。此路径已经成为全球完善环境治理与支持可
持续发展的一部分。③ 1993 年，SPREP 制定了《南太平洋环境影响评
估指南》，介绍和探讨了海洋环境治理的工具——环境影响评估（En-
vironmental Impact Assessment，EIA）。目前，太平洋岛国逐渐接受了
EIA。较之以往，传统的人类调整自然环境的试错过程已经不适宜。
EIA 是一个有效的海洋环境评估工具，有助于阻止人类活动对海洋环
境的负面影响。④ 当下，南太平洋地区深海资源随着海洋科技的发展
而被关注，由此，太平洋岛国呼吁更强有力的 EIA 体系和深度的 EIA
能力建构。2016 年，第二十七届 SPREP 年度会议发布了 EIA 的新指
导方针。该指导方针是由 SPREP 秘书处环境监察和治理部制定的，

① "Our Governance", SPREP, https：//www. sprep. org/governance.
② "Predicting Mining Impacts On Deep Sea Communities", SPREP, https：//www. sprep. org/news/predicting – mining – impacts – deep – sea – communities.
③ SPREP, *Strengthening Environment Assessment：Guidelines for Pacific Island Countries and Territories*, Samoa：Apia, 2016, p. 7.
④ SPREP, *A Guide to Environmental Impact Assessment in the South Pacific*, Samoa：Apia, 1993, pp. 1 – 57.

目的是满足太平洋岛国的需求。① 同年，SPREP 制定了《强化环境影响评估：针对太平洋岛国和属地的指导方针》，探讨了如何强化 EIA 应用于南太平洋地区的海洋环境治理。②

SPREP 与欧盟在 2013 年确立了合作伙伴关系。2015 年，欧盟与 SPREP 承诺解决太平洋地区最棘手、最危险的废弃物问题。欧盟对名为"太平洋危险废弃物项目"投资了 785 万欧元，SPREP 负责执行这一项目，目的是完善太平洋地区危险废弃物的治理。③ 此外，欧盟还对 SPREP 进行了财政资助。欧盟通过 UNEP 发起的"多层环境协定项目"（MEAs Project）对 SPREP 制定的《强化环境影响评估：针对太平洋岛国和属地的指导方针》提供了财政资助。

第三，太平洋岛国论坛（PIF）。PIF 是南太平洋地区重要的政府间区域组织，在太平洋区域主义和蓝色太平洋、可持续发展、安全等领域中扮演着不可忽略的角色。除了在本地区的活动之外，PIF 还积极发展与域外国家的关系，构建了 PIF 会后对话会，总共 18 个会后对话国家。目前，PIF 成员国由原来的 14 个增加到了 16 个，新增加的国家为法属波利尼西亚和新喀里多尼亚。④ PIF 峰会每年召开一次，在论坛成员国之间轮流召开，并发布相应的《PIF 峰会公报》（以下简称《公报》）。《公报》既包括对过去南太平洋地区活动的总结，也有对未来地区行动的规划，还会对某一议题的态度进行统一协调。第四十三届峰会《公报》指出 PIF 认可《太平洋计划》所确定的深海资源开发相关条例，并呼吁太平洋岛国采取预防性路径，重视经济、

---

① "SPREP Launches New Guidelines for Environmental Impact Assessment", EU, September 2016, https：//europa. eu/capacity4dev/acp－meas/blog/sprep－launches－new－guidelines－environmental－impact－assessment.

② SPREP, *Strengthening Environment Assessment：Guidelines for Pacific Island Countries and Territories*, Samoa：Apia, 2016, pp. 1－64.

③ "EU and SPREP－Making The Pacific Islands A Safer And Cleaner Place For All", SPREP, April 26, 2015, https：//www. sprep. org/news/european－union－and－sprep－making－pacific－islands－safer－and－cleaner－place－all.

④ "The Pacific Island Forum", PIF, https：//www. forumsec. org/who－we－arepacific－islands－forum/.

社会和环境层面的确保深海资源的可持续利用。[1] 第四十八届峰会《公报》指出了需要评估深海资源开采对环境的影响,并采取预防性原则。[2] PIF 对海洋治理拥有长期的承诺。事实上,PIF 在 1971 年首次会议上就讨论了《联合国海洋法公约》。太平洋区域通过 PIF 建立了一个协作和一体化的海洋治理体系。[3]

### 三　南太平洋地区深海资源治理规范

尽管全球层面上的深海治理规范并不多,但南太平洋地区深海资源治理规范却比较完善,涉及深海资源治理的立法、环境评估以及一般原则等。应当指出的是,欧盟在完善该地区深海资源治理规范方面扮演着关键角色。

宏观层面,早在 20 世纪 90 年代,南太平洋地区就意识到了资源开发对海洋环境的潜在危害。1990 年,《SPREP 公约》生效。由于它被太平洋地区许多国家所接受,因此被视为环境保护的"宪法"。《SPREP 公约》第 8 款指出相关国家必须阻止、减少、控制深海资源开发直接或间接引起的污染。[4]《太平洋岛国区域海洋政策和针对联合战略行动的框架》涉及深海资源治理的总体原则,其作为指导方针,主要是关于海洋问题的区域整合、协调,目的是完善海洋治理,确保海洋及其资源的可持续利用。对于海洋这个概念,《太平洋岛国区域海洋政策和针对联合战略行动的框架》界定了海洋与深海资源的关系。"海洋包括海水,海床、海洋大气环境以及海岛交界处之内的有生命和无生命的元素。"[5]《太平洋岛国区域海洋政策和针对联合战略行动的框架》确定了海洋治理的权利和责

---

[1]　PIF, *Forty – third Forum Communique*, Cook Islands：Rarotonga, 2012, p. 2.

[2]　PIF, *Forty – eighth Forum Communique*, Palau：Koror, 2014, p. 3.

[3]　"Ocean Management and Conservation", Pacific Islands Forum Secretariat, https：//www. forumsec. org/ocean – management – conservation/.

[4]　Jon M. Van Dyke, Durwood Zaelke, Grant Hewison, *Freedom for the Seas in the 21st Century：Ocean Governance and Environmental Harmony*, Washington DC：Island Press, 1993, p. 108.

[5]　FFA, SPC, SPREP, SOPAC, USP, PIF, *Pacific Islands Regional Ocean Policy and Framework for Integrated Strategic Action*, 2005, p. 2.

任，符合奥兰·扬的资源治理机制，因此可被视为南太平洋地区深海资源治理宏观层面上的机制。"国际法和机制赋予了太平洋岛国利用海洋及其资源的权利。与这些权利对应的是相应的责任，特别是关于海洋资源的可持续发展、治理与保护以及海洋环境和生物多样性的保护。太平洋岛国基于国际原则和惯例，制定了本国的法律，这为可持续治理海洋及其资源打下了坚持的基础。"①《太平洋岛国区域海洋政策和针对联合战略行动的框架》明确界定了可持续发展和利用海洋资源的原则，并提出了应采取的战略举措，包括五个方面：（1）确定、执行与预防性路径一致的资源发展和治理行动、机制；（2）在区域和国家层面上鼓励资源收益的平等分配；（3）在适当的情况下，地方社区和其他利益相关者参与资源治理决策的制定；（4）建构太平洋岛国可持续资源治理的能力；（5）建立和保护知识产权。《波纳佩海洋声明：可持续发展之路》呼吁海洋及其资源的可持续治理是确保南太平洋地区未来的基础。②《关于"海洋：生命与未来"的帕劳宣言》中确立了海洋资源治理的路径和承诺。"PIF 已经且继续在海洋治理中扮演中心角色。只有通过联合路径，才能实现海洋的可持续发展、治理和保护，使太平洋岛国受益最大化。"③

微观层面，南太平洋地区深海治理规范比较完善。SPC 与欧盟在 DSMP 框架下制定了完整的深海资源治理规范。这些规范体现了欧盟的治理理念，并获得了欧盟的财政支持，主要包括《太平洋—非加太国家针对深海资源勘探开发的区域环境治理框架》（REMF）、《太平洋—非加太国家针对深海资源勘探开发的区域金融框架》（RFF）、《太平洋—非加太国家针对深海资源勘探开发的区域科学研究指南》

---

① FFA, SPC, SPREP, SOPAC, USP, PIF, *Pacific Islands Regional Ocean Policy and Framework for Integrated Strategic Action*, 2005, pp. 4 - 5.

② "Pohnpei Ocean Statement: A Course To Sustainability", Pacific Islands Forum Secretariat, http://www.forumsec.org/pohnpei - ocean - statement - a - course - to - sustainability/.

③ "Palau declaration on 'The Ocean: Life and Future'", Pacific Islands Forum Secretariat, http://www.forumsec.org/wp - content/uploads/2017/11/2014 - Palau - Declaration - on - %E2%80%98The - Ocean - Life - and - Future%E2%80%99.pdf.

（RSRG）、《太平洋岛屿地区深海采矿成本和收益的评估》（DMC-BA）、《太平洋—非加太国家针对深海资源勘探开发的区域立法和监管框架》（RLRF）。

第一，REMF。REMP制定了深海治理路径及其环境评估的框架，从专业角度介绍了南太平洋地区深海治理需要注意的问题。"太平洋的深海采矿业很有可能会给太平洋岛国带来极大的经济收益，但这些收益必须权衡潜在的经济和社会成本。实现这种平衡的目的是推动对资源的可持续利用。深海采矿应该采用预防性和适应性的路径，应该在勘探手续签发后纳入其条例中。重要的是，太平洋岛国可以建立海洋保护区，以保护深海生物多样性、生态系统结构和功能。"① 同时，REMP包含了深海矿床环境和深海采矿项目的潜在影响以及治理和缓解战略，这包括一份环境影响评估报告。②

第二，RFF。随着南太平洋地区深海采矿活动的增多，制定有关深海资源治理财务管理和监督的法律条例尤为关键。DSMP与国际货币基金组织、太平洋财务和技术援助中心一道制定了深海资源开采活动的区域金融框架，协助太平洋岛国制定本国的法律政策。RFF概述了与南太平洋地区深海资源开采活动有关的收入和财富的财务管理，目的是为太平洋岛国提供它们制定框架中需要注意问题的指导，涉及税收或财政收入制度、收支管理、深海采矿财富的管理。制定这样一个框架是一个复杂的任务。在许多情况下，这需要一些外部的技术援助。RFF将帮助南太平洋地区相关区域组织确认它们自身需要做什么或如何利用技术支持来使深海采矿收益最大化。RFF制定的背景是基于两次工作坊，分别是2014年5月在库克群岛举行的工作坊、2015年8月在斐济举行的工作坊。该金融架构文件的目的是向更广泛的群体提供参与财政层面工作坊专家的见解和知识。随着国际社会向国际深海资源采矿的不断迈进，太平

---

① SPC, EU, *Pacific – ACP States Regional Environmental Management Framework for Deep Sea Minerals Exploration and Exploitation*, Fiji: Suva, June 2016, p. 5.

② "Publications and Report", SPC, http：//dsm. gsd. spc. int/index. php/publications – and – reports.

洋岛国必须审慎实施必要的财政法律和政策以及政府合法获取采矿收益的监测和评价机制。①

第三，RSRG。在科学能够提供足够信息的情况下，海洋政策和治理能够最好地得到执行。海洋科学是海洋治理的重要组成部分，能够为海洋资源的可持续治理提供支持。南太平洋地区对深海资源开采的兴趣日益浓厚，所以对深海环境的科学研究迫在眉睫。了解人类活动对深海生态系统的影响至关重要。太平洋岛国需要持续的深海研究，但大部分国家缺少相应的科研能力。由于大部分关于深海资源和生态系统的研究是由外部组织执行，因此太平洋岛国应制定自身的国家政策或指导方针，以推进科研研究。RSRG 概述了主要的法律和科研考量。重要的是，这些指导方针将适用于更广泛的群体，聚焦于大部分具有商业利益的南太平洋地区深海资源。这些商业利益被认为是深海资源开采的关键驱动力。RSRG 的内容基于当下的规范，特别是ISA 制定的一些文件。②

第四，DMCBA。这份报告描述了南太平洋地区深海资源采矿初步的经济分析。该报告基于南太平洋地区三个矿床发展的采矿方案。这三个矿床被认为具有较高的经济可行性潜力，分别是巴布亚新几内亚的海底块状硫化物沉积、库克群岛的多金属锰结核、马绍尔群岛的富钴结核。对每个国家而言，成本和收益是在单个矿场运营的基础上，从每个国家公民的角度进行评估。除了成本—收益分析之外，区域经济影响模型被用于评估当地的就业和收入影响。这份报告的目的是将信息组织进一个标准的框架中。该框架能促进与这三个国家深海采矿活动相关的明智决策和管理计划。同时，这份报告可以在区域和国际层面上为政府决策提供经验和教训。③

---

① SPC, EU, PFTAC, *Pacific – ACP States Regional Financial Framework for Deep Sea Minerals Exploration and Exploitation*, Fiji：Suva, June 2016, pp. 1 – 52.

② SPC, EU, NIWA, *Pacific – ACP States Regional Scientific Research Guidelines for Deep Sea Minerals Exploration and Exploitation*, Fiji：Suva, 2016, pp. 1 – 116.

③ SPC, EU, *An Assessment of the Costs and Benefits of Mining Deep – sea Minerals in the Pacific Island Region：Deep – sea Mining Cost – Benefit Analysis*, Fiji：Suva, 2016, pp. 1 – 229.

第五，RLRF。RLRF 目的是推动深海资源条例的区域联合路径，向太平洋岛国提供执行关于深海资源活动国家政策执行的可行性指导，确保太平洋岛国管辖或控制的活动与预防性原则一致，减缓对环境的威胁，并制定帮助太平洋岛国政府官员和其他利益相关者的参考文件。与深海资源治理的全球路径相比，区域路径的效果更契合区域的实际情况。RLRF 将有助于在整个南太平洋地区建立共同的标准和实践，推动一个稳定、透明的运行环境以及确保关于深海资源条例的完善知识和专业的合作路径。[①]

## 第三节　南太平洋深海资源治理的全球启示

作为区域深海资源治理的典型代表，南太平洋地区的治理机制在全球范围内处于领先的地位，这一方面与该地区拥有丰富的深海矿产资源有关，另一方面与该地区完善的治理网路与治理规范有关。其中，欧盟深海治理理念与实践在南太平洋地区得到了很好的检验，积累了丰富的深海资源治理经验。反过来说，在全球深海资源治理诉求不断增强的背景下，南太平洋地区的深海资源治理对于全球深海资源治理有着重要的启示。欧盟不仅严格遵守《联合国海洋法公约》和相关的国际法，而且积极将"欧盟方案"纳入国际法，提升其在国际海洋事务中的领导地位。比如，2018 年 12 月，联合国大会依据欧盟海洋治理规范，批准了两项关于海洋、可持续渔业海洋法的决议。联合国大会通过此举呼吁国际社会加强执行《联合国海洋法公约》，并强调海洋资源可持续利用、治理和长期保护的重要性。欧盟的一个重点是强有力的海洋治理。本质上，大部分海洋面临的诸如气候变化、污染、过度捕捞等问题都是全球性的。欧盟把《联合国海洋法公约》视为全球海洋治理的合法总框架，并持续对法律规则、和平关系及可

---

① SPC, EU, *Pacific - ACP States Regional Legislative And Regulatory Framework For Deep Sea Minerals Exploitation And Exploration*, Fiji: Suva, July 2012, pp. 1 - 70.

持续发展做出贡献。[①]

## 一  引入欧盟的成熟的深海治理机制，加强理念对接

全球范围内，欧盟是治理机制建设和能力建设最为成熟的综合性国际组织。它的组织决策、立法、司法、执行机构健全，议题覆盖的领域较多。它在立足自身改革和本地问题治理的基础上，积极推动全球治理机制的改革，试图发挥在全球治理中的主导性作用。就深海资源管理而言，欧盟倡导整体性的治理路径，制定了包括投资、技术支持、环境评估、资源开发评估等在内的法律框架，拥有着先进的管理理念和规范。欧盟在立足全球海洋治理的基础上，积极在全球范围内参与全球深海治理。南太平洋地区积极对接欧盟整体性的深海治理理念，在与欧盟合作框架下制定了一系列的深海治理规范。除了双方合作框架内区域层面上的规范以外，还有一些国家层面的规范被制定出来。很多太平洋岛国自身的深海采矿法律都是依据 SPC 与欧盟制定的这些规范。比如，2009 年，库克群岛制定了世界上第一份《海底矿物法》。[②] 应当指出的是，这些治理规范不仅适用于南太平洋地区，对全球其他海域也同样适用，因此，它们可以推广到全球层面。截至2020 年底，国际社会并没有一个清晰的深海资源管理框架，主要依靠《联合国海洋法公约》和 ISA 制定的三个管理规范。欧盟在《国际海洋治理：我们海洋的未来议程》中指出了《联合国海洋法公约》的不足之处。"《联合国海洋法公约》管理着海洋及其资源的利用，由国际和区域制度提供支持，是管制海洋活动的平台。然而，它有时不具有协调性。"[③] 随着世界各国对深海矿产资源的关注，新一轮的

---

① "EU Promotes Ocean Governance at United Nations General Assembly – two Resolutions A-dopted", 12 December 2018, https：//ec. europa. eu/maritimeaffairs/press/eu – promotes – ocean – governance – united – nations – general – assembly – ％E2％80％93 – two – resolutions – adopted_ en.

② Michael G. Petterson, Akuila Tawake, "The Cook Island experience in governance of sea-bed manganese nodule mining", *Ocean and Coastal Management*, Vol. 167, 2019, p. 279.

③ European Commissio *International ocean governance*：*an agenda for the future of our oceans*, Belgoum：Brussels, October 11, 2016, https：//ec. europa. eu/maritimeaffairs/sites/maritimeaf-fairs/files/join – 2016 – 49_ en. pdf, p. 3.

深海博弈已经到来，如何规范深海资源开采行为已经成为一个紧迫的议题。当下的全球深海治理规范与深海资源开采活动日益频繁之间的矛盾愈发尖锐。

南太平洋地区与欧盟之间的理念对接是相互的，为全球深海资源治理树立了很好的典范。RLRF 中提到了这一点。"南太平洋地区拥有一个一致性的区域海洋政策。它把区域合作视为主要原则之一。太平洋岛国的多国海洋治理框架对之进行了补充，重视海洋可持续发展和保护的区域路径。欧盟认可南太平洋地区的海洋政策，并将这一理念贯穿到了 DSMP 中。"[1] 库克群岛前总理汤姆·马斯特（Tom Marster）指出，"我们必须进入拥有共同理念和最好实践的这一新深海区域。RLRF 为太平洋岛国提供了是否加入深海采矿业的工具"[2]。欧盟与南太平洋地区战略理念的对接有助于太平洋岛国克服自身在深海资源开采方面面临的挑战。在汉娜·莉莉（Hannah Lily）看来，太平洋岛国面临着一个挑战性的难题，即在不影响环境完整性的前提下，如何利用有限的治理资源追求深海资源的可持续收益。区域合作成为解决这一难题的关键要素。[3]

## 二 扩大区域组织同欧盟的横向联系

近年来，各区域的成员国和观察员的数量都有扩大，这种扩大日益超出区域组织的地域边界，跨地区的横向联系越来越密切。欧盟与南太平洋地区区域组织就是这种横向联系的模板。双方的合作并不是偶发性的，而是基于明确法律规范的框架。《太平洋岛国区域海洋政策和针对联合战略行动的框架》把建立合作伙伴关系视为南太平洋地区区域海洋政策的原则之一。"合作伙伴提供了有利的环境，是可持续治理海洋的关键。基于此，南太平洋地区要充分利用同区域和国际

---

[1] SPC, EU, *Pacific – ACP States Regional Legislative And Regulatory Framework for Deep Sea Minerals Exploitation And Exploration*, Fiji: Suva, July 2012, p. 2.

[2] SPC, EU, Achievements of the SPC – EU Deep Sea Minerals Project, March 2014, p. 5.

[3] Hannah Lily, "A Regional Deep – sea Minerals Treaty for the Pacific Islands", *Marine Policy*, Vol. 70, 2016, p. 3.

合作伙伴的合作。南太平洋地区虽然距离主要地区比较远，但域外组织或国家的决定可以直接影响到太平洋岛国。增加合作意识、建构有效的合作伙伴关系有助于实现关于海洋问题的合作，使现有的合作伙伴效用最大化。"[1] 作为南太平洋地区深海治理网络的主轴，欧盟与SPC、PIF、SPREP 这三大区域组织保持着密切的合作关系。2017 年，"我们的海洋"会议上确立了欧盟与太平洋之间的海洋伙伴关系，即采用综合的路径来进行海洋治理。这传递了欧盟将与合作伙伴在太平洋地区联手强化深海资源治理的信号。[2] 进入 2018 年之后，欧盟进一步深化了与这些区域组织的伙伴关系。2018 年 9 月 5 日，欧盟参加了第四十九届 PIF 论坛峰会及相关会议，并与包括 SPC、PIF、SPREP、南太平洋大学（USP）、太平洋岛国论坛渔业署（FFA）在内的南太平洋地区区域组织签订了具有里程碑意义的《太平洋—欧盟海洋伙伴项目》（PEUMP），目的是推动太平洋地区可持续治理海洋。欧盟将对为期 5 年的 PEUMP 资助 3500 万欧元，瑞典政府将额外资助 1000 万欧元。该项目将通过南太平洋地区区域组织支持太平洋岛国国家和区域层面上的活动。欧盟东亚、东南亚和太平洋部门负责人珍·路易斯·维尔（Jbed maean – Louis Ville）指出，"欧盟与南太平洋区域组织的伙伴关系将有助于太平洋岛国更好地进行海洋治理"[3]。

欧盟在全球范围内就海洋治理与双边、区域及多边伙伴展开合作，与主要的伙伴都确定了战略合作伙伴关系。《国际海洋治理：我们海洋的未来议程》明确指出了欧盟必须在现有海洋治理规范基础上，强化与国际和区域组织的合作。同时，欧盟应该完善同国际海洋

---

① FFA, SPC, SPREP, SOPAC, USP, PIF, *Pacific Islands Regional Ocean Policy and Framework for Integrated Strategic Action*, 2005, p. 19.

② "Special Pacific Event/Offical Launch of Pacific – EU Marine Partnership prpgramme", EU, https://ec. europa. eu/europeaid/news – and – events/special – pacific – event – official – launch – pacific – european – union – marine – partnership_ en, 访问时间：2018 – 05 – 01。

③ "Signature of a historic Pacific – European Union Marine Partnership", EU, September 5, 2018, https://eeas. europa. eu/delegations/fiji/50124/signature – historic – pacific – european – union – marine – partnership – peump_ zh – sg.

相关组织的合作与协调。[1] 除了南太平洋地区之外，全球其他地区也有不同的区域组织。印度洋地区的深海资源也比较丰富。中北印度洋地区蕴藏着多金属结核、多金属硫化物。同时，该地区的小岛屿发展中国家比较多。因此，环印度洋联盟作为该地区重要的经济合作组织，可以考虑主动建构同欧盟的合作关系。其他地区也存在着类似的情况，比如加勒比国家联盟、非洲联盟、北极理事会等应以南太平洋地区为模板，主动加强同欧盟的横向合作，充分利用欧盟在海洋治理方面的优势和经验。

### 三 重视深海资源的开发与利用评估

国际社会已经意识到了深海资源的开发与利用评估的重要性。有学者也提出了这一点，比如在鹿守本看来，海洋矿产是人类可使用的、具有良好前景的新资源，其品种、储量、价值、影响都在迅速上升，在未来的继续发展中将占有重要地位。然而，海洋矿产是不可再生资源，如何贯彻可持续利用原则，延长开发利用的寿命，这是深海资源管理中需要考虑的因素。深海资源开发与利用评估，主要目的是提高资源开发效益，使每一类矿产和矿物都能得到最充分、最合理的利用，将开发控制在既能满足当前的需要，又能为今后的可持续发展留有尽可能多的资源储量。评价的内容，包括矿产储量与分布范围、社会需求程度、开发与矿品的加工处理能力、资源综合利用程度、当前与今后有无可替代的资源、投入与产出比、对环境的影响与决策等。[2] 欧盟在 2013 年发布了《深海采矿知识研究状态的研究》，指出了深海采矿的六个阶段，其中一个阶段为资源评估、评价和规划。"这个阶段将在技术、冶金、经济、市场、法律、环境和政府层面对深海采矿进行评估。"[3]

---

① European Commissio, *International Ocean Governance*: *An Agenda for the Future of Our Oceans*, Belgium: Brussels, October 11, 2016, https: //ec. europa. eu/maritimeaffairs/sites/maritimeaffairs/files/join – 2016 – 49_ en. pdf, pp. 5 – 7.

② 鹿守本:《海洋管理通论》，海洋出版社 1997 年版，第 136—137 页。

③ EU, *Study to Investigate State of Knowledge of Deep Sea Mining*, Brussels, 2013, p. 15.

国际社会缺乏关于深海资源评估的有效评估。在梅勒妮·布拉德利、艾莉森·斯瓦德陵看来，太平洋地区和世界其他地区的深海采矿环境影响评估并不完美。环境影响评估的有效应用面临着持续的挑战。然而，太平洋岛国对环境影响评估的挑战和完善其执行举措进行了仔细的考量，以确保它的显著效果。① 太平洋岛国通过一系列实践活动，不断检验和催生新的深海资源评估规范。2018 年 11 月，库克群岛声称对深海采矿提供投标可以评估资源开采的环境风险。库克群岛将在环境影响评估方面拥有更多的基础资料。② 南太平洋地区深海治理在这一方面走在了前列，拥有用于深海资源评估的专业区域组织和规范。如前所述，SPREP 是一个专业性极强的深海资源评估组织，不仅制定了关于此的有效规范，而且还有效践行着这些规范。PIROP 认定了可持续利用海洋资源战略举措，并提及了对海洋资源的评估。"可持续发展是 PIROP 的关键。海洋环境意味着主要的发展财富和基本食物安全的源泉。这需要建构承担环境和社会经济评估的能力。"③

作为海洋治理的组成部分，全球深海资源治理是一个已经成为国际社会关注的焦点。随着海洋技术的日益发达，深海未知资源逐渐被发现。然而，目前的深海资源治理规范还不完整，深海资源治理框架并不明晰，全球深海资源治理任重道远。欧盟与南太平洋地区的深海治理塑造了一个具体问题的体制，可以在全球范围内推广和应用。正如奥兰·扬在《世界事务中的治理》中所言，"体制——特别是那些总体上被认为是成功的体制，可以在它们自己的成员及其他体制面临新的问题时，通过提供先例而发挥示范性的作用。从长期来看，更重要的是具体问题的体制在国际社会或全球公民社会起着制度创新的传

---

① Melanie Bradley, Alison Swaddling, "Addressing Environmental Impact Assessment Challenges in Pacific Island Countries for Effective Management of Deep Sea Minerals Activities", *Marine Policy*, Vol. 95, 2018, p. 361.

② "Cook's Deep Sea Mining Exploration will Lead to Impact Assessment", 23 November 2018, https：//www. radionz. co. nz/international/pacific－news/376607/cooks－deep－sea－mining－exploration－will－lead－to－impact－assessment.

③ FFA, SPC, SPREP, SOPAC, USP, PIF, *Pacific Islands Regional Ocean Policy and Framework for Integrated Strategic Action*, 2005, p. 14.

播、推广和促进作用，这对这些社会体系会产生广泛而深远的影响"①。值得注意的是，南太平洋地区对深海资源治理所采取的举措具有广泛性。小岛屿国家在解决环境和资源问题上体现了严谨性。这些举措背后的动力是小岛屿国家意识到了保护海洋环境和资源的重要性，同时体现了它们与海洋和谐的关系。它们通过合作，发展了区域内聚力，但这种合作尚未出现在世界其他地区。因此，南太平洋地区的深海资源治理可以推广到全球层面上。在可以预见的未来，欧盟对海洋治理的投入将会持续增加。作为其深海资源治理的有限区域，南太平洋地区将成为践行欧盟海洋治理观念的良好平台。同时，欧盟在南太平洋地区所积累的深海治理经验和规范也将指导其在其他海域的治理。此举还将有助于发展蓝色经济。"沿岸和岛屿发展中国家处于蓝色经济支持的前沿，可以判断海洋在人类未来发展中扮演着重要角色以及蓝色经济为可持续发展提供了一个很好的路径。尖端技术和不断提高的货物价格为海底开发带来了新的机会，公海组成了大部分的全球公域，国际社会需要关注海洋资源的治理，以实现可持续发展。"②

　　长远来看，深化全球深海资源治理体制有助于帮助小岛屿发展中国家克服自身脆弱性，更好地建构人类命运共同体。以太平洋岛国为代表的小岛屿发展中国家是国际社会中一个特殊的群体，拥有广阔的海洋面积和海洋资源，但受制于自身脆弱的经济和科技水平，无法有效减缓深海采矿对海洋环境的破坏。它们主要分布在太平洋、加勒比海、非洲和印度洋地区，是人类命运共同体不可忽略的组成部分。2018 年 11 月 19 日，在汤加举办的《生物多样性公约》第十四次缔约大会强调了这一问题。"深海采矿被认为是经济增长的潜在源泉，但人们对它潜在的环境和社会影响感到了担忧。深海资源勘探和采矿能产生严重的海洋噪声，影响鲸类物种和其他海洋物种。汤加会议意

---

① ［美］奥兰·扬：《世界事务中的治理》，陈玉刚、薄燕译，上海人民出版社 2007 年版，第 13 页。

② "Blue Economy Concept Paper", Sustainable Development, https：//sustainabledevelop-ment. un. org/content/documents/2978BEconcept. pdf.

识到了深海采矿活动的收益和风险，呼吁进一步援助以克服风险。"①
基于欧盟理念的全球深海资源治理体制契合了这些小岛屿发展中国家
的利益诉求，也体现了欧盟的海洋治理观。欧盟强化全球治理框架中
的行动之一是帮助小岛屿发展中国家提高能力建构。②

深海资源治理既属于全球治理范畴，也属于海底政治的范畴。作
为区域一体化程度最高的国际组织，欧盟诠释了海底政治中起主导性
作用的因素。传统上，主权国家是全球治理中最主要的行为体。几乎
所有的全球治理规范和任务都要"落地"到民族国家。然而，主权
国家在全球深海治理中并没有摆脱对主权利益的片面追求，导致主权
责任丢失。在无政府状态的国际体系下，民族国家往往凭借各自力量
在海底政治中追求自身利益，陷入零和博弈状态。"当人类的政治体
组织形式演化到国家以后，形成的持续武力威胁和合法使用武力威胁
继续在有限的生存空间和生存资源进行竞争。"③ 尽管欧盟自身目前
仍存在很多问题，比如难民、主权债务危机、英国宣布脱欧等问题，
但不可否认的是，相比较主权国家，欧盟在全球海洋治理问题上更容
易达成一致，发挥自身优势，引领全球海洋治理的发展。随着新兴国
家的崛起以及小岛屿发展中国家的利益诉求不断得到重视，全球深海
更需以公正、透明、合作、科学的观念为引导，将欧盟的理念引入深
海资源治理之中。

---

① "Tonga Seeks Support to Determine The Best Way Forward To Explore Seabed Minerals While Protecting Its Marine Environment", SPREP, November 23, 2018, https://www.sprep.org/news/tonga - seeks - support - to - determine - the - best - way - forward - to - explore - seabed - minerals - while - protecting - its - marine - environment.

② European Commissio, *International Ocean Governance*：*An Agenda for the Future of Our Oceans*, Belgium：Brussels, October 11, 2016, https：//ec.europa.eu/maritimeaffairs/sites/maritimeaffairs/files/join - 2016 - 49, p. 8.

③ ［英］特德·卢埃林：《政治人类学导论》，朱伦译，中央民族大学出版社 2009 年版，第 47 页。

# 第三章　域内外国家及组织参与
# 南太平洋海洋治理

　　南太平洋地区海洋治理的一大特征是域内外国家及组织的广泛参与。它们共同构筑了海洋治理的区域网络，发挥着海洋治理的合力。

## 第一节　德国参与南太平洋海洋治理

　　作为沿海国家和港口国家，德国不仅是航运大国，也是世界上重要的海洋研究、海洋技术革新大国。德国不仅承担着包括北海和波罗的海在内的海洋治理的责任，同样担负着参与全球海洋治理的重任。《德国一体化海洋战略框架内的海洋发展规划》明确规定了德国参与全球海洋治理的责任。早在2013年时，德国就呼吁国际社会通过一个全球性的综合海洋政策框架，提高海洋在全球可持续发展中的地位和作用，并加强各国海洋相关协议、公约、倡议和组织间的协调一致。无论在国际层面，还是在地区层面，德国在全球海洋治理中扮演着重要的角色。本节旨在解决德国为何及如何参与全球海洋治理这个问题，并探讨德国参与全球海洋治理对其他国家有何启示。

### 一　德国参与全球海洋治理的路径

　　全球海洋治理的客体是全球海洋治理的对象，是已经深刻影响或将要影响全球海洋的问题。就全球海洋治理而言，德国在欧盟地区层面和国际层面都发挥着积极的作用，是推动全球海洋治理的重要力量。

**（一）　制定关于海洋治理的规范**

德国的海洋治理规范基本上是依据 2007 年 6 月联邦会议表决通过的《欧盟一体化海洋政策》制定的。该政策是在保护海洋生态系统基础上发展而来，为协调"里斯本战略"（该战略意在提升欧盟竞争力）、社会公平公正、环境保护与承担国际责任这四个目标的实现做出了重大贡献。联邦参议院于 2007 年 12 月 20 日也投票通过了《欧盟一体化海洋政策》蓝皮书，该蓝皮书及其行动路线将成为指引德国海洋战略发展的纲领性文件。因此，联邦政府必须制定相应的政策和制度，配合欧盟，协同盟国，制定本国的一体化海洋政策。2008 年 10 月 1 日，联邦政府接受并颁布实施《可持续开发与保护海洋的国家战略》，它是目前联邦政府推行的涉及面最广的战略。[1] 在海洋环境保护的早期阶段，德国就制定了关于东北大西洋和北海地区海洋环境保护的最重要的规范，并通过了类似《欧盟一体化海洋政策》的国内法律。因此，德国可以提供必要的信息，以评估《欧盟一体化海洋政策》。[2]

为了更好地执行海洋战略，联邦政府在 2011 年制定了《海洋战略框架指令的实施》（Implementation of the Marine Strategy Framework Directive）。该文件的目的是在海洋资源的利用与保护之间寻求平衡。它的实施致力于使人为压力降低到最低程度而不损害海洋生态系统对人为变化的反应能力，同时保证当代人及子孙后代对海洋产品和服务的可持续使用。《海洋战略框架指令的实施》为相关部门提供了一个关于海洋战略的框架和条款一致性的解释，特别是为执行海洋战略的任务提供了一个实用的方法，该方法适用于所有海洋区域。[3] 作为一个在海洋空间规划方面有着悠久的历史的国家，德国联邦政府与其他部门一道把海洋空间规划列入国家战略。2003 年 3 月，德国制定了

---

[1]　张锦涛、王华丹：《世界大国海洋战略概览》，南京大学出版社 2015 年版，第 264 页。

[2]　Janine Gunzel, "The Implementation of the Marine Strategy Framework Directive in Germany", Bachelor of Arts Thesis in European Studies, 2011, p. 10.

[3]　"Implementation of the Marine Strategy Framework Directive", German Federal Agency for Nature Conservation and the Federal Environment Agency, 2011, p. 5.

一个关于在海岸带综合管理中的海洋空间项目,从海洋空间规划的角度来为国家战略服务。① 2012 年,德国联邦海事和水文局(Federal Maritime and Hydrographic Agency)、能源部与世界自然基金会波罗的海中心联合制定了《与德国海洋空间相关的国家和区域战略》(National and regional strategies with relevance for German maritime space),其内容包括海洋空间发展政策、凝聚力政策(Cohesion Policy)、海岸保护、海洋政策、环境政策、水域框架指令和海洋战略框架指令、能源政策、旅游政策、文化政策、交通政策、渔业政策、海洋安全政策、港口政策等。② 除此之外,《保护生态多样性的国家战略》(National Strategy on Biological Diversity)同样包含了一揽子海洋及其他政策。"沿岸和海洋区域是重要的自然景观,互联的自然沿岸和海洋生态系统支持着所有特有生物的生存。它们展现出了良好的保护状态。德国将在 2015 年之前,在沿岸的所有水域实现良好的生态质量;在 2021 年之前,海洋环境取得良好的治理效果。由于德国的海岸线使用率较高,主要是用于旅游、工业和港口建筑等,许多物种濒临灭绝。海洋的高度利用破坏了生物多样性。"③

在德国一体化的海洋政策框架下,可持续地开发海洋成为一项总体的全局性的长远任务,实现经济潜力的开发与海洋环境维护的有机结合成为当前一体化海洋政策的主要目标。在这种背景之下,德国安全与原材料部门(Department of Security and Raw Materials)制定了《德国原材料战略中深海采矿的机遇》(The opportunities of deep - sea mining for Germany's raw material strategy),该规范指出:"由于全球对于原材料的需求在增加以及已知能源存储的质量在下降,开发原材料的新来源对于保证自然资源的长期供应,有着重要的意义。基于此,

---

① Kira Gee, Andreas Kannen, Bernhard Glaeser & Horst Sterr, "National ICZM Strategies in Germany: A Spatial Planning Approach", *Coastline Reports*, No. 2, 2004, p. 7.

② "National and Regional Strategies with Relevance for German maritime space", Federal Maritime and Hydrographic Agency, Ministry of Energy, WWF Germany, Baltic Sea Unit, January 2012, pp. 1 – 37.

③ "National Strategy on Biological Diversity", Federal Ministry for the Environment, Nature Conservation and Nuclear Safety, 2007, p. 33.

德国向国际海床当局（ISA）申请了开发印度洋深海海底的硫化物资源。早在 2006 年，德国就拥有了在中太平洋开采深海资源的许可证，主要集中在开发锰结核。"[1]

德国的海洋治理规范除了对接欧盟的一体化海洋政策之外，还积极对接联合国的海洋治理规范。除了主权国家之外，全球海洋治理的重要国际组织是联合国。联合国是国际海洋环境保护事物的主导者，所主持的公约、决议等文书成为当今全球海洋治理的基本准则。《联合国 2030 年可持续发展议程和可持续发展目标》将国际社会的目光聚焦于海洋治理。其中，SDG14 提出了海洋治理的理念，即保护和可持续利用海洋和海洋资源。"纵观历史，海洋一直是贸易和运输的重要渠道。对这一重要资源的认真管理是未来建设可持续发展的一个主要方面。"同时，SDG14 还提出了具体的目标，比如到 2025 年，预防和大幅减少各类海洋污染；到 2030 年，通过加强抵御灾害能力，实现可持续管理和保护海洋沿岸生态系统，使海洋保持健康；到 2030 年，增加小岛屿发展中国家和最不发达国家通过可持续利用海洋资源获得的经济收益等。[2] 为了对接联合国的海洋治理规范，联邦政府在 2017 年 1 月 11 日制定了《德国可持续发展战略》（German Sustainable Development Strategy）。对联邦政府而言，可持续发展的推动是政府工作的基本目标。联邦政府承诺努力践行《联合国 2030 年可持续发展议程和可持续发展目标》。就 SDG14 而言，德国不仅保护海洋和沿岸区域养分的输入以及流入波罗的海、北海的氮的输入，而且保护北海和波罗的海的渔业资源。[3]

**（二）打击海盗，维护海上航行的安全**

在过去几年，非洲之角的海盗问题日益严重，这意味着在过去几年海洋安全问题成为德国外交政策和安全政策的重点。海盗并不是国

---

① "The Opportunities of Deep – sea Mining for Germany's Raw Material Strategy", Department of Security and Raw Materials, 2013, pp. 10 – 20.

② 《可持续发展目标——17 个目标改变我们的世界》，联合国，http：//www. un. org/sustainabledevelopment/zh/oceans/。

③ "German Sustainable Development Strategy", The Federal Government, 2016, pp. 10 – 13.

际社会中的新现象，但是地理位置却发生了变化，已经从东南亚海域慢慢转移到欧洲地区。海盗在亚丁湾和印度洋地区比较普遍，这里是全球贸易中的主要运输路线之一。日益活跃的海盗影响了对德国有重要意义的海洋运输安全。作为一个依赖出口的国家，德国不仅是一个经济强国和欧洲重要的工业国家之一，还是一个"海上工业区"（maritime industrial location）和海洋国家。良好的海洋秩序符合德国的战略利益。由于德国经济严重依附于出口产品和进口能源及资源，因此自由通往世界大洋及安全、无障碍的海洋运输对德国是必要的。安全的海洋航线是德国经济的支柱，并对德国的繁荣至关重要。①

在亚丁湾、索马里海域和马六甲海域，海盗和恐怖主义不断制造事端，劫持油轮、商船乃至运输军舰，洗劫财物，绑架人质，严重破坏了海上航行自由。索马里海盗凭借劫持和勒索集聚了巨额财富，拥有先进武器，活动区域广阔，成为海上航行最大的危险因素。自2008年起，联邦国防军一直是欧盟打击海盗"阿塔兰特"（Operation Atalanta）行动的一部分，为该行动提供了军舰、船艇和飞机。目前，德国部署了一艘P－3C"猎户座"海上巡逻机和一艘护卫舰，总共313名联邦国防军被指派给"阿塔兰特"行动。"阿塔兰特"行动的主要任务是继续打击海盗，并保护世界粮食计划署的载物商船。参与欧盟"阿塔兰特"行动的联邦国防军，进入索马里海岸直至内陆两千米内的海盗实施打击。为了保证海上运输航线的长久安全，目前最重要的是在索马里建立法治，包括建立海洋和陆地的安全部门。全局的目标是让索马里当局独立控制其包括近岸海域在内的领土。基于此，欧盟在《共同安全与防务政策》（Common Security and Defence Policy）框架内，完成了三个重要的任务。除了"阿塔兰特"行动以外，欧盟还提供了军事训练和咨询工作。德国全部参与了欧盟的这三个任务。德国除了参与军事层面的任务之外，还参与了民事活动，目的是使索马里保持稳定。德国的发展合作项目以及长期的治理路径，

---

① David Petrovic, "The Fight Against Piracy: One Aspect of Germany's Maritime Security", *Facts & Findings*, No. 129, September 2013, pp. 3 – 6.

同样为索马里的和平与发展做出了重要贡献，这补充了德国在索马里的安全与外交政策。自2012年起，联邦政府承诺为双边发展合作拨款2000万欧元。2016年初，德国国际合作机构（GIZ）在索马里设立了新办公室，执行德国的官方科技合作。最初的项目和计划集中在城市水供应和粮食安全。① 德国通过军事及非军事的手段参与了打击索马里海盗的任务，有效地保护了印度洋及大西洋海上航线的安全，不仅有助于维护德国的海上航行自由，而且有助于践行全球海洋治理。未来，德国对印度洋地区海盗的打击将面临严重的挑战。海盗关注的重点已经从非洲东海岸向西海岸转移，从非洲之角向几内亚湾转移，这使得德国打击海盗的范围必须要随之扩大。

**（三）与国际社会共同治理全球气候变化**

海洋对全球环境和气候调节有着重要作用。同样，全球气候变化对海洋环境会产生深刻影响。全球气候变化最主要的特征是温室气体增加，导致全球气候变暖。

一直以来，德国在全球气候变化领域的活动比较活跃，积极参与有关气候变化的国际合作。《德国一体化海洋战略框架内的海洋发展规划》强调了抵御气候变化与海洋治理的重要性。保护海洋是全部海洋相关主体的共同责任，也与保护全球生态和抵御气候变化密切相关。德国海洋政策的目标之一是履行全球生态发展的共同义务，共同应对全球气候变化。联邦政府在《德国参与气候变化的国际路径》（Germany's International Approach to Climate Change）中指出，"气候变化需要国际联合行动。德国政府将继续推动建立全面的国际气候协议，目的是限制全球气候变暖"。《联合国气候变化框架公约》的达成表明国际社会的确需要联合行动。德国政府将通过三条路径来积极推动全球气候进程：第一，为在国际社会中发挥模范的作用，德国将设立自身的国家气候目标，比如2020年之前把温室气体的排放量减少40%；第二，德国将加大支持发展中国家缓解和适

---

① "Bundeswehr to Continue Anti - piracy Mission", The Federal Government, https：//www. bundesregierung. de/Content/EN/Artikel/2016/04_ en/2016 - 04 - 13 - bundeswehr - ata-lanta - mandat_ en. html.

应气候变化的努力；第三，德国将为气候谈判注入新的活力，比如开展"彼得堡气候对话"（Petersberg Climate Dialogues）。同时，德国快速启动了气候融资的承诺。2010—2012 年，欧盟承诺为发展中国家提供额外 172 亿欧元的气候融资，德国提供了 126 亿欧元。[①] 德国一直在国际舞台上扮演着抵御气候变化的积极角色，不断制定最新的关于气候变化的规范。2016 年 12 月，联邦政府制定了《气候行动计划 2050》（Climate Action Plan 2050），将在实现与《巴黎协定》一致的国内气候目标的过程中，为各领域的行动提供支持，主要的领域包括能源、建筑、交通、贸易、农业和林业。某种程度上说，《气候行动计划 2050》有助于使德国经济保持现代化。在气候变化目标的框架之内，联邦政府将采用创新型、友好型的路径，并坚信"引入最佳理念和技术的公开竞争有助于推动德国沿着限制温室气体排放的道路前进"[②]。

## 二 德国参与全球海洋治理的动因

作为影响全球海洋治理成效的重要力量，德国经历过两次世界大战以及冷战对峙，这些经历使得其欲超越狭隘的国家主义，积极加强多边合作、融入国际社会。不仅如此，德国欲成为联合国常任理事国以及保护海洋利益也决定了其需要参与全球海洋治理。

### （一）坚定维护欧盟的全球海洋治理政策，提升国际地位

在欧盟践行海洋治理的过程中，德国的贡献比较大。德国先进的技术、充足的资金是对欧盟的全球海洋治理有着重要的意义。没有德国的参与，欧盟的全球海洋治理将大打折扣。如前所述，德国积极参与了欧盟打击索马里海盗的"阿塔兰特"行动，并提供了资金和军事力量的支持，为该行动做出了重要的贡献。根据经济与合作组织（OECD）的统计，2015 年德国的 GDP 为 3.86 万亿欧元，

---

① "Germany's International Approach to Climate Change", Federal Ministry for the Environment, Federal Ministry for Economic Cooperation, 2011, pp. 6 – 9.

② "Climate Action Plan 2050", Federal Ministry for the Environment, Nature Conservation, Building and Nuclear Safety, November 2016, pp. 1 – 6.

占欧盟总量的20%。① 德国财政部表示，"在英国脱欧以后，德国
对欧盟财政预算的支持每年超过20亿欧元"②。德国基于在欧盟内
部强有力的经济优势，承担了相当一部分欧盟的财政预算，在欧盟
对外角色及发展战略中扮演着重要的角色。冷战结束后，欧盟积极
推进一体化进程，倡导国际社会共同应对全球化的挑战，并不断完
善自身的全球治理战略，特别是近年来在全球海洋治理方面走在了
世界前列。2016年德国《安全政策白皮书》（White Paper on German
Security Policy and The Future of The Bundeswehr 2016）把强化欧洲一
体化视为德国的主要安全利益。③ 依靠欧盟在国际政治格局中的重
要地位，德国在全球海洋治理中的影响力不断增强，提高了在国际
事务中的话语权。为了进一步发挥在欧盟内部的领导者地位，德国
的海洋战略积极对接欧盟一体化进程。《德国一体化海洋政策框架
内的海洋发展规划》是对欧盟委员会在《欧盟一体化海洋政策》蓝
皮书以及相关行动路线的补充。德国为了继续积极维护国家利益，
顺应欧洲一体化进程，将继续参与欧盟委员会和欧洲理事会的其他
海洋相关决议、条约。同时，德国将通过协同联邦各部委、联邦各
州和相关协会，采取多种手段加以实施，主要的手段包括：建立
"欧盟一体化海洋政策数据库"、成立全国与地方的联合工作组、设
立欧盟海洋资助项目、在欧盟第八届联合研究项目设立针对德国海
洋问题项目等。2009年10月，欧洲理事会通过了统一的《欧盟波
罗的海区域战略》，德国在这一战略的制定和落实过程中发挥了积
极的作用。在波罗的海和北海海域，德国都是相关海域主要公约，
以及《波恩协约》的签署国，将会遵守条约，积极为相关海域的海
洋保护做出积极贡献。2010年生效的《瓦登海计划2010》是德国

---

① "National Accounts of OECD Countries", Volume 2016, Issue 1, Paris: OECD Publishing, 2016.

② "Germany's Contribution to EU Annual Budget could Rise by 2 Billion after Brexit", The Telegraph News, http://www.telegraph.co.uk/news/2016/06/24/germanys-contribution-to-eu-annual-budget-could-rise-by-2bn-afte/.

③ "White Paper on German Security Policy and The Future of The Bundeswehr 2016", The Federal Government, 2016, p. 25.

与荷兰、丹麦紧密开展北海海域所属瓦登海海区一体化管理的有益尝试。为按计划在 2020 年使北海与波罗的海海域环境达到优秀的标准，联邦政府努力通过一体化的方式实现欧洲海洋战略框架方针中充满挑战性的目标。

**（二）积极参与全球海洋治理，维护德国的国家安全**

德国在 19 世纪末 20 世纪初作为世界大国崛起，主要是因为这个国家在工业化基础上建立起强大的海权。德国在俾斯麦时期执行的"大陆政策"只不过是为了称霸欧洲大陆而已，而只是当德皇威廉二世抛弃了"大陆政策"，采取向世界海洋扩张的政策后，才开始向世界大国的道路迈进。[①] 自德意志帝国以来，德国一直是一个海陆复合型国家，但其海岸线较短，只有北方少数地区濒临海洋，并且只能从北海和英吉利海峡西出大西洋。德国的海权诉求极易被英国所警惕和封锁，虽然它在英国海军占统治地位的年代一度奋起挑战，试图走向海洋，但最终均遭失败。[②] 经历过两次世界大战之后，德国的海军发展受到了限制。因此，历史上海洋安全在德国的国家安全中就占有重要的地位，这主要是因为德国特殊的地理位置以及追求海权的思想传统。

当下，国际环境已经发生了深刻的变化，德国通过参与并融入全球海洋治理进程，最大限度地维护既有国际关系秩序，推进全球海洋治理机制的改革以适应全球形势的变化，防止新兴国家在现有国际体系之外建立与之抗衡的新机制，这是德国全球海洋治理战略的核心内容。由于两次世界大战的参战经历以及战后国际社会对于德国军备力量的限制，德国只能寻找其擅长的全球海洋治理领域发挥作用。当前世界很多国家都聚焦于地区冲突、能源争夺、经济竞争与金融风险等议题，德国却选择了很少有行为体关注的全球海洋治理领域。德国加大力度向国际社会提供公共产品，引导相应的制度建设，在霸权缺失的全球海洋治理领域发挥着重要作用。此举不

---

① 王生荣：《海权对大国兴衰的历史影响》，海潮出版社 2009 年版，第 358 页。
② 韩志军、刘建忠、张晶、刘绿怡：《德国地缘战略历史剖析》，《世界地理研究》2015 年第 4 期。

仅使德国成为全球海洋治理进程中的领导力量，还可以有效保障国际海上航线的安全，进而有效维护国家安全。联邦政府下属的海洋安全中心（Maritime Safety and Security Center）指出，"德国的海洋安全是国家总体安全的重要组成部分，它只有通过部门之间以及跨国的长期合作，才能实现和得到有效的保障。对德国海军而言，海洋安全同样包括对沿岸海域以及远海海上运输航线的军事保护"①。目前，德国不仅维护包括北海、波罗的海在内的海洋安全，还进一步拓宽海洋范围，延伸到了北极地区、南极地区、南太平洋和印度洋。以德国的全球海洋科考为例，其海洋科考遍及世界主要大洋和极地地区，为全球海洋治理奠定了良好的基础。德国联邦教育及研究部认为，"德国意识到了其所面临的很多挑战只有依靠海洋和基地研究才能克服。通过基础研究，海洋科学可以使我们了解周围的世界如何运行。另外，海洋科学同样可以帮助我们制定海洋政策，有效服务于国家海洋战略。这不仅适用于战胜气候变化，还适用于资源的可持续利用和保护生物多样性。在这种背景下，海洋和极地地区扮演着关键的角色。我们需要在海洋保持强有力的存在，有能力在国际层面上以科学的、政治的方式探讨这些议题"②。一般来说，德国的海洋科考是由科学研究驱动、国家出资的大学和研究机构共同协作。未来的海洋科考主要集中在海洋与气候、海洋生态系统功能和生物多样性、地球动力学和地址灾害等。当前，德国包含所有现代技术元素、涵盖所有海洋领域、研究课题和学科的科学考察船。德国的科考船主要有索纳号、极地号、流星号和梅里安号，这四艘科考船遍及太平洋、印度洋、南极地区、北极地区、北海、波罗的海、大西洋地区等（见图 3 - 1）。

---

① "The Germany Navy", Maritime Safety and Security Center of the Federal Government and the Coastal States, http：//www. msz － cuxhaven. de/EN/Partner/DeutscheMarine/deutscheMarine_node. html；jsessionid = 47F7BB61413E2A9A67C11392995883AB. live21303.

② "Exploring the Secrets of the Deep Sea", Federal Ministry of Education and Research, https：//www. bmbf. de/pub/Exploring_ the_ Secrets_ of_ the_ Deep_ Sea. pdf, p. 29.

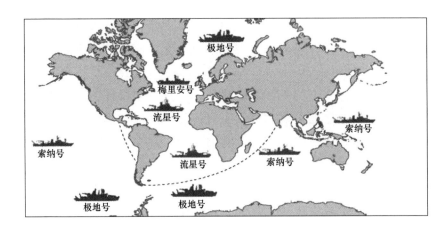

**图 3 - 1　德国科考船所遍及的海域**

资料来源："German Research Vessels Portal"，Federal Ministry of Education and Research，https：//www. portal - forschungsschiffe. de/index. php？ index = 53。

### （三）维护海上战略通道安全的需要

全球海洋治理的一个要义是保持海洋的安全，因此维护海上战略通道的安全成为全球海洋治理的一个重要组成部分。随着全球化的发展，很多海洋问题越来越严峻，比如海洋资源枯竭、海洋生态恶化等，因此，全球海洋治理迫在眉睫。长期来看，全球海洋治理的目的是实现全球范围内的人海和谐，促进海洋的可持续开发和利用。短期来看，全球海洋治理的目的是合理开发海洋资源、保护海洋环境、维护海洋安全等。因此，全球海洋治理应该超越国家、种族、意识形态的界线，实现全人类的普世价值。作为海盗最猖獗的区域，公海海盗和恐怖主义的治理已经刻不容缓。海盗和恐怖主义不断制造事端，劫持油轮、商船乃至运输军舰，抢劫财物，绑架人质，甚至枪杀船员，严重破坏了公海海上航行秩序，威胁着国际海上航运通道的安全。然而，在公海打击海盗和恐怖主义对于小国来说是一项艰巨的任务，大国拥有向公海派遣军舰打击海盗和恐怖主义的实力，但出于地缘政治的考量，对海上安全严峻程度的认知不同。因此，国际社会急需公海安全合作的规范和制度，以维持合作的稳定性和连续性。①

维护海上贸易和运输航线的安全是近年来德国安全与防务政策的重要内容。由于德国的原料进口和商品出口严重依赖自由安全的洲际海运贸易路线。因此，在未来几年，德国的安全战略将更侧重于确保能源运输的安全保障。德国 2011 年《防务政策指针》对其安全利益进行了明确界定，其中包括"促进自由、无限制的贸易，以及获得进入公海的自由通道"②。2016 年德国《安全政策白皮书》同样指出了海上战略通道对于德国的重要性，"未来，德国的繁荣与公民的幸福将极大地依赖不受阻碍地使用全球信息与通信系统、海上补给线、交通和贸易运输线，以及原材料和能源的安全供应。任何对这些通道的阻碍将会破坏国家的稳定和公民的幸福。基于此，德国将与盟友及合作伙伴一道灵活利用外交和安全政策手段，防止海上战略通道的封锁和中断"。同时，《安全政策白皮书》也指出了维护海上战略通道安全的必要性，"就像依赖全球信息和通信系统一样，我们的经济同样依赖原料的稳定供应和国际交通路线的安全。保护海上补给线的安全和确保公海的航行自由对像德国这样的出口型国家具有重要意义，主要是因为出口型国家极大地依赖不受阻碍的海洋贸易。由海盗、恐怖主义、地区冲突引起的海上战略通道的中断将对国家的繁荣有着负面影响"③。除了公海以外，近海的海洋运输安全同样重要。为保障海上运输安全和保护海洋环境，德国采取措施保障北海和波罗的海海洋交通安全。它主要是在保持目前地区安全局势基础上，进一步提升安全度。2009 年 10 月，欧洲理事会签署通过了涉及多国的《欧盟波罗的海区域战略》，该战略进一步体现了波罗的海海域各国合作的成熟条件与宏伟目标。德国将该战略视为维护波罗的海海洋航线安全的重要规范。

---

① 蔡拓、杨雪冬、吴志成：《全球治理概论》，北京大学出版社 2016 年版，第 331 页。

② 梁甲瑞：《德国对太平洋岛国政策的新动向、原因及影响》，《德国研究》2017 年第 1 期。

③ "2016 White Paper on German Security Policy and the Future of The Bundeswehr", The Federal Government, 2016, pp. 41 - 45.

### 三 德国参与全球海洋治理的挑战

作为全球海洋治理中的重要贡献者，德国有效践行着欧盟的全球海洋治理理论，并充分发挥自身独特的优势，不仅提升了国际地位，增强了全球影响力，而且有效地保护了全球海洋环境。当下，随着全球海洋问题日益复杂化、多元化，海洋治理已经成为一个重要的课题，德国参与全球海洋治理的路径对国际社会有着重要的启示。

第一，充分发挥大国的作用，推动大国承担更多的国际责任。全球海洋治理的主体是制定和实施全球规制的组织机构。虽然全球化正在深刻改变着当前世界，但主权国家依然是国内和国际关系中行使权威的关键行为体，也是全球海洋治理中最重要的主体。由于主权的实质是对特定范围内领土、人口和财产等资源的绝对的产权私有化占有，这就意味着主权国家垄断了特定范围内的各种资源。随着主权原则在全球范围内的扩展，主权国家实现了对全球资源的垄断。从这个意义上说，国家行为体拥有超越其他所有行为体的能力，以进行全球公共物品的供给。国家行为体是最有能力的公共物品供给者，国家实力越强，其供给能力也就越强，在全球治理中，必须依靠最有实力的国家，寻求缓解公共物品供给困境的方法，推动大国应当承担的责任，促进公共物品收益和成本的合理分配。① 统一后的德国，采取多种手段，谋求"世界大国地位"，开展全方位外交，扩大对世界的影响力。随着德国国力的提升，其开始承担越来越多的国际责任。德国前总理施罗德在 2000 年 9 月联合国千年首脑会议上宣称，"德国已经为承担相应的责任做好了准备"。2013 年 9 月，德国的一份研究报告《新力量，新责任》（New Power, New Responsibility）指出，"德国从来没有像今天这样繁荣、自由和安全，但这意味着德国必须承担更多的责任"②。为了帮助一些弱小家战胜全球海洋问题，德国对这些小国进行了资金、技术等层面的援助或与小国所在的区域组织合作，

---

① 蔡拓、杨雪冬、吴志成：《全球治理概论》，北京大学出版社 2016 年版，第 135 页。

② "Stiftung Wissenschaft und Politik & German Marshall Fund of the United States", *New Power New Responsibility*, 2013, p. 2.

最典型的案例是德国在南太平洋地区所进行的海洋治理。目前，德国
在15个岛国设有援助项目，不少是关于海洋治理的项目，比如"解
决太平洋岛国的气候变化问题项目""太平洋岛国—德国关于气候适
应气候变化和可持续能源项目"等。① 同时，德国也将履行全球生态
发展的共同义务，共同应对全球气候变化。2015年5月，德国总理
默克尔在出席"彼得斯贝格气候对话会"上指出，"发展中国家很难
凭借自身能力应对气候变化，发达国家有义务向发展中国家提供支
持"②。2016年3月，联邦环境部部长亨德里克斯（Hendricks）指出，
"在实现气候目标方面，发达国家与国际组织将为发展中国家提供支
持"③。因此，除了德国以外，中国、美国等大国都应该发挥应有的
责任，共同为全球海洋治理做出积极的贡献。

第二，积极参与构建全球海洋治理伙伴关系。全球海洋治理是
涉及多元行为体的管理全球事务的过程和机制，本质上是一种以合
作为特点的管理模式。它所要解决的问题，不是某一个国家的问
题，也不是某一个国家可以单独解决的问题，因此，全球海洋治理
虽涉及各国的国内事务，但是需要各国共同承担责任，并进行全球
范围内的协调与合作。很多国际组织都强调了构建全球海洋治理伙
伴关系的重要性。世界银行制定了"全球海洋伙伴关系"（Global
Partnership for Oceans），目标是整合全球行动，评估及战胜与海洋健
康有关的威胁。"全球海洋伙伴关系"的援助领域有可持续渔业资
源、减少贫困、生物多样性及减少污染，由140多个政府、国际组
织、公民社会团体及私人部门组织构成。④ 联合国致力于同各种行

---

① 更多关于德国与太平洋岛国关系的内容参见梁甲瑞《德国对太平洋岛国政策的新
动向、原因及影响》，《德国研究》2017年第1期。

② 《德国承诺增加气候变化资金支持》，新华网，http：//news. xinhuanet. com/world/
2015 – 05/20/c_ 1115347827. htm。

③ "Hendricks and Mezouar host Climate Dialogue"，BMUB，http：//www. bmub. bund. de/
en/pressrelease/hendricks – and – mezouar – host – climate – dialogue/? tx_ ttnews% 5BbackPid%
5D = 4622.

④ "Partnering International Ocean Instruments and Organizations"，Pacific Islands Forum Sec-
retariat，http：//www. forumsec. org/pages. cfm/strategic – partnerships – coordination/pacific –
oceanscape/partnering – international – ocean – instruments – organisations. html.

为体建立广泛的伙伴关系，这是与其他国际组织最大的不同。1998年，联合国成立了"伙伴关系"办公室，为促进千年发展目标而推动新的合作和联盟，并为秘书长的新举措提供支持。联合国试图建立最广泛的全球治理伙伴关系，动员、协调及整合不同的行为体参与全球治理的机制和经验。太平洋共同体在《战略计划 2016—2020》中明确指出："太平洋共同体不仅将拓展伙伴关系，以促进在海洋治理领域的合作，而且还将强化现有的合作伙伴关系，包括太平洋区域组织理事会（Council of Regional Organizations of the Pacific），构建新型关系。"①

德国在全球海洋治理中非常重视与不同的行为体构建伙伴关系，既有主权国家，也有不同的国际组织、次区域组织等。就国家行为体而言，德国的伙伴关系国既有大国，又包括中等强国和小国，这方面的代表是 G20。G20 是一个国际经济合作论坛，由 G8 的财长于 1999 年 9 月在德国成立，在 2008 年金融危机之后，升级为领导人峰会。近几年来，全球海洋治理成为 G20 峰会的一个关键词。德国在《安全政策白皮书》中指出："德国安全政策的核心是建立与盟友、伙伴以及区域组织之间的密切的、长期的、可靠的合作关系。新型伙伴关系涉及广泛且相关的议程，比如 G20。由于主要国家的影响力不断增强，G20 已经成为国际政治和经济合作的重要平台。"② 德国、中国等国家利用 G20 的平台，在全球海洋治理方面贡献自己的力量。G20 作为当今世界上重要的多边对话平台，致力于构建创新、活力、联动、包容的世界经济，同时还必须在全球海洋治理领域发挥重要的作用，因此 G20 成为全球海洋治理的理想平台。构建伙伴关系成为很多国家海洋治理的共识。比如，2017 年 9 月 21 日，中国在"中国—小岛屿国家海洋部长圆桌会议"中就构建蓝色伙伴关系、共促海岛地区可持续发展提出了四点建议，其中之一是"构建蓝色伙伴关系，增进参与全球海洋治理的平等互信。

---

① "Strategic Plan 2016–2020", Pacific Community, 2015, p. 7.

② "2016 White Paper on German Security Policy and The Future of The Bundeswehr", The Federal Government, 2016, p. 31.

中国愿意立足自身发展经验，积极与岛屿国家在海洋领域构建开放包容、具体务实、互利共赢的蓝色伙伴关系"①。除了主权国家之外，德国还注重同国际组织的合作，主要的国际组织有联合国和欧盟，主要的区域组织有太平洋岛国论坛、南太平洋委员会、南太平洋区域环境署等。

第三，国家海洋治理理念与全球海洋治理理念的有效对接。德国的海洋治理理念主要是建立在欧盟与联合国关于海洋治理的基础上，确保了国家海洋治理理念与全球海洋治理理念的有效对接。在这种情况下，德国充分利用欧盟与联合国所提供的平台与框架，有效践行着全球海洋治理理念。事实证明，评定国家海洋治理成效的一个主要标准是该国的海洋治理理念能否有效对接全球海洋治理理念。除了德国以外，南太平洋地区也有效对接了全球海洋治理理念。在全球海洋治理方面，南太平洋地区有效地倡导着海洋治理价值理念和践行海洋治理理论。

在学术界看来，欧盟的全球治理实践代表了这个领域的最高水平，特别是在全球区域治理上堪称典范，其重大意义在于制度创新和治理模式的转型。从治理理论的视角和方法出发，可以发现，欧洲一体化进程本身就是一系列不断实践的制度创新活动，其治理模式一直处于不断的演变与转型之中。② 在全球治理中，欧盟首先提出了全球海洋治理的理论，通过了《国际海洋治理：我们海洋的未来议程》（International Ocean Governance：an Agenda for the Future of Our Oceans）的联合声明，确立了海洋治理的重点以及框架。③ 除了欧盟以外，另外一个全球海洋治理的主体是联合国。《联合国海洋法公约》是海洋治理的国际法基础，对内水、临海、专属经济区、大陆架、公海等概念进行了界定，并对领海主权争端、污染处

---

① 《国家海洋局局长王宏在"中国—小岛屿国家海洋部长会议"开幕式上的致辞》，国家海洋局，http://islandsroundtable.irc.gov.cn/content/? 146. html。

② 蔡拓、杨雪冬、吴志成：《全球治理概论》，北京大学出版社 2016 年版，第 13 页。

③ "International Ocean Governance：An Agenda for the Future of Our Oceans"，EU，https：//ec. europa. eu/maritimeaffairs/policy/ocean－governance_ en。

理等具有指导作用。①

随着全球海洋问题的日益恶化，德国将进一步加大参与全球海洋治理的力度，继续有效践行全球海洋治理理论，这不仅可以提高德国在国际社会中的影响力，还可以丰富关于全球海洋治理的实践。目前，世界各国都意识到了全球治理的重要性，但是关于全球海洋治理的有效实践比较少。

# 第二节　印尼参与南太平洋海洋治理

作为东南亚有影响力的国家，印尼与太平洋岛国交往由来已久。早在 3500 年以前，南岛民族（Austronesian）被认为最早到达太平洋岛国。美拉尼西亚人在大约 1000 年以前到达太平洋岛国。大部分专家认为他们来自东南亚，经过印尼到达太平洋岛国。② 在格茨·马肯森（Gotz Mackensen）和唐·亨瑞奇（Don Hinrichsen）看来，在大洋洲定居的第一批人大约在 20000 年前漂流到美拉尼西亚。他们是来自印尼和亚洲的狩猎人。公元前 3000 年至公元前 2000 年，其他印尼移民乘着木帆船到达这一地区。印尼向太平洋岛国的移民一直持续到大约公元前 1000 年。在这段时期内，南太平洋几乎所有可定居的岛屿都有岛民居住。③ 印尼在域外国家向太平洋岛国移民浪潮中扮演着中继站的角色。赫洛尔德·韦恩斯（Herold Wiens）指出了这一点。"最古老的迁移浪潮大约发生在 50000 年前，途经印尼。这波浪潮向北经过菲律宾，最远端可能是中国台湾，由原始的矮小黑人组成。第二波浪潮经过东南亚进入巴布亚新几内亚，最东段到达了新喀里多尼亚。

---

① "Key Ocean Policies and Declarations", Pacific Islands Forum Secretariat, http://www.forumsec.org/pages.cfm/strategic-partnerships-coordination/pacific-oceanscape/key-ocean-policies-declarations.html.

② "Post-Forum Dialogue Partner Re-Assessment Reporting Template 2015", Pacific Islands Forum Secretariat, http://www.forumsec.org/resources/uploads/attachments/documents/Indonesia_ PFD%20Report%202015.pdf.

③ Gotz Mackensen, Don Hinrichsen, "A 'New' South Pacific", *Ambio*, Vol. 13, No. 5/6, 1984, p. 291.

大约公元前 3000 年，太平洋岛国出现了新型移民，被称为新石器时代的早期印尼人或马来人。他们用木头建造房屋，使用石头斧头和锛子，种植小米。史前人口迁移的最后一波浪潮是亚洲人向北经过印尼，乘坐独木舟到达太平洋岛国。"① 几个世纪以来，东帝汶与特尔纳特（在今天的印尼东部）有少量的贸易往来。19 世纪，荷兰在接管印尼的很长一段时间后，印尼人被雇用，到美拉尼西亚工作。截至1895 年，大约 800 个印尼人在德属新几内亚从事烟草种植，后来转而从事椰子种植。德国在 1914 年失去了南太平洋地区的殖民地，但一些印尼人留了下来。1930—1942 年，卫理公会在拉包尔经营了一所针对中国人和印尼安汶岛岛民的学校。1967 年，超过 100 个安汶岛岛民留在拉包尔。1948 年，7600 多个印尼人在新喀里多尼亚工作，但这一年有 200 人被遣返。1962—1963 年，印尼政府鼓励向西巴布亚移民。②

印尼与太平洋岛国相邻，双方有着很多的共同利益，比如在气候变化、渔业合作、南南国家合作、海洋治理等方面。在众多领域中，海洋治理是印尼发展同太平洋岛国关系的优先领域。目前学术界还未曾有专门论及印尼在南太平洋地区海洋治理的研究。既有研究主要集中在印尼与太平洋岛国的渔业合作。比如，大卫·豆尔曼（David Doulman）探讨了印尼与太平洋岛国在渔业合作方面的缘起及发展。③ 皮特·威廉姆斯（Peter Williams）梳理了印尼与南太平洋渔业局的合作，并介绍了印尼的渔业资源概况。④ 安德鲁·怀特（Andrew Wright）零星地介绍了印尼与太平洋岛国论坛渔业署的渔

---

① Herold Wiens, *Pacific Island Bastions of the United States*, New Jersey: D. Van. Company, INC. , 1962, pp. 8 – 9.

② Ron Crocombe, *Asia in the Pacific Islands: Replacing the West*, Suva: IPS Publications, 2007, pp. 38 – 39.

③ David Doulman, "Aspects of Fisheries Cooperation Between Indonesia and South Pacific Countries", *FFA Report 91/32*, 1991, pp. 1 – 19.

④ Peter Williams, "Indonesia Tuna Fisheries: Getting to Know Our Neighbours", *SPC Fisheries Newsletter#129*, May/August 2009, pp. 29 – 33.

业"准入协定"[①]。然而,印尼在南太平洋地区的海洋治理是一个系统工程,涉的治理领域比较多,并不仅限于渔业资源治理。有鉴于此,本节尝试探讨印尼在南太平洋海洋治理的动因、手段及面临的困境。

### 一 印尼南太平洋地区海洋治理的动因

在成为海洋强国的权力逻辑、维护海上战略通道安全的制度逻辑以及治理渔业资源的利益逻辑的共同作用下,印尼对南太平洋地区海洋治理持积极介入的态度。

#### (一) 成为海洋强国的权力逻辑

印尼独特的地理位置和海洋文化使其对海洋比较重视,尤其是对海上战略通道更为重视。印尼是世界上最大的群岛国家,位于印度洋与太平洋之间的十字路口上。它拥有 17000 多个岛屿,占据着全球重要的海上战略通道。《群岛展望》(Archipelagic Outlook) 一直是印尼作为民族国家明确身份和地缘环境的标准指导。它把印尼群岛设想为一个完整的实体,海洋和海峡是天然的桥梁,而不是各岛之间交流、族群联系的障碍。[②] 由此可见,海洋在印尼的地缘战略环境中扮演着重要的角色。基于独特的地理位置,印尼的海洋活动开始得比较早。早在 7世纪,借助强大的海上力量,室利佛逝王国频繁与周边国家展开交往。在中国的明朝时期,爪哇岛上的满者伯夷与明朝政府保持着商贸来往。[③] 历史上,印尼人就比较重视水域与陆地之间的联通性。印尼的国家术语"tanah air kita"(意为我们的陆地和水域)体现了这一点。[④]

---

① Andrew Wright, "The Purse Seine Fishery In The Tropical Western Pacific: Concerns For Its Future", FFA Report 1990/26, p. 14.

② Evan A. Laksmana, "The Enduring Strategic Trinity: Explaining Indonesia's Geopolitical Architecture", *Journal of the Indian Ocean Region*, Vol. 7, No. 1, 2011, p. 98.

③ Mangindaan, *Maritime Strategy of Indonesia in 2000 – 2010*, Thailand: White Lotus Press, 2002.

④ Hasnan Habib, "Technology for National Resilience: The Indonesian Perspective", in Desmond Ball, Helen Wilson, *New Technology: Implications for Regional and Australian Security*, Canberra: Strategic and Defence Studies Center, 1991, pp. 63 – 64; Hasjim Djalal, "The Concept of Archipelago Applied to Archipelagic States", *Indonesia and the Law of the Sea*, 1995, p. 294.

"印尼作为一个独立国家是建立在群岛与水域连接在一起的概念基础上。这些海洋被视为一个整体、而不是孤立的元素。这是印尼第一个政治宣言，并推动了 1908 年的印尼民族主义运动，进而导致了为争取国家独立而进行的斗争。"① 虽然 1957 年《朱安达宣言》（Djuanda Declaration）首次提出了海洋是印尼关键组成部分的观念，但印尼对海上战略通道的重要性被政治和军方领导人重视则通过三次重要事件来确认的。它们是 20 世纪 50 年代末在苏门答腊岛和苏拉威西岛反对分离主义的斗争、60 年代早期同荷兰就西伊里安的冲突，以及 60 年代中期同马来西亚的冲突。在这些冲突中，控制主要用于补给、渗透以及联系的海上战略通道对每次冲突的结果起到了关键作用。印尼后来的政治和军事领导人深刻认识到了这一点。1966 年，印尼在一份战略文件中发展并确认了《朱安达宣言》的思维，公开承认印尼位于东南亚海上十字路口的地缘战略位置。这对于印尼的战略控制和平衡既是机会，又意味着脆弱性。②

2014 年 10 月，印尼总统佐科在世界领导人参加东亚峰会之前，提出了"全球海洋支点"理念，并将该理念作为其未来五年执政的指导方针。佐科指出："海洋在印尼未来的发展中，扮演着日益重要的角色。作为海洋国家，印尼必须承认自己是印度洋与太平洋之间的重要力量。"他同时表示印尼要积极参与印度洋、太平洋治理。"我们渴望印度洋和太平洋地区保持和平、稳定，而不是作为自然资源争夺、领土纠纷或海洋霸权的平台。'全球海洋支点'理念包括五个支柱，分别是重塑印尼海洋文化、治理海洋资源，重点关注海洋基础设施以及海洋联通性的发展、开展海洋外交、增强海洋防务力量。"③"全球海洋支点"是印尼成为独立、先进海洋强国的理念，能够根据

---

① Charlotle Ku, "The Archipelagic States Concept and Regional Stability in Southeast Asia", *Case Western Reserve Journal of International Law*, Vol. 23, No. 463, 1991, p. 463.

② Alan Dupont, "Indonesian Defence Strategy and Security: Time for a Rethink?", *Contemporary Southeast Asia*, Vol. 18, No. 3, 1996, p. 287.

③ "Jokowi Launches Maritime Doctrine to the World", *The Jakara Post*, November 13, 2014, http://www.thejakartapost.com/news/2014/11/13/jokowi-launches-maritime-doctrine-world.html.

国家利益，为全球、地区安全与和平做出积极贡献。2017 年 2 月 20
日，佐科签署了关于海洋政策的总统条例。印尼海洋政策通过海洋部
门的各种活动和举措，推动"全球海洋支点"的执行。基于该条例，
印尼海洋政策包括《印尼海洋政策的国家文件》《印尼海洋政策的行
动计划》。①

　　控制南太平洋海上战略通道成为印尼践行海洋强国战略的权力逻
辑。近年来，南太平洋凭借其数量可观的战略岛屿、海峡、重要的能
源运输航线、亚太国家贸易往来的必经海上航线，其海上战略价值逐
渐被国际社会所认可，吸引着越来越多的域外国家参与南太平洋地区
事务。不同于其他地区的海上战略通道，南太平洋海上战略通道除了
具有海上战略通道的现实属性之外②，还具有自身独特的历史属性。
受限于航海技术以及船舶运输条件，在殖民主义时代，南太平洋海上
通道价值并没有被意识到。正如格茨·马肯森所言，"太平洋的绝大
部分被沦为殖民地，并不是因为欧洲和北美的战略重要性，而是基于
'权力政治'和英国、法国、西班牙、德国以及后来的美国之间的经
济竞争。在 18 世纪，对西方国家而言，在太平洋拥有一个或两个殖
民地是非常流行的事情。这可以体现世界强国地位"。随着 1898 年美
西战争的结束，西班牙失去了太平洋地区的殖民地。德国在一战后也
退出了太平洋地区。"二战"后，美国控制了南太平洋地区，但欧洲
国家仍对该地区有着影响力。"此时，欧美国家的一个重要战略利益
是维护南太平洋海上交通线的安全。贯穿太平洋海上交通线的安全对
欧美至关重要。任何切断与太平洋地区贸易交通线安全的威胁将会破
坏欧美经济的稳定。基于此，美国在太平洋地区双边援助项目和构建

---

　　①　"President Jokowi Signs Presidential Regulation on Marine Policy", Sekretariat Kabibet Repub-lic of Indonesia, 1 Mar 2017, http://setkab.go.id/en/president – jokowi – signs – presidential – regu-lation – on – maritime – policy/.

　　②　更多关于南太平洋海上战略通道现实属性的内容参见梁甲瑞《试析大国何以对南太平洋地区的海上战略通道展开争夺》，《理论月刊》2016 年第 5 期；梁甲瑞《海上战略通道视角下中国南太地区的海洋战略》，《世界经济与政治论坛》2016 年第 3 期。

战略支点岛屿，来维护海上战略通道的安全。"① 赫洛尔德·韦恩斯认为太平洋岛国除了二战期间体现出来的军事价值以外，它们的战略价值同样体现在海洋交通运输方面。主要的太平洋运输线已经确定。火奴鲁鲁是海上通道的十字路口。海上通道的次要交叉口位于西萨摩亚的阿皮亚、斐济的苏瓦、新西兰的惠灵顿以及塔希提。同时，他把太平洋视为缓冲区、海上通道以及空中航线，并重点关注太平洋的海上通道角色。"虽然几千年来，太平洋的自然地理没什么大的改变，但它的海上通道角色却经历了这样几个阶段。第一个阶段是使用小船航行的史前阶段；第二个阶段开始的标志是早期的马来人、密克罗尼西亚人、美拉尼西亚人以及波利尼西亚人的航行，此时太平洋群岛开始有人居住；第三个阶段的表现是大量欧洲制造的帆船的使用。这个时期开始的标志是 1521 年麦哲伦的航行，一直持续到 19 世纪上半叶。"②

作为南太平洋的近邻，印尼随着海洋强国战略的提出，控制南太平洋海上战略通道成为其海洋强国战略的题中应有之意。

### （二）维护海上战略通道安全的制度逻辑

近年来，由于海盗、海上走私、毒品贩运等跨国犯罪的影响，南太平洋地区海上航行安全面临着很大的威胁。由于海上跨国犯罪具有流动性，印尼的东向海上交通线将不可避免地受到影响。这不符合印尼建设海洋强国的思路，也阻碍着其建设"全球海洋支点"的目标。2016 年 4 月，印尼发布了新版的《国防白皮书》（Defence White Paper)，强调了印尼政府要把印尼建设成全球海洋强国，同时指出了维护海洋安全的必要性，"作为一个群岛国家和海洋国家，印尼对于建立地区安全非常感兴趣，包括加强海洋安全，目的是支持印尼成为'全球海洋支点'的理念。印尼国防政策致力于保护海洋资源、维护群岛国家的身份和使印尼呈现为一个海洋国家。印尼独特的地理位置是其

---

① Gotz Mackensen, Don Hinrichsen, "A 'New' South Pacific", *Ambio*, Vol. 13, No. 5/6, 1984, pp. 291 – 292.

② Herold J. Wiens, *Pacific Island Bastions of the United States*, New Jersey: D. Van. Company, INC., 1962, pp. 5, 112.

位于十个海上邻国的中心位置。海洋对印尼的贸易至关重要。这使得
印尼对海洋安全威胁非常脆弱"①。在苏哈托政府看来，1982 年《联合
国海洋法公约》的签订延伸了印尼的领海，并使印尼引入了 200 海里
专属经济区的概念，还刺激了区域经济的增长，但更为重要的是，它
使印尼意识到了海上战略通道的重要性。经济方面，印尼对海上战略
通道也有着很深的依赖。印尼 90% 以上的贸易要经过马六甲海峡以及
三条主要的海上航线。由于航空运输的成本较高以及缺少机场，印尼
在这些海上战略通道附近建立了很多油气基础设施。它们是印尼国内
交通线的重要组成部分。因此，确保对这些海上战略通道的控制、维
护其安全符合印尼的经济和战略利益。② 佐科的海洋强国战略，一方
面，是把印尼建设成为全球海洋战略支点，发挥印尼优越的地缘战略
价值；另一方面，要为印尼海洋强国建设创造一个良好的地缘战略环
境。在佐科的海洋理念中，开展海洋外交是其重点之一。应当指出的
是，维护海上战略通道的安全是海洋外交的重要内容。与全球海洋文
明时代相衔接的海洋外交的兴起值得关注。海洋外交兴起的有多个方
面，其中两个方面是海洋成为各国资源能源索取和竞争的对象以及各
国对国际海洋战略通道日益敏感。③ 正如佐科所言，"印尼将通过海洋
外交，邀请其他国家在海洋领域开展合作，减少海上冲突的根源，比
如非法捕鱼、侵犯主权、领海争端、海盗、海洋污染"④。维护南太平
洋海上战略通道的安全符合印尼海洋强国建设思路。

### （三）渔业治理的利益逻辑

作为世界上最大的群岛国家，印尼周边可以捕捞作业的海洋面积

① "2015 Defence White Paper", Defence Ministry of Republic of Indonesia, https://www.kemhan.go.id/wp-content/uploads/2016/05/2015-INDONESIA-DEFENCE-WHITE-PAPER-ENGLISH-VERSION.pdf.

② Alan Dupont, "Indonesian Defence Strategy and Security: Time for a Rethink?", *Contemporary Southeast Asia*, Vol. 18, No. 3, 1996, pp. 287-288.

③ 马建英：《海洋外交的兴起：内涵、机制与趋势》，《世界经济与政治》2014 年第 4 期。

④ "Jokowi Launches Maritime Doctrine to the World", *The Jakara Post*, November 13, 2014, http://www.thejakartapost.com/news/2014/11/13/jokowi-launches-maritime-doctrine-world.html.

超过 580 万平方千米，包括 320 万平方千米的领海和广阔的专属经济区。海洋与印尼居民的生活息息相关，有 65% 的人口生活在 95.181 万平方千米的海岸线上，对海洋资源有着很深的依赖。[①] 渔业在印尼经济增长中扮演着重要角色。它不仅是食物的来源，而且是重要的外汇收入，并创造了就业机会。[②] 印尼 GDP 的 20% 源于海洋和渔业产业。然而，与世界其他地区一样，印尼的海洋资源处于严重的威胁之中。由于人口增长、就业机会有限、陆地和金融资源匮乏，渔业成为最后的就业选择，因此在过去十多年中，印尼沿岸渔民的数量增加了 40%。这引发了过度捕捞和对海洋资源的破坏。全球气候变化加剧了沿岸渔业资源环境的复杂性，比如，它增加了沿岸渔业资源的脆弱性，影响了沿岸社区的生存。[③]

佐科提出海洋学说的其中两个支柱为保护和治理海洋资源，包括可持续渔业产业；运用外交手段消灭非法捕鱼。[④] 这足以体现印尼高层对于渔业治理的重视以及建设海洋强国的内在利益逻辑。在佐科政府看来，海洋资源治理是印尼实现"全球海洋支点"目标的组成部分。这同样有益于印尼人民，使他们生活繁荣。[⑤] 印尼的海洋专属经济区与一些太平洋岛国相邻，比如帕劳、巴布亚新几内亚、密克罗尼西亚，因此它们共享太平洋地区价值的较高的高度洄游渔业资源。对太平洋岛国而言，加强同印尼的合作有助于双方更好地治理所共享的

---

① "Post – Forum Dialogue Partner Re – Assessment Reporting Template 2015", Pacific Islands Forum Secretariat, http：//www.forumsec.org/resources/uploads/attachments/documents/Indonesia_ PFD%20Report%202015.pdf.

② N. Naamin, "Indonesian Fisheries For Tuna In The Western Pacific – Eastern Indonesia," National Fishery Report, August 1995, p.1.

③ National Secretariat of CTI – CFF Indonesia, *Indonesia National Plan of Actions*, Jakarta, May 2009, pp.7 – 8.

④ "Jokowi Launches Maritime Doctrine to the World", *The Jakarta Post*, November 12, 2014, https：//www.thejakartapost.com/news/2014/11/13/jokowi – launches – maritime – doctrine – world.html.

⑤ "President Jokowi Signs Presidential Regulation on Marine Policy", Sekretariat Kabibet Republic of Indonesia, 1 Mar. 2017, http：//setkab.go.id/en/president – jokowi – signs – presidential – regulation – on – maritime – policy/.

渔业资源。[①] 在昆汀·哈内茨（Quentin Hanich）看来，南太平洋地区金枪鱼资源具有高度洄游的特点以及该地区对于这些渔业资源的依赖比较高，因此合作路径是保护渔业资源的关键。太平洋岛国在公海、专属经济区内外有效治理渔业资源至关重要。[②] 20 世纪 80 年代，印尼作为南太平洋地区的远洋捕鱼国，与巴布亚新几内亚签订了双边渔业 "准入协定"。巴布亚新几内亚属于太平洋岛国论坛渔业署的成员国。该协定是由印尼和法国的合资公司与巴布亚新几内亚政府完成的。[③] 巴布亚新几内亚在开始没有给予印尼渔船类似日本渔船的手续，但在 1987 年之后，印尼渔船获得了这样的手续。印尼海洋事务和渔业部表示，未来印尼将继续加强渔业合作，确立渔业优先发展项目。

## 二 印尼参与南太平洋地区海洋治理的手段

印尼在南太平洋地区的海洋治理手段体现了一定的内在逻辑。与其他域外国家不同，印尼与南太平洋地区地理上的邻近性决定了其对该地区海洋治理更为重视，所采取的治理手段更为具体、更有针对性。

### （一）加入"珊瑚礁三角区倡议"

CTI – CFF（The Coral Triangle Initiative for Coral Reefs, Fisheries and Food Security）是由六个国家组成的多边合作伙伴关系，目的是通过解决诸如食品安全、气候变化和海洋生物多样性等问题来保护海洋和沿岸资源。CTI – CFF 成立于 2009 年，其成员国包括印度尼西亚、马来西亚、巴布亚新几内亚、菲律宾、所罗门群岛和东帝汶（见图 3 - 2）。珊瑚三角区的珊瑚礁生态系统位于世界上最受威胁物种之列。大约 95% 的区域处于过度捕捞的状态，影响着该地区的

---

① Petter Wiilliams, "Indonesia Tuna Fisheries: Getting To Know Our Neighbours", *SPC Fisheries Newsletter# 129*, May/August 2009, p. 29.

② Quentin Hanich, "Regional Fisheries Management in Ocean Areas Surrounding Pacific Island States", in H. Terashima, *Procedings of the International Seminar on Islands and Oceans*, Tokyo: Ocean Policy Research Foundation, 2010, p. 195.

③ David J. Doulman, "DIstant – Water Fishing Access Arrangements For Tuna In The South Pacific", *FFA Report 90/14*, March 1990, p. 6.

几乎每一个珊瑚礁。来自气候变化的潜在威胁和海洋酸化将加剧这些问题的严峻程度。在 2009 年领导人峰会上，六国政府同意批准为期 10 年的《CTI – CFF 区域行动计划》，目的是保护该区域海洋和沿岸的生物资源。《CTI – CFF 区域行动计划》包括五个任务：强化海景的治理；推动渔业治理的生态路径；建立、完善海洋保护区的有效治理；提高沿岸社会对气候变化的"复原力"（resilience）；保护濒危物种。珊瑚三角区成员国同意通过该行动计划，促进生物多样性保护、可持续发展、贫困减缓和公平分享利益。CTI – CFF 致力于通过经济发展、食品安全和沿岸社区的可持续生活重视贫困减缓，通过海洋物种、栖息地和生态系统的保护来维护生物多样性。①

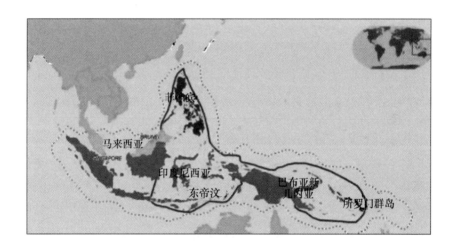

**图 3 – 2　珊瑚礁三角区倡议执行区域**

资料来源："About CTI – CFF", CTI – CFF, http：//coraltriangleinitiative. org/about。

印尼在 CTI – CFF 成员国中比较活跃。2009 年，为了更好地在国内执行《CTI – CFF 区域行动计划》和《CTI – CFF 国家行动计划》，印尼成立了 CTI – CFF 国家协调委员会（NCC）。国家协调委员会包

①　"About CTI – CFF", CTI – CFF, http：//coraltriangleinitiative. org/about.

括了多领域部门、非政府组织、发展伙伴和学术专家等。它拥有七个
工作组，其中有五个工作组涉及诸如海景、渔业、海洋保护区、气候
变化、濒危物种保护之类，有两个工作组涉及交叉专题，比如监测、
评估、能力建构等。印尼海洋事务部、林业部和环境部的代表领导这
七个工作组。印尼《CTI - CFF 国家行动计划》的目标与《CTI - CFF
区域行动计划》和政府与珊瑚礁、渔业和食品安全有关的中长期战略
密切相关。它指引着印尼如何保护珊瑚礁，有助于确保本国目标与区
域目标保持一致。① 印尼《CTI - CFF 国家行动计划》执行期于 2014
年结束。不幸的是，由于作为主办国的印尼未支持 CTI - CFF 临时区
域委员会向常设委员会过度的承诺，《CTI - CFF 国家行动计划》在
2015 年并没有更新。尽管如此，这七个工作组自 2016 年 8 月起一直
举办更新进程的会议。目前，更新后的印尼《CTI - CFF 国家行动计
划》执行期从 2016—2020 年，并保持着同《CTI - CFF 区域行动计
划》的一致性。② 在印尼总统苏西洛看来，欲保护海洋生物多样性，
印尼不能独立行动。为了解决海洋生物危机，印尼需要同珊瑚三角区
的其他国家合作。CTI 将成为这些国家和伙伴合作的平台，目的是确
保在区域层面上保护海洋资源。③

　　作为《CTI - CFF 区域行动计划》的倡议国之一，印尼已经为执
行该计划划拨了巨额财政预算。该财政预算在 2009 年 5 月印尼美娜
多举行的珊瑚三角峰会后执行。除此之外，一些与实现某些目标密切
相关的活动将提前实施。印尼的《CTI - CFF 国家行动计划》将为实
地活动的执行提供指导和参考。这样的行动计划也将成为一个可以定
期调整和适应以满足印尼人民需求的动态文件，目的是成功保护针对
可持续渔业和食品安全的珊瑚礁。④ 印尼同意主持 CTI - CFF 常设区

① "Indonesia", CTI - CFF, http：//coraltriangleinitiative. org/country/indonesia - 0.

② Indonesia, *Coral Triangle Initiative Costing of the National Plan of Action*, July 2017, p. 6.

③ National Secretariat of CTI - CFF Indonesia, *Indonesia National Plan of Actions*, Jakarta,
May 2009, p. 8.

④ National Secretariat of CTI - CFF Indonesia, *Indonesia National Plan of Actions*, Jakarta,
May 2009, p. 10.

域秘书处，并举办了与 CTI – CFF 相关的多样化活动。它的代表担任了 CTI – CFF 工作组的联合主席。国家层面上，印尼国家协调委员会开展了以下成功的活动：确认了主要海景；完成支持可持续渔业的"渔具分区计划"；划定了一个海洋公园作为保护区；开展关于气候变化的社区宣传活动；建立了一所用于海洋保护和海洋保护区培训课程制度化的学校。[①]

### （二）建立海洋高层会晤机制

为了加强与太平洋岛国的海洋治理合作，印尼发展了与南太平洋区域组织及次区域组织的联系。它与绝大多数的太平洋岛国论坛成员国建立了外交关系，目前在南太平洋地区有 10 个外交使团，其中在澳大利亚有 1 个大使馆、3 个总领事馆、1 个领事馆，在斐济有 1 个大使馆，在巴新有 1 个大使馆、1 个总领事馆，在新喀里多尼亚有 1 个大使馆，在新西兰有 1 个大使馆。就区域组织而言，印尼主要是发展与太平洋岛国论坛及太平洋岛国发展论坛的关系。2001 年，印尼成为太平洋岛国论坛会后对话国。自 1989 年起，太平洋岛国论坛会后对话成为太平洋岛国论坛与对话伙伴之间的定期会议。自成为论坛会后对话伙伴之后，印尼从未缺席过论坛会后对话会。[②] 太平洋岛国论坛成为维系印尼与太平洋岛国关系的重要平台。正如瑙鲁总统瓦卡（Baron Divavesi Waqa）在第四十九届太平洋岛国论坛峰会开幕式上所言，"太平洋岛国论坛是太平洋国家解决在该地区所面临共同挑战的平台"[③]。2018 年 9 月，第四十九届太平洋岛国论坛峰会在瑙鲁举行。印尼外交部亚太非洲司司长德斯拉·珀卡亚（Desra Percaya）在参加此次论坛峰会时表达了印尼加强在南太平洋地区海洋治理的内容。"作为世界上连接太平洋与大西洋之间最大的群岛国家，印尼继续维

---

① "Indonesia", CTI – CFF, http：//coraltriangleinieitiative. org/country/indonesia – 0.

② "Pacific Island Forum", Ministry of Foreign Affairs Republic of Indonesia, http：//www. kemlu. go. id/en/kebijakan/kerjasama – regional/Pages/PIF. aspx.

③ "Indonesia Strengthens Maritime Cooperation With Pacific Countries", Ministry of Foreign Affairs Republic of Indonesia, 3 September 2018, https：//www. kemlu. go. id/en/berita/Pages/Indonesia – Strengthens – Maritime – Cooperation – with – Pacific – Countries – . aspx.

持同太平洋岛国的合作，以确保太平洋安全、干净、开放、繁荣。印尼是太平洋的关键组成部分。"①

印尼同样积极发展与太平洋岛国发展论坛的关系。2014 年 6 月，苏西洛在第二届太平洋岛国发展论坛峰会上表示："太平洋岛国发展论坛对于实现可持续太平洋社会（Sustainable Pacific Society）的渴望与印尼四元发展理念（促进增长、关注贫困、重视环保、强调就业）类似，因此印尼可以进一步加强与太平洋岛国发展论坛的合作与关系。具体而言，其一，印尼致力于加强与太平洋岛国发展论坛在共同关心的领域进行合作。在减缓气候变化方面，印尼将承诺拓宽与太平洋岛国发展论坛的合作网络。其二，印尼将致力于提高其同南太平洋地区的联通性，以克服距离的挑战。更好的联通性可以提高国家之间的互动水平。因此，印尼在去年其主持的 APEC 会议上，讨论了与太平洋岛国的联通性。其三，印尼承诺扩大与太平洋岛国发展论坛成员国的经贸联系，特别是在贸易和投资领域。其四，印尼承诺充分利用与太平洋岛国发展论坛成员国不断完善的联系。近年来，基于平等、相互尊重主权和独立的原则，印尼建立了与绝大部分太平洋岛国的外交联系。"② 2015 年 11 月 19 日，印尼政府代表团在位于苏瓦的太平洋岛国发展论坛秘书处会议上重申了双方要在具有共同利益的领域，强化双边关系与合作。③

除此之外，印尼还注重发展同南太平洋地区次区域组织——美拉尼西亚先锋集团之间的关系。美拉尼西亚先锋集团的建立基于"美拉尼西亚独立国家间的一致性合作原则"（Agreed Principles of Cooperation Among Independent States Melanesia），该协议于 1988 年 3 月 14 日在维拉港签订。美拉尼西亚先锋集团的成员国包括斐济、新喀里多尼亚、巴布亚新几内亚、所罗门群岛和瓦努阿图。1996 年 6 月 7 日，与

---

①  "Indonesia Strengthens Maritime Cooperation With Pacific Countries", Ministry of Foreign Affairs Republic of Indonesia, 3 September 2018, https：//www. kemlu. go. id/en/berita/Pages/Indonesia – Strengthens – Maritime – Cooperation – with – Pacific – Countries – . aspx.

②  "His Excellency Prof. Dr. Susilo President of The Republic of Indonesia", PIDF, http：//pacificidf. org/wp – content/uploads/2014/08/President – SBYs – Speech. pdf.

③  "PIDF – Indonesia Bilateral Meeting", PIDF, http：//pacificidf. org/pidf – indonesia – bilateral – meeting/.

"美拉尼西亚独立国家间的一致性合作原则"相似的文件在特洛布里安群岛签订,它的主要内容是同意成员国共同合作,以推动成员国经济的发展。2005 年 8 月,在巴新召开的第十六届峰会同意建立美拉尼西亚先锋集团秘书处,并决定把它定位为一个次区域组织。在斐济召开的美拉尼西亚先锋集团第十八届峰会上,印尼被首次任命为观察员,这意味着印尼可以加强与其成员国之间的合作。①

**(三)充分利用区域渔业组织,推进渔业治理合作**

区域渔业组织是印尼与太平洋岛国推进渔业治理合作的良好平台。中西太平洋渔业委员会(WCPFC)是根据《中西太平洋高度洄游鱼类保护和管理条约》(以下简称《WCPFC 公约》)所建立的。《WCPFC 公约》经过自 1994 年开始的 6 年谈判后缔结,于 2004 年 6 月生效。《WCPFC 公约》在吸收《联合国渔业资源协定》许多条款的同时,体现了中西太平洋地区独特的政治、社会经济、地理和环境特征。它致力于解决公海渔业治理问题。这些问题是由不受管制的捕鱼、船队能力过剩、设备选择不足、数据库不可靠以及在治理高度洄游鱼类方面的多边合作不足引起的。② 12 个太平洋岛国加入了 WCPFC,分别是密克罗尼西亚、斐济、基里巴斯、马绍尔群岛、瑙鲁、纽埃、帕劳、巴布亚新几内亚、萨摩亚、所罗门群岛、汤加、图瓦卢。参与 WCPFC 的属地有美属萨摩亚、北马里亚纳群岛、法属波利尼西亚、关岛、新喀里多尼亚、托克劳、瓦里斯与富图纳。由于金枪鱼是中西太平洋地区的主要渔业资源,因此 WCPFC 重点关注这类资源。正是由于这个合作平台,印尼与太平洋岛国的渔业合作进入了深度阶段。双方开始展开关于渔业资源的教育和培训交流。印尼一直致力于推动与太平洋岛国关于此方面的交流。1989 年,WCPFC 成立了"金枪鱼研究工作坊"(Tuna Research Workshop)。该工作坊制定了印尼与太平洋岛国渔业合作的具体计划,包括推进金枪鱼研究的信息交流、执行给金枪鱼标记号的统一技术标

---

① "MSG", Ministry of Foreign Affairs Republic of Indonesia, http://www.kemlu.go.id/en/kebijakan/kerjasama – regional/Pages/MSG.aspx.

② "About WCPFC", Western & Central Pacific Fisheries Commission, https://www.wcpfc.int/about – wcpfc.

准、渔业专家交流、公布双方交流的信息。①

太平洋岛国论坛渔业署（Forum Fisheries Agency，FFA）强化国家能力和区域团结，因此，它的 17 个成员国②可以在当下及未来管理、控制和发展它们的金枪鱼。FFA 建立的初衷是帮助成员国可持续治理它们 200 海里专属经济区内的渔业资源，向成员国提供技术援助，并通过 WCPFC 参与关于金枪鱼治理的区域决策。③FFA 意识到了印尼在太平洋金枪鱼治理中可以扮演重要的角色，与来自印尼的高级渔业官员进行了正式磋商。双方就渔业治理与科学领域的一系列合作达成了协议，合作机制涉及的主要包括三个方面。第一，印尼参与 FFA 的会议和工作坊；第二，FFA 参与印尼的相关会议和工作坊；第三，双方共同参与 WCPFC 分机构（比如科学委员会、技术及监察委员会）、联合国粮农组织关于渔业的会议。④

### （四）强化海洋防务合作，维护南太平洋海上航行安全

澳大利亚是南太平洋地区最具影响力的国家，不仅在该地区防务安全方面扮演着积极的角色，而且努力确保邻近海域的安全。它在2016 年《防务白皮书》中指出了这一点。"我们第二个战略防务利益在一个安全的更为接近的区域，包括东南亚海域和南太平洋。澳大利亚与印尼拥有很多共同安全利益，包括共享海洋边界、承诺打击恐怖主义、强化区域安全结构。澳大利亚将以多种方式拓展同印尼的海洋防务合作。"印尼在澳大利亚防务合作中有着举足轻重的地位。"我们必须加强同在东南亚有海洋安全利益的区域国家的防务接触，特别

---

① David J. Doulman, "Aspects of Fisheries Cooperation Between Indonesia And South Pacific Countries", FFA Report 91/32, April 1991, pp. 3 - 20.

② 17 个成员国分别是澳大利亚、库克群岛、密克罗尼西亚、斐济、基里巴斯、马绍尔群岛、瑙鲁、新西兰、纽埃、帕劳、巴布亚新几内亚、萨摩亚、所罗门群岛、托克劳、汤加、图瓦卢、瓦努阿图。

③ "Welcome to the Pacific Islands Forum Fisheries Agency", FFA, https://www.ffa.int/about.

④ Petter Wiilliams, "Indonesia Tuna Fisheries: Getting To Know Our Neighbours", *SPC Fisheries Newsletter 129*, May/August 2009, p. 33.

是印尼，包括帮助印尼建构区域行动的有效性，以克服包括海上恐怖主义在内的共同安全挑战。"①

对于同澳大利亚的防务合作关系，印尼在 2015 年《防务白皮书》中明确进行了阐释。"自独立后，印尼与澳大利亚关系的发展经历了很长的历史。从地缘政治上看，双方建立双边关系有助于地区和平与稳定。双方的合作领域主要有防务、执法、反恐、情报搜集、海上航行安全、防止大规模杀伤性武器扩散。"② 印尼与澳大利亚的防务安全合作一直主要由《龙目岛条约》（Lombok Treaty）提供支持。《龙目岛条约》签订于 2006 年，主要目的是为扩大双边合作与交流提供一个框架，加深双方在拥有共同安全利益领域的合作，建立双边磋商机制。③ 基于此，双方建立了外交和国防部长 2 + 2 会议（以下简称"2 + 2 会议"），每两年举行一次。截至 2018 年，2 + 2 会议已经召开了五届。在第四届 2 + 2 会议上，双方部长意识到了完善海洋合作有助于推动共享海域内的和平、稳定、繁荣。印尼与澳大利亚作为合作伙伴，将采取务实举措，加深对具有共同利益的海洋问题的参与。④ 2018 年 3 月 16 日，第五届 2 + 2 会议在悉尼召开。双方探讨了同太平洋岛国保持建设性、广泛和深度接触的重要性，并承诺尽快完成在南太平洋地区共同发展合作的倡议。就海洋合作和安全而言，有效的海洋合作是双方共同应对地区战略挑战的关键。由于双方有着广泛的海洋合作历史，印尼与澳大利亚应在地区海洋安全中扮演重要角色。⑤

---

① Commonwealth of Australia, *2016 Defence White Paper*, 2016, pp. 17 – 59.

② Defence Ministry of Republic of Indonesia, *2015 Defence White Paper*, 2016, p. 88.

③ "Agreement Between Australia and Indonesia On The Framework For Security Cooperation", Australia Treaty Series, 2008, http：//www. austlii. edu. au/au/other/dfat/treaties/2008/3. html.

④ "The Fourth Indonesia – Australia Foreign and Defence Ministers 2 + 2Meeting", Australia Government Department of Defence, 26 October 2016, https：//www. minister. defence. gov. au/minister/marise – payne/media – releases/minister – defence – fourth – indonesia – australia – foreign – and – defence.

⑤ "Joint Statement on the Fifth Indonesia – Australia Foreign and Defence Ministers 2 + 2Meeting", Australia Government Department of Defence, 16 March 2018, https：//www. minister. defence. gov. au/minister/marise – payne/statements/joint – statement – fifth – indonesia – australia – foreign – and – defence.

进入 2018 年之后,印尼与澳大利亚的防务安全合作达到了一个新的高度。2018 年 2 月,印尼与澳大利亚签订了《澳印防务合作协定》。该协定强调了双方建立长久关系的优势及在未来几十年加强双边接触。这种强化型的防务合作将使得双方继续强调共同的战略利益,打击安全威胁。①

## 三 印尼参与南太平洋地区海洋治理困境

同其他域外国家相比,印尼的地理特性决定了参与南太平洋地区海洋治理具有相对优势。然而,印尼的海洋治理也面临着一些困境。这些困境既有自身内在因素,也有外界因素。某种程度上说,印尼参与南太平洋地区海洋治理是一个复杂的系统工程,不能仅限于某一层面的分析和操作。正如罗伯特·杰维斯所言,"系统常常表现出非线性的关系,系统运行的结果不是各个单元及相互关系的简单相加,许多行为的结果往往难以预料。这种复杂性甚至在看似简单和确定的情况下也会出现"②。复杂系统思维强调认识对象的复杂性、整体性、相关性、联系性和互动性。因此,有必要探讨印尼参与南太平洋地区所面临的困境。

### (一) 西巴布亚问题导致一些太平洋岛国对印尼存在质疑

巴布亚是印尼最东部的一个省份,包括新几内亚的一部分和附近岛屿,一直都有分裂活动。西巴布亚致力于加入美拉尼西亚先锋集团,寻求成为南太平洋区域组织的成员国,这遭到了印尼的强烈反对,因为此举可能会强化西巴布亚追求独立的运动。西巴布亚的美拉尼西亚居民长期寻求从印尼独立出去,自 1962 年印尼接管以后,西巴布亚的独立想法一直被印尼军方所打压。太平洋岛国(特别是斐济)的国内发展使得它们在美拉尼西亚先锋集团内部鼓励西巴布亚独

① "Australia and Indonesia Reaffirm Their Defence Relationship", Australia Government Department of Defence, 1 February 2018, https://www.minister.defence.gov.au/minister/marise - payne/media - releases/australia - and - indonesia - reaffirm - their - defence - relationship.

② [美] 罗伯特·杰维斯:《系统效应:政治与社会生活中的复杂性》,李少军、杨少华、官志雄译,上海人民出版社 2008 年版,第 3 页。

立。印尼发展同美拉尼西亚先锋集团成员国外交关系的推动力就是抑制太平洋岛国对于西巴布亚独立的支持。作为西巴布亚最庞大的组织，西巴布亚自由国家联盟致力于寻求独立，2013 年在努美阿举行的美拉尼西亚先锋集团年度峰会上，西巴布亚自由国家联盟被鼓动申请美拉尼西亚先锋集团的成员国资格。美拉尼西亚先锋集团的主席、斐济总理姆拜尼马拉马会见了西巴布亚的外交官、西巴布亚自由国家联盟的副主席约翰·奥托·昂达瓦姆（John Otto Ondawame），并鼓励他提交申请。申请成功的概率原本很大，但是由于印尼劝说美拉尼西亚先锋集团拒绝西巴布亚自由国家联盟的申请，此次申请最终失败。失败的两个主要的原因是西巴布亚的人权问题和西巴布亚自由国家联盟作为西巴布亚人代表机构的合法性问题。[1] 就西巴布亚的人权问题而言，太平洋岛国论坛在第四十八届论坛峰会上做了专门的讨论，"论坛领导人认识到论坛成员国应该以一种公开、建设性的方式，就西巴布亚和巴布亚的人权问题和选举问题，与印尼进行建设性的接触"[2]。

在美拉尼西亚先锋集团成员国之中，就西巴布亚自由国家联盟的申请成员国资格问题，瓦努阿图、斐济持强烈反对的态度，而新喀里多尼亚、所罗门群岛和巴布亚新几内亚的态度不确定。目前，一些学者关注了印尼与美拉尼西亚先锋集团之间的关系，比如吉姆·埃尔姆斯利（Jim Elmslie）在《印尼在美拉尼西亚地区的外交努力：挑战和机遇》一文中探讨了西巴布亚寻求加入美拉尼西亚先锋集团的过程以及印尼对此的反应。[3] 泰斯·牛顿·凯茵（Tess Newton Cain）在《美

---

[1] Jim Elmslie, "Indonesian Diplomatic Maneuvering in Melanesia: Challenges and Opportunities", in Rouben Azizian &Carleton Cramer, *Regionalism, Security & Cooperation in Oceania*, Honolulu: Asia – Pacific Center for Security Studies, 2015, pp. 96 – 98.

[2] "Forum Communique", Pacific Islands Forum, http://www.forumsec.org/resources/uploads/embeds/file/Final_ 48% 20PIF% 20Communique_ 2017_ 14Sep17. pdf, September 2017, p. 7.

[3] Jim Elmslie, "Indonesian Diplomatic Maneuvering in Melanesia: Challenges and Opportunities", in Rouben Azizian&Carleton Cramer, *Regionalism, Security & Cooperation in Oceania*, Honolulu: Asia – Pacific Center for Security Studies, 2015, pp. 96 – 109.

拉尼西亚先锋集团的复兴》一文中认为西巴布亚的复杂性及印尼与美拉尼西亚先锋集团国家之间的不同关系将严重考验美拉尼西亚先锋集团国家之间的外交关系。①

印尼政府已经意识到了其在南太平洋地区面临的认同危机，并试图采取相应举措缓解这一困境。印尼政治、法律和安全事务协调委员会秘书长维兰多（Wirando）认为许多太平洋岛国对印尼关于西巴布亚的态度存在误解。在过去的四年中，一些太平洋岛国，比如马绍尔群岛、瑙鲁、帕劳、所罗门群岛、汤加、图瓦卢、瓦努阿图，在联合国大会和联合国人权理事会一般性辩论期间表达了对印尼西巴布亚人权问题的担忧。2018 年 9 月 5 日，维兰多提出了一项约为 350 万欧元的预算，作为西巴布亚问题的外交费用，以平息许多太平洋岛国对西巴布亚问题的怨言。②

**（二）印尼脆弱的海洋外交能力不足以支撑其全方位参与区域海洋治理**

开展海洋外交是印尼参与南太平洋地区海洋治理的重要思路，也是建设海洋强国的应有之义。这一点突出地体现在佐科的海洋强国战略中。在全球化时代的进程中，海洋外交被赋予了新的特点，传统的以争霸为主要目标的海权外交难以适应当下建设和谐海洋秩序的客观要求，也不符合人类的共同利益。现代海洋外交主体不仅是国家，还可以是国内相关部门。"与传统职业外交相比，现代海洋外交是一种主体多元化、方式多样化、目的明确、兼具强制与合作色彩的外交形态。"③ 自佐科提出"全球海洋支点"战略设想以后，印尼着力加强基础设施建设和提升海上防卫力量。在过去的几年，佐科政府已经承诺增加海军防务费用，推进海军现代化。在经济领域，佐科政府保证

---

① Tess Newton Cain, "The Renaissance of the Melanesian Spearhead Group", in Greg Fry&Sandra Tarte, *The New Pacific Diplomacy*, Canberra: ANU Press, 2015, pp. 151 – 160.

② "Indonesia Government plans to expand diplomatic efforts on West Papua in the Pacific Region", Human Rights and Peace for Papua, 6 September 2018, http://www.humanrightspapua.org/news/28 – 2018/357 – indo – govt – plans – to – expand – diplomatic – efforst – on – west – papua – in – the – pacific – region.

③ 马建英:《海洋外交的兴起：内涵、机制与趋势》,《世界经济与政治》2014 年第 4 期。

发展港口、渔业和运输业，努力降低主岛和外岛之间的发展差距，希望通过建设港口，用全球贸易航线整合印尼的岛屿。① 然而，印尼的海洋外交能力仍然比较脆弱。尽管佐科政府持续关注基础设施建设和发展，但印尼海洋外交能力最大的阻碍是其将继续面临混乱的海洋安全治理。重叠的部门对机构之间的协调构成了重大的障碍。印尼目前拥有 13 个从属于海洋安全利益相关者的部门。这包括一些主要的利益相关者，比如海军、警察和十多个部门的公务调查人员。这些部门尚未置于统一的管理之下，引发了部门之间的沟通不便及协调匮乏。印尼曾于 2005 年底成立了海上安全协调委员会，重组了海军、警察、交通、海关等部门，但主要承担海上执法功能。

此外，印尼的国内政治生态也可能限制了其海洋外交能力。佐科政府在党内外均面临着挑战。在佐科所在政党内部，其执政举措的落实有可能遭到干扰。佐科虽然赢得了大选，出任总统，但他并非政治世家出身，更没有军方背景，在党内力量比较脆弱。相反，前总统梅加瓦蒂在党内势力雄厚。一旦他们的政见不同，佐科作为总统也很难推行其海洋强国战略。②

印尼参与南太平洋地区海洋治理既是现实发展的必然，也是历史的延续。作为世界上最大的群岛国家，印尼的海洋强国战略长期存在于其外交理念之中。佐科政府将这种理念付诸实践。从历史上看，南太平洋地区是域外国家的战略聚焦区。从现实看，参与南太平洋地区事务的域外国家既有中国、美国这样的大国，也有韩国、印尼这样的中等强国。与传统的争夺或控制南太平洋地区海上战略不同，海洋治理已成为域内外国家的共同课题。尽管印尼在南太平洋地区面临着一些阻力，它在南太平洋地区海洋治理中仍扮演着积极的角色，发挥着建设性的作用。

---

① "3 Years Later, Where Is Indonesia's Global Maritime Fulcrum?", The Diplomat, November 22, 2017, https://thediplomat.com/2017/11/3 – years – later – where – is – indonesias – global – maritime – fulcrum/.

② 葛洪亮、彭燕婷:《海洋外交视野下的中印尼海上伙伴关系》,《南亚东南亚研究》2017 年第 3 期。

从海洋治理成效上看，印尼参与南太平洋地区海洋治理是中等强国试图通过区域海洋治理提升国际影响力的典型案例。"区域海洋治理即国家间共同治理他们的海洋、沿海和海洋资源的努力。它在范围、空间幅度及指令方面不尽相同。这种多样性体现了不同地区、议程、部门和海洋生态系统多样化的需求和重点。"与此同时，区域海洋治理的核心类型包括区域海洋公约与行动计划、区域渔业机构、参与区域海洋治理的政治和经济社区、领导人驱动的倡议、大型海洋生态系统。[1] 积极参与区域海洋治理符合印尼中等强国的身份定位，有助于充分发挥其在全球治理中的主动性。积极参与区域海洋治理是佐科政府目前践行印尼中等强国身份定位的切入点，也是打造海洋强国的良好路径。

## 第三节　中等强国视域下的韩国参与南太平洋海洋治理

作为一个三面环海的半岛国家，韩国把海洋视为"本民族未来的生活海、生产海、生命海"。韩国认为，海洋将取代陆地成为主要经济活动场所，要通过蓝色革命，以海洋强国立足于世。在全球海域中，南太平洋地区是韩国经略海洋的重要区域。韩国与该地区有着密切的联系，因而韩国关注南太平洋的海洋治理问题。作为东亚国家，韩国与太平洋岛国在历史上有着渊源。"韩国人到达太平洋岛屿的时间相对较晚。20 世纪初期，他们被带到夏威夷，以代替完成契约、寻求更好工作的日本农场工人。在 1921—1945 年日本占领密克罗尼西亚期间，一些韩国工人被带过去。在 1941—1945 年期间，日本人征招韩国人在太平洋岛屿工作。1943 年 11 月，日本在基里巴斯带领 2000 名韩国人参加战斗，只有 129 人幸存。二战后，所有的日本人被遣送回国，但韩国人却被允许留在密克罗尼西亚。自 20 世纪 70 年

---

① IASS, UNEP, IDDRI, *The Role of Regional Ocean Governance in Implementing Sustainable Development Goal 14*, 2017, https：//www. prog – ocean. org/wp – content/uploads/2017/03/PROG_ Partnering – for – a – Sustainabe – Ocean_ Report. pdf, p. 13.

代后，韩国建筑公司和技术工人开始在密克罗尼西亚活跃，随后范围
扩大到整个南太平洋地区。"① 近年来，韩国积极介入南太平洋地区
海洋治理，通过多维度的方式帮助太平洋岛国提高海洋治理能力，展
现出了中等强国的形象。本节以中等强国为视角，探讨了韩国在南太
平洋地区的海洋治理，包括三部分：第一部分为韩国中等强国的身份
定位，第二部分为韩国中等强国身份的区域治理，第三部分为韩国南
太平洋地区海洋治理的路径。

## 一 韩国中等强国的身份定位

中等国家的概念第一次出现在 1943 年加拿大总理麦肯齐·金
的议会演讲中。此后，学术界出现了大量关于中等国家的研究。在
国际关系中，不同于霸权国、大国和小国，中等强国的位置比较独
特，拥有着广阔的国际空间和特殊的影响力。沃尔兹指出，在无政
府的情况下，单元主要依据实现功能的能力大小来加以区分，以权
力结构的系统分布为视角，认为中等强国处于国际结构的次等位
置。② "中等强国即那些在国家规模、物质资源、行动意愿和承担
责任的能力、影响力和稳定性都近似于大国的国家。"③ 中等强国
能够以相对独立的政治意志参加国际事务，不会完全依附于大国，
能够对国际关系进程发挥独特影响力。④ 安德鲁·库珀（Andrew F.
Cooper）从四条路径描述了中等强国。第一条是"位置的"路径
（positional）。中等强国居于可测量能力（比如人口、经济或军事）
的中间点。第二条是地理的路径。中等强国在实体上位于体系的大
国之间。第三条是"范式的"路径。该路径把中等强国视为可信

---

① Ron Crocombe, *Asia in the Pacific Islands Replacing the West*, Fiji: IPS Publications,
2007, pp. 39 – 80.

② ［美］肯尼思·华尔兹：《国际政治理论》，信强译，上海人民出版社 2003 年版，
第 129—130 页。

③ R. G. Riddell, cited in R. A. MacKay, "The Canadian Doctrine of Middle Powers", in So-
ward, Frederic Hubert, Harvey Leonard and Hans Peter Krosby, *Empire and Nations*, *Essays in Hon-
our of Frederic H. Soward*, University of Toronto Press, 1969, p. 138.

④ 刘雨辰：《韩国的中等强国外交：动因、目标与策略》，《国际论坛》2015 年第 3 期。

赖的、负责任的行为体。它的价值取向是用外交手段而不是武力来维持世界秩序的稳定。第四条路径集中在中等强国特殊的行为模式，被称之为"中等强国特性"。中等强国特性倾向于追求解决问题的多边方案，在国际争端中持妥协的立场，同时倾向于体现"良好国际公民"的观念。①

韩国在国际社会中致力于追求中等强国的目标，承担相应责任。就第一条路径而言，韩国在朝鲜战争后崛起。自20世纪60年代以来，韩国政府"出口导向型"战略有力推动了经济的迅速增长，成为中等发达国家。1996年，韩国成为世界第十一大经济体。根据联合国的统计，2017年，韩国人口有5098.2万，居世界第23位。它的GDP为13778亿美元，人均GDP首次突破了3万美元，已经达到发达国家的标准。② 军事上，2018年上半年，全球火力（Global Fire）评估公司对136个国家的军事实力进行了排名，评估50多项指标，韩国位居第七名。韩国经济、人口、军事都位居全球中上游水平；就第二条路径而言，布热津斯基把韩国视为地缘支轴（Geo graphical pivot states）国家。"地缘支轴国家的重要性不是来自它们的力量和动机，而是来自它们所处的敏感地理位置以及它们潜在的脆弱状态对地缘战略棋手造成的影响。在目前的全球情况下，在欧亚大陆新政治地图上至少可认明五个地缘政治支轴国家。韩国起着十分重要的地缘政治支轴国家的作用。此外，韩国越来越强的经济力量也使它本身成为一个更加重要的'空间'，控制这块空间越来越有价值。"③ 韩国重要的地缘位置是其承担中等强国责任的基础条件。正如尼古拉斯·斯皮克曼所言，"地理位置在战时决定了国家采用何种军事策略，而在和平时期则塑造了国家的政治政策"④。就第三条路径而言，韩国在国

---

① Andrew F. Cooper, Richard A. Higgtt, *Relocating Middle Powers: Australia and Canada in a Changing World Order*, Vancouver: UBC Press, 1993, pp. 17 - 19.

② "General Information", UN, http://data. un. org/en/iso/kr. html.

③ ［美］兹比格纽·布热津斯基:《大棋局:美国的首要地位及其地缘战略》，中国国际问题研究所译，上海人民出版社1998年版，第35页。

④ ［美］尼古拉斯·斯皮克曼:《世界政治中的美国战略》，王珊、郭鑫雨译，上海人民出版社2018年版，第423页。

际舞台上致力于通过外交手段维护国际秩序的稳定。比如，韩国积极
提倡用和平谈判和对话来解决朝鲜半岛问题。自 2013 年起，韩国政
府在解决朝鲜半岛问题的路径中，一直寻求"朝鲜半岛信任建设进
程"的原则。该路径意图通过进一步发展朝韩关系，实现朝鲜半岛的
和平，通过现有协定和合作举措实现朝韩统一。① 就第四条路径而言，
韩国积极通过对外援助和维和行动来塑造"良好国际公民"观念。
在联合国主导的近 15 次维和行动中，首尔总共参与了 8 次，共派出
22 名非军事人员、602 名军事人员，行动范围覆盖亚洲、美洲和非
洲。最具代表性的两次行动当属黎巴嫩维和行动和海地赈灾行动。②
目前，韩国海外派兵主要有三种途径：参与联合国维和行动、参与多
国部队维和行动、与邀请国开展国防合作。每种途径又分为派遣部队
和派遣个人两种形式。此外，韩国积极参与或塑造国际多边机制。在
1996 年加入 OECD 之后，韩国积极参与了相关的活动。它参与了
OECD 部长级会议和全球战略集团会议。同时，韩国还积极参与 G20
峰会、APEC 会议、世界经济论坛，展现了全球多边外交，体现了其
谋求国际体系格局中重要席位的政治能力和意愿。

　　韩国政府在国际层面上也积极塑造着中等强国身份。韩国前总统
卢泰愚在 1991 年 6 月访美期间成为首位接受"中等强国"标签的韩
国领导人。金泳三政府时期，韩国政府正式确定了"中等强国"身
份。伴随着经济实力的增强，金泳三表达了韩国欲在国际舞台上有所
作为的意愿。1995 年，韩国被选为联合国非常任理事国。金大中政
府时期，韩国巩固了中等强国的身份。卢武铉总统强调韩国应成为东
北亚地区的枢纽，扮演战略支点的角色。时任总统李明博通过全球多
边机制来体现韩国中等强国的身份，比如 G20 峰会、第四届援助效率
论坛、核安全峰会。朴槿惠政府成立了"中等强国合作体"（MIK-
TA）。MIKTA 是一个具有创造性的伙伴关系，把墨西哥、印度尼西
亚、韩国、土耳其和澳大利亚聚合在了一起。该集团致力于在国际多

---

　　①　Ministry of Foreign Affairs, *2016 Diplomatic White Paper*, December 2016, pp. 36 – 37.
　　②　张东明、赵少阳：《韩国的中等强国外交——以国际维和与对外援助为中心》，《东
疆学刊》2018 年第 2 期。

边体系中弥合分歧，在复杂和充满挑战性问题上建立共识，利用成员国的多维角度和在基于规则国际体系中的共享利益。① 2017 年 12 月，现任总统文在寅在上任后的首次晚宴中表示，"韩国应在外交领域开展多元化的外交。希望能够尽快与中国'一带一路'倡议接轨，加速拓展韩国的经济应用领域。在巩固与周边四大国之间合作的同时，还应该对相对疏忽的地区投入更多的外交关注和资源"。

从这四条路径看，韩国已经成为一个全球层面的中等强国。然而，学术界依然有不少人认为韩国并不是一个真正的中等强国。比如，有的观点认为韩国是一个追随大国的小国，缺乏独立性。② 也有观点认为韩国的外交政策缺乏连续性。中等强国成功的倡议不仅需要时效性，还需要持久性。这通过一致性和连续性来实现。韩国未能保持之前成功"利基倡议"（niche initiatives）的动力，比如绿色增长、援助有效性、核安全等。目前的宪法和政党体系限制了韩国作为中等强国的能力。③

## 二 基于韩国中等强国身份的区域治理

包括韩国、加拿大、澳大利亚、荷兰和瑞典在内的中等强国的特点是对国际秩序现状比较满意。在国际等级结构中取得不错的位置之后，它们的利益在于通过推动基于规则的治理体系强化这种现状。④ 积极参与全球治理符合中等强国的利益，也有助于提高它们在国际社会中的影响力。韩国在全球层面上积极参与多边体制的塑造，构建多边治理体系，但在地区层面上的努力显然不够。在东南亚地区，韩国

① Australia Government Department of Foreign Affairs and Trade, "MIKTA – Mexico, Indonesia, the Republic of Korea, Australia", https://dfat.gov.au/international – relations/international – organisations/mikta/Pages/mikta.aspx.

② Zhiqun Zhu, "Small Power, Big Ambition: South Korea's Role in Northeast Asian Security Under President Roh Moo – hyun", *Asian Affairs: An American Review*, Vol. 34, No. 2, 2007.

③ Jeffrey Robertson, "Is South Korea Really a Middle Power", 2 May 2018, East Asia Forum, http://www.eastasiaforum.org/2018/05/02/is – south – korea – really – a – middle – power/.

④ Jeffrey Robertson, "Is South Korea Really a Middle Power", *East Asia Forum*, 2 May 2018, http://www.eastasiaforum.org/2018/05/02/is – south – korea – really – a – middle – power/.

并未考虑东南亚国家的利益，在南中国海洋问题上未发表观点，而东南亚国家在朝鲜半岛问题上也未对韩国予以支持；在非洲地区，韩国尚未完全摆脱对非外交的功利色彩，对非洲国家的长远发展及非洲环境保护等问题关注不够。津巴布韦外长蒙本盖圭也认为，韩国不应只重视非洲的资源，也要帮助非洲国家推进低碳建设，帮助非洲国家产业结构的升级换代。① 韩国欲成为真正的中等强国，突破地区局限是其必由之途。因此，积极参与地区治理是韩国强化中等强国身份的关键途径。

参与南太平洋地区海洋治理是韩国践行中等强国身份的合适切入点。与东南亚地区、非洲地区或其他地区不同，南太平洋地区远离国际社会热点问题，大国地缘政治争端较少，适合中等强国在这一地区发挥影响力。近年来，韩国政府高层对这一地区予以了重点关注。比如，韩国外交部部长参加了全部韩国—太平洋岛国首脑峰会。相比较域外其他国家而言，韩国首脑比较重视同太平洋岛国的会晤。同时，韩国《2016 外交白皮书》提及了发展与太平洋岛国合作关系。"由于地理限制和气候变化的脆弱性，南太平洋地区面临很多发展挑战。考虑到当地的条件和发展需求，韩国政府一直履行同太平洋岛国之间的技术合作，比如提供培训、以货代款、派遣教授，促进了该地区的社会和经济发展。值得注意的是，韩国一直对太平洋岛国提供'特别奖学金课程'（Special Fellowship courses）。自 2015 年起，'特别奖学金课程'从 3 个增加到了 5 个。它基于南太平洋地区的共同利益，是支持人文和机制能力建构努力的一部分。"②

参与南太平洋地区海洋治理也符合韩国的海洋战略。韩国的海洋战略具有国际视野。"韩国海洋政策不仅是致力于实现国家目标的国内政策，同样包含了其作为新国际海洋治理体系下海洋国家的权利和

---

① 王涛、［韩］辛沼沿：《论韩国对非外交的缘起与发展》，《非洲研究》2015 年第 2 期。

② Ministry of Foreign Affairs, *2016 Diplomatic White Paper*, December 2016, p. 342.

责任。"① 反过来说，韩国积极参与全球海洋治理可以有效地推进其海洋战略。有学者探讨了海洋治理与海洋战略的关系。比如，大卫·威尔逊（David Wilson）和迪克·舍伍德（Dick Sherwood）对海洋治理与海洋战略的相关性作了探讨，"海洋战略本身意味着海洋国家使用任何手段追求和维护海洋秩序的欲望。这正是良好海洋治理的本质。毫无疑问，海上权利的行使应当尊重其他对海洋拥有同样合法使用权利的国家。国际社会已经尝试通过海洋法机制来提供一个框架。就海洋战略而言，海洋治理机制只是以某种形式强化海权，目的是建立、维护关键的国家海上利益。从这个角度看，对许多海洋国家来说，不断增加的海洋治理不仅服务于强调海军实力的重要性，而且世界范围内有助于海军力量的均衡发展"②。

参与南太平洋地区海洋治理是韩国海洋战略的重要议题，有助于更好地服务于其海洋战略。南太平洋地区是近年来韩国全球海洋治理的重要海域。韩国已经形成了针对该地区海洋问题稳定的治理机制。这些治理机制以官方层面为主，非官方层面为辅。就海洋战略而言，南太平洋地区对于韩国的海洋安全、渔业资源开发以及海洋国际合作能力有着重要意义。1996 年，为实现世界一流海洋强国的目标，韩国提出建设海洋强国的发展战略。到 2010 年，韩国海洋产业产值达到 330 亿美元，占韩国国民生产总值的 9.7%，使其成为真正的海洋经济强国。2003 年，韩国发布了《韩国 21 世纪海洋》的官方文件，目的是通过开发利用海洋，成为超级海洋强国。该文件包括六个特定的任务：加强海洋资源可持续开发与海洋环境保护、开展海岸带综合管理、提高海运业竞争力、保障海上安全和防止海洋污染、建设成为东北亚航运中心的枢纽港、开发海洋水产资源和保障水产品稳定供应、加强海洋国际合作等。《韩国 21 世纪海洋》在全面修订《海洋发展基本计

① Seoung - Yong Hong, "Marine policy in the Republic of Korea", *Marine Policy*, Vol. 19, No. 2, 1995, p. 97.

② David Wilson, Dick Sherwood, *Ocean Governance and Maritime Strategy*, St Leonards: Allen&Unwin, 2000, pp. 31 - 32.

划》的基础上制定而成，旨在"通过蓝色革命增强国家海洋权利"，将韩国打造成 21 世纪海洋强国。该文件明确提出了海洋治理的任务，体现了韩国海洋战略的目标取向。此外，《韩国 21 世纪海洋》对 2030 年韩国海洋前景进行展望，提出了五大发展方向，即要将韩国建设成为开发五大洋的海洋强国，保证生活质量的优良海洋环境国家，拥有先进的海洋高新技术和知识产业的国家，东北亚物流中心国家，安全的水产品生产国家。随着《韩国 21 世纪海洋》具体实施计划的结束，韩国制定了《第二次海洋水产发展基本计划（2011—2020）》。该文件的长远规划是到 2020 年韩国成为主导世界的海洋强国，为此提出了可持续的海洋环境管理与保护的目标，并确定了实现健康安全的海洋利用与管理的战略，主要包括海上安全领域国际化、海上安全管理体制的先进化和高端化、构建沿岸地区气候变化适应复原体制、构建综合的沿岸和海洋空间管理基础、制定提高海洋生态系统服务质量的方案、确立海洋污染源的综合管理体制。

### 三　韩国南太平洋地区海洋治理路径

基于中等强国的身份，韩国采取一系列路径加强对南太平洋地区的海洋治理。这些路径既体现了韩国欲提高区域影响力的意愿，也体现了其建设海洋强国的动机。

#### （一）加强保护南太平洋渔业资源

随着"200 海里资源区"引入南太平洋地区，太平洋岛国拥有了对周围海域内资源进行控制的合法权利。这些小岛屿国家成为一个由毗邻的 200 海里区域组成的居住区的成员。20 世纪 70 年代末 80 年代初改变了南太平洋的海洋资源管辖权。几乎该区域所有的资源和经济使用权置于太平洋岛国的控制之下。① 然而，太平洋岛国完全缺乏开采专属经济区资源的能力。基于此，太平洋岛国与一些远洋捕鱼国

---

① Biliana Cicin - Sain, "The Emergence of a Regional Ocean Regime in the South Pacific", *Ecology Law Quarterly*, Vol. 16, Issue 1, 1989, pp. 171 - 173.

（Distant Water Fishing Nations，DWFNs）签订了捕鱼协议，用以换取外汇收入。这些外汇收入成为太平洋岛国财政收入的重要组成部分。[1]南太平洋的金枪鱼资源丰富，覆盖了大面积的海域，具有很高的商业价值。每年很多 DWFNs 都将目标定位于该地区的金枪鱼资源。它们的捕鱼量非常大，约占捕鱼总量的 30%—40%。金枪鱼是该地区最重要的商业鱼类资源。太平洋岛国论坛渔业署的成员国由于缺乏捕捞和加工金枪鱼的能力，并试图通过开采海洋资源获益，因此它们积极推动与 DWFNs 签订渔业协议。[2]历史上，韩国在南太平洋的金枪鱼捕鱼船经历了快速的发展。最开始捕鱼的目的主要是把长鳍金枪鱼用作鱼罐头原料，后来是制作生鱼片。1985 年，韩国拥有 214 艘远洋捕捞金枪鱼的延绳捕鱼船。自 1985 年起，韩国重点关注围网捕捞，成为继美国之后在南太平洋地区第二大围网捕捞国家。韩国的捕捞基地主要在关岛。它所捕捞的金枪鱼主要转运到泰国进行罐头制作，还有不少金枪鱼运送到韩国国内进行加工，以满足国内市场。韩国与四个 FFA 成员国签订了渔船准入协议，这四个国家分别是库克群岛、基里巴斯、巴布亚新几内亚和图瓦卢。[3]就捕鱼船数量而言，韩国在南太平洋地区位居第三位，仅次于日本和中国台湾地区。[4]

　　由于现实形势的变化，韩国意识到了保护渔业资源的重要性。韩国渔业面临的困境是捕捞船只产能过大、过度捕捞和过度开发、日益增加的海洋污染和渔场的减少。韩国的渔业政策重视保护渔业资源，控制捕捞船只规模，提高鱼类产品的附加值。2008 年，韩国成为《联合国鱼类种群协定》的成员国。[5]南太平洋地区渔业资源面临着

---

① B. Martin Tsamenyi, S. K. N. Blay, "Soviet Fishing In The South Pacific: The Myths and the Realities", *University of Technology Law Journal*, Vol. 5, 1986, pp. 155 – 156.

② David Doulman, "Distant – Water Fishing Access Agreements for Tuna in The South Pacific", FFA Report 90/14, March 1990, p. 1.

③ Paul V. Nichols, An Overview of Existing Fishing Port Facilities and Industrial Tuna Fishing Development Potential In The Island Nations of The South Pacific Region, FFA Report 90/132, pp. 26 – 27.

④ David J. Doulman, "Distant – Water Fishing Access Arrangements For Tuna In the South Pacific", FFA Report 90/14, March 1990, p. 8.

⑤ "The Republic of Korea", FAO, http: //www. fao. org/fishery/facp/KOR/en.

过度捕捞的压力。"近年来，过度捕捞和产能过剩（比如太多的捕鱼船）问题日益增多，威胁着该地区主要鱼群的长久可持续性。中西太平洋委员会多次表达了对当前捕鱼水平的担忧，每年都会限制捕捞强度。不仅如此，经济研究认为捕捞强度超出了均衡点，这降低了渔业的营利性，削弱了太平洋岛国发展渔业和相关产业的机会。"① 为此，韩国采取了保护南太平洋地区渔业资源的举措，目的是保证该地区对韩国渔业资源的长久供应，维持稳定的供需关系。2014 年 11 月，第二届韩国—太平洋岛国外长会议提及了渔业合作与治理。"就海洋和渔业合作而言，均衡发展和海洋与渔业资源的有效保护和治理是太平洋岛国可持续发展的关键，韩国与太平洋岛国对此达成了共识。针对南太平洋地区渔业资源有效、可持续地发展、治理与合作所采取的联合路径，双方意识到了互惠合作的重要性。"② 2017 年 12 月的《第三届韩国—太平洋岛国外长会议联合声明》指出了韩国与太平洋岛国渔业合作的重要性。"环太平洋地区渔业资源需求的增加要求解决包括非法捕捞、监测和控制在内的多维度问题一致的、协调的路径。从这个角度看，太平洋岛国领导人希望增加对渔业可持续治理的官方直接援助，支持渔业培训和南太平洋地区港口设施的发展。太平洋岛国外交部部长欢迎韩国政府倡议的'世界渔业大学'工程。"③

### （二）联合开展海洋科学研究

韩国比较重视海洋科学研究的国际合作。为了谋求与西北太平洋海域邻近国家在海洋科学研究领域的合作，韩国从 20 世纪 90 年代中期开始参与《西北太平洋行动计划》。为了保护东亚海域的生态系统，可持续利用海洋资源，韩国从 20 世纪 90 年代中期开始加强与东

---

① Quentin Hanich, Feleti Teo, Martin Tsamenyi, "A Collective Approach to Pacific Islands Fisheries Management: Moving beyond Regional Agreements", *Marine Policy*, Vol. 34, 2010, p. 86.

② "Outcome of the 2^nd Korea – Pacific Islands Foreign Minister's Meeting", Ministry of Foreign Affairs Republic of Korea, November 24 2014, http://www.mofa.go.kr/eng/brd/m_5676/view.do? seq.

③ "Joint Statement of 3^rd Korea Pacific Islands Foreign Minister's Meeting", Ministry of Foreign Affairs Republic of Korea, December 7 2017, http://www.mofa.go.kr/eng/brd/m.

亚海洋环境管理合作机构的联系。韩国从 2008 年开始推动海洋科学国际研究计划。2014 年，韩国与政府间海洋学委员会开展海洋碳调整项目，分别与中国和秘鲁合作完成 4 个共同合作研究项目。

21 世纪海洋可持续发展面临着很多重大挑战，主要的挑战包括海洋多尺度能量与物质循环、海洋和气候变化、极地海洋、海洋资源的开发利用、海洋的生态健康、海洋的观测与预测。就这些挑战而言，单独依靠一个国家和地区很难充分应对，而海洋科技可以有效汇集全球力量，战胜这些挑战。由于独特的地理位置以及受气候变化的影响比较明显，南太平洋的可持续发展面临的挑战更加严峻。该地区的区域组织意识到了海洋科技对太平洋岛国发展的意义或重要性。太平洋共同体（SPC）在介绍其任务时就强调了科学知识的重要性。"我们通过创新及有效科学知识的应用，造福于太平洋人民。对 SPC 而言，我们基于自身的科学和技术专业知识以及在如何针对成员国具体需求的专业知识应用而被认可。SPC 的一个战略组织目标是强化科技专业知识。"[①] SPC 在《战略计划 2016—2020》中将强化科技专业知识的战略组织目标具体化。"SPC 提供专业技术的区域资源，以强化或补充区域和国家能力。SPC 承诺在与成员国发展重点相关的领域构建科技力量。SPC 将在创建卓越学科领域方面，发挥主动作用。这建立在我们拥有比较优势的领域中，主要基于我们的技术、专业、经验以及太平洋地区的发展重点。"[②] 深化海洋科学研究与技术合作是太平洋岛国海洋治理、实现可持续发展不可忽略的手段。一方面，太平洋岛国经济体量较小，依靠自身进行海洋治理及实现可持续发展并不现实；另一方面，海洋科学研究和技术合作是太平洋岛国克服自身脆弱性的有效手段。

2016 年 6 月，SPC 与韩国海洋科学研究所（KIOST）签订了在太平洋地区加强海洋科学研究合作的协议。KIOST 是一个政府资助的科研机构，任务是为了全人类的利益发掘新的海洋知识。在该协议框架

---

① "Our Work", SPC, https：//www. spc. int/about – us/our – work.
② SPC, *Pacific Community Strategic Plan 2016 – 2020*, New Caledonia：Noumea, 2015, p. 7.

下，KIOST 与 SPC 将合作建立、分享和应用海洋科学，比如通过技术会议、联合课程、交换学生或专家项目、共享样品或仪器。KIOST 承担一系列的研究项目，包括地理科学、生物科学、物理学、环境研究和危害评价的许多领域，同时几年来已经在密克罗尼西亚丘克州经营了一个海滨实验室。这两个组织将在一系列项目上展开合作，这有助于强化太平洋的科学研究，包括使用世界一流的地球同步海洋卫星。同时，双方将使用大型海洋科考船在南太平洋地区针对一系列海洋科学领域展开合作研究。SPC 通过地理科学部（Geoscience Division）提供关键的应用海洋、岛屿和海岸地理科学服务，目的是支持太平洋岛国更好地治理和发展自然资源，增加对自然灾害的弹性。[1] SPC 总干事科林·图基汤加（Colin Tukuitonga）指出，SPC 欢迎同韩国的合作协议。该协议将推动 KIOST 通过科学和技术创新支持太平洋地区可持续发展的合作。SPC 和其他相关组织将学习更多关于海洋环境的知识，但这需要很长的时间，主要是因为南太平洋地区横贯了世界上最大的海洋。[2] KIOST 主席李洪基（Hong Gi - hoon）指出，就 KIOST 在热带太平洋地区的海洋科学研究而言，SPC 是最理想的合作伙伴。未来，双方将在许多领域展开合作。[3]

**（三）建立韩国与太平洋岛国海洋高层会晤机制**

高层会晤是域内外大国与太平洋岛国交往的重要手段。韩国为了强化与太平洋岛国的合作，建立了韩国—太平洋岛国外长会议（Korea - Pacific Islands Foreign Minister's Meeting, KPIFMM）。自 2011 年开始，KPIFMM 已经举办了三届，每三年一届。值得注意的是，在每两届 KPIFMM 之间，双方会举行一个高级部长会议，目的是探讨上一届 KPIFMM 做出的决策执行情况以及强化韩国与太平洋岛国合作的举措。[4]

---

[1] "Korea Institute of Ocean Science and Technology", SPC, https: //www. spc. int/partners/science - research/.

[2] "Korea Strengthens Ocean Science Collaboration with Pacific Region", SPC, 28 June 2016, https: //www. spc. int/updates/news/2016/06.

[3] "KIOST - SPC, A Business Cooperation Agreement Intended to Enhance Joint Research Cooperation", KIOST. http: //www. kiost. ac. kr/cop/bbs/BBSMSTR_ 000000000281.

[4] Ministry of Foreign Affairs, *Diplomatic White Paper 2016*, December 2016, p. 234.

2011 年 6 月 2 日，第一届 KPIFMM 在首尔举行。汤加总理兼外交和国防部部长伊瓦卡诺（Lord Tuivakano）联合其他 13 个太平洋岛国的总理在首尔探讨了强化合作的具体路径，包括增加对太平洋岛国的援助，扩大、完善教育和培训项目，定期举办总理级会议。本届 KPIFMM 的主题是"观念与行动：环太平洋合作"，部长们就韩国扩大对太平洋岛国的外交合作及参与国如何解决气候变化问题深入交换了意见。韩国外交部部长金星焕指出南太平洋地区是"新亚洲倡议"（New Asia Initiative）的重要支点，韩国将扩大对太平洋岛国的发展援助，在诸如气候变化和环境问题上紧密合作。韩国将把对太平洋岛国的合作基金从 30 万美元增加到 100 万美元。KPIFMM 将强化太平洋岛国在国际舞台上对韩国的支持以及韩国在国际社会中作为负责任成员国的身份。韩国政府在 2010 年建立了"全球绿色增长研究所"（GGGI），并在丹麦建立了第一个区域办公室，目的是支持发展中国家的绿色增长。太平洋岛国部长承认 GGGI 将成为太平洋岛国应对特殊挑战的有效途径。①

2014 年 11 月 24 日，第二届 KPIFMM 在首尔举行。本届 KPIFMM 的主题是"为了共同繁荣，建立包容性、持久性的太平洋合作伙伴关系"。韩国外长尹炳世称此次会议是扩大各国外交格局的完美机会，为在经济和其他领域建立互惠合作奠定了坚实基础。尽管太平洋岛国在气候变化和发展合作方面存在很多挑战，但它们独特的文化、丰富的海洋和渔业资源使得双方强化合作与建设包容的太平洋伙伴关系具备了很大的潜力。就发展合作而言，韩国承诺将继续为了太平洋岛国的可持续发展而巩固合作关系，包括扩大教育项目和其他官方发展援助、增加对韩国—太平洋岛国论坛合作基金（RPCF）每年拨款。双方同意在"有效发展合作全球伙伴关系"（也称"釜山全球伙伴关系"）的框架下，就推动发展有效性在国际舞台上展开紧密合作；韩国欢迎太平洋岛国加入和支持 GGGI。本届 KPIFMM 被认为是扩大韩

---

① "Outcome of the 1st Korea – Pacific Islands Foreign Minister's Meeting", Ministry of Foreign Affairs Republic of Korea, 31 May 2011, http：//www. mofa. go. kr/eng/brd/m_ 5676/view. do.

国多边外交视野的机会，与世界上主要的磋商机构建立了对话渠道。韩国表达了积极满足太平洋岛国面临挑战的承诺，提升了作为负责任中等强国为国际社会谋幸福的国际影响力，并在海洋和渔业领域同太平洋岛国互惠合作，奠定了坚实基础。①

2017 年 12 月 5 日，第三届 KPIFMM 在首尔举行。本届 KPIFMM 的主题是"为了绿色、蓝色太平洋的可持续发展"。双方强调了在共同利益领域推动、拓宽和加深务实合作的意愿，并意识到 KPIFMM 已经成为增加务实合作的机遇。作为双方首要的磋商机制，KPIFMM 有必要继续三年举行一次。就发展合作而言，双方领导人重视太平洋岛国在进一步加深发展合作方面的领导权。太平洋岛国欢迎韩国对支持实现可持续发展目标的承诺，并指出了"太平洋区域可持续发展目标路线图"的重要性。太平洋岛国希望韩国执行"2014—2017 太平洋气候预测计划"和"用于控制 IUU 捕鱼和海洋污染的 2015—2019 实时遥感监测系统"；并通过诸如关于气候变化工作坊和研讨会，帮助太平洋岛国提高能力建构。《弹性发展框架》（Framework for Resilient Development）和《太平洋弹性合作伙伴》（Pacific Resilient Partnership）可以成为双方发展气候变化和弹性合作的潜在方式。②

### （四）重视气候治理援助

气候变化是太平洋岛国所面临的严重威胁之一。在南太平洋地区，有三个议题被太平洋岛国论坛成员国确认为重点，其中之一就是气候变化和海洋酸化。③《2013—2014 年 SPC 项目结果报告》指出："太平洋岛国被认为是受气候变化恶性影响，具有特别的脆弱性。由全球变暖引起的海平面上升已经导致了基里巴斯和图瓦卢生活社区的减少。目前的气候变暖态势表明，温度升高将会继续影响生态系统，

---

①　"Outcome of the 2<sup>nd</sup> Korea – Pacific Islands Foreign Minister's Meeting", Ministry of Foreign Affairs Republic of Korea, http：//www. mofa. go. kr/eng/brd/m_ 5676/view. do.

②　"Joint Statement of 3<sup>rd</sup> Korea – Pacific Islands Foreign Minister's Meeting", Ministry of Foreign Affairs Republic of Korea, 5 December 2017, http：//www. mofa. go. kr/eng/brd/m_ 5689/view. do.

③　"The Blue Pacific at the United Nations Ocean Conference", Pacific Islands Forum Secretariat, http：//forumsec. org/pages. cfm/newsroom/announcements – activity – updates.

破坏传统的生活来源，最终会威胁一些岛国的生存。气候变化可能恶化自然灾害的影响，这已经毁坏了基础设施。"①《第四十六届太平洋岛国论坛公报》指出："论坛领导人重申了他们对于气候变化的担忧，气候变化是地区安全和太平洋岛国生活的最大威胁。"② 气候变化与海洋治理有着密切的联系。"全球海洋环境将不能幸免于气候变化的影响。三种与气候变化相关的影响对海洋生态系统有着特殊的重要性：增加的海洋温度和海洋动力学及化学中随之发生的变化、海平面上升、海洋酸化。此外，气候变化影响可以以协同的方式与现有海洋胁迫因素发生互动，比如海洋污染，这将进一步削弱海洋生态系统的弹性。"③ 由此看来，气候变化对南太平洋地区海洋治理也有着直接的影响。重视气候治理援助是韩国参与该地区海洋治理的关键手段。

随着 1992 年《联合国气候变化框架公约》正式开放签字和 2005 年《京都议定书》正式生效，国际社会不断强化应对气候变化。为此，韩国政府加强对温室气体的削减和存储、气候变化预测、气候变化观察等海洋领域核心技术开发。韩国在国际舞台上秉承着中等强国的负责任态度，积极支持全球应对气候变化的举措，赢得了太平洋岛国的认同。太平洋岛国支持韩国对 2012 年举办第十八届《联合国气候变化框架公约》缔约方大会的投标，并希望利用此次机会提高关于气候变化和低碳增长战略的全球合作，目的是体现太平洋岛国的声音。韩国与太平洋岛国在建立"后 2020 气候机制"（Post – 2020 Climate Regime）双边合作的基础上，进行相互磋商。双方认为国际社会需要采取应对气候变化的具体行动，这对太平洋岛国的生存至关重要。气候融资是太平洋岛国应对气候变化的财政保证。韩国主持成立了绿色基金（Green Climate Fund，GCF）秘书处，对 GCF 提供最高 1 亿美元的贡献，并使用"针对小岛屿发展中国家的简化审批流程"

① "SPC Programme Results Report 2013 – 2014", SPC, 2014, pp. 8 – 9.

② "Forum Communique", Pacific Islands Forum Secretariat, September 2015, p. 3.

③ Robin Kundis Craig, *Comparative Ocean Governance: Place – Based Protections in an Era of Climate Change*, Lypiatts: Edward Elgar Publishing Limited, 2012, p. 54.

（Simplified Approval Processes for SIDS）分配资金。这种分配方案是解决气候变化问题的应急之举，考虑到了加强太平洋岛国对国际气候融资的直接接触。韩国致力于推动发展针对太平洋岛国的 GCF 项目，并通过诸如关于气候变化工作坊和研讨会，帮助太平洋岛国提高能力建构。然而，目前的气候融资规模并不足以满足太平洋岛国的需求，所以韩国鼓励国际社会保证对 GCF 提供额外援助的支持。① 同时，韩国支持太平洋岛国的可再生能源的开发，鼓励双方在能源领域展开合作，这不仅有助于南太平洋地区的能源转型和稳定的能源供应，还有助于帮助太平洋岛国减少对化石能源的依赖，有效缓解气候问题。太平洋岛国正承诺在南太平洋地区推动采用可再生能源和提高能源效率。2017 年，太平洋岛国能源部长成立了"针对可再生能源和能源效率的太平洋中心"（PCREE），目的是使用更经济、更环保的能源。联合国工业发展组织对 PCREE 提供技术支持，韩国和澳大利亚对其提供资金支持。② 2017 年 9 月 5 日，韩国能源部支持 PCREE 发展针对太平洋岛国的区域可再生能源项目。③ 韩国通过对"太平洋岛国可再生能源生产、资源评估和可持续经济发展能力建设方案"提供资助，支持南太平洋大学全面可再生能源能力建构的倡议。④

伴随全球海洋问题的日益复杂化、多元化，海洋治理是中等强国提升国际影响力的最佳切入点。除了韩国以外，包括加拿大、澳大利亚等在内的中等强国也都比较注重海洋治理。韩国参与南太平洋地区海洋治理有着明确路径，符合其国家海洋战略，是基于中等强国身份的应然之举。这不仅提高了韩国在南太平洋地区的影响

---

① "Joint Statement of 3rd Korea – Pacific Islands Foreign Minister's Meeting", Ministry of Foreign Affairs Republic of Korea, 5 December 2017, http：//www. mofa. go. kr/eng/brd/m_ 5689/view. do.

② "Pacific Island Countries Work together for a Sustainable Energy Future", UNIDO, 7 September 2017, https：//www. unido. org/stories/pacific – island – countries – work – together – sustainable – energy – future.

③ "The Republic of Korea supports Renewable Energy Mini – grid Solutions in the Pacific Region", UNIDO, 5 September 2017, https：//www. unido. org/news/republic – korea – supports – renewable – energy – mini – grid – solutions – pacific – region.

④ "Republic of Korea", USP, https：//www. usp. ac. fj/index. php? id = 3504.

力，而且强化了其中等强国的身份。一方面，目前，伴随国际地缘政治的变化，南太平洋地区正逐渐成为国际社会的焦点地区，许多国家都积极发展与太平洋岛国的外交关系。南太平洋地区正成为多国并存的大社区。在域外国家中，尽管中国与美国有着难以撼动的影响力，但韩国明确的海洋治理路径有助于太平洋岛国克服自身存在的先天脆弱性，实现可持续发展，因此，韩国的影响力不容忽视。另一方面，韩国虽然在中等强国行列中实力不俗，但受制于硬实力的差距，韩国还无法与国际体系中的其他大国相媲美。参与南太平洋地区海洋治理可以提高韩国的软实力，缩小韩国同大国的差距，进一步强化中等强国的身份。

进一步说，韩国在南太平洋地区海洋治理的努力可以提高其在北太平洋地区中的话语权。北太平洋地区国家众多，充斥着许多矛盾。该地区的稳定与否与国际安全密切相关。韩国在北太平洋地区的作用比较尴尬。受制于大国之间的博弈、朝鲜的安全威胁、美韩联盟等，韩国在北太平洋地区运作的空间比较小。相反，韩国在南太平洋地区受到的限制因素较少，拥有广阔的运作空间。尽管南太平洋地区与北太平洋地区差异较大，但是海洋问题却是共性。韩国在南太平洋地区海洋治理的经验也可以在北太平洋地区推广。某种程度上说，韩国海洋治理方案不仅是针对海洋问题，还是维护地区和平与稳定的一种思路。韩国海洋治理方案契合了《太平洋岛国区域海洋政策和针对联合战略行动的框架》，尊重了太平洋岛国的海洋治理规范，而《太平洋岛国区域海洋政策和针对联合行动的战略框架》提出的海洋治理原则之一是推动和平利用海洋。"海洋的和平利用具有环境、政治、社会经济和安全意义。推动和平利用海洋意味着打消和减少与区域和国际协议相反的不可接受、犯罪的活动。"[①] 这种和平利用海洋的理念有助于维护北太平洋地区的和平与稳定。在韩国的努力下，太平洋岛国日益关注北太平洋地区的安全形势。第三届 KPIFMM 指出了这一点。

---

① Secretariat of the Pacific Community, *Pacific Islands Regional Ocean Policy and Framework for Integrated Strategic Action*, 2005, p. 6, http：//www. sprep. org/att/IRC/eCOPIES/Pacific_Region/99. pdf.

"太平洋岛国领导人强烈谴责朝鲜第六次核试验及多次发射弹道导弹。朝鲜反复的核试验对广阔的太平洋岛屿地区构成了严重的威胁。他们强调了以一种和平方式实现朝鲜半岛无核化的重要性。"[①]《第四十八届太平洋岛国论坛公报》对北太平洋地区的安全给予了充分关注。"太平洋岛国承诺撤销朝鲜在太平洋各国注册的任何商船或捕鱼船的资格。澳大利亚和新西兰将帮助太平洋岛国搜集情报，辨认非法的朝鲜船只。"[②] 在太平洋岛国的支持下，韩国在北太平洋地区安全问题上将扮演日益关键的角色。

## 第四节 主动介入：澳大利亚参与南太平洋海洋治理

就海洋环境的治理、保护和可持续利用而言，澳大利亚处于世界领先地位。为了维护国家利益，澳大利亚通过采取区域层面和全球层面上的有效、互补路径，保持在国际海洋舞台上的积极存在和参与。[③] 澳大利亚在全球海洋治理的国家层面、区域层面以及国际层面上，都发挥着积极的作用。它在 20 世纪 70 年代发展了海洋保护区治理，在 20 世纪 80 年代支持控制海洋污染的倡议，在 20 世纪 90 年代采取了打击 IUU 捕捞的举措。一直以来，澳大利亚的国际行动与海洋治理倡议相匹配。澳大利亚拥有 100 多个关于重视海洋环境治理的法律和政策机制。[④] "总体而言，与其他国家相比，澳大利亚海洋区域状态良好。澳大利亚在干净的海产品以及海洋旅游目的地方面拥有很高的国

---

① "Joint Statement of 3$^{rd}$ Korea – Pacific Islands Foreign Minister's Meeting", Ministry of Foreign Affairs Republic of Korea, 5 December 2017, http：//www. mofa. go. kr/eng/brd/m_ 5689/ view. do.

② PIFS, *Forty – Eighth Pacific Island Forum Communique*, Samoa：Apia, September 2017, p. 7.

③ "Australia's International Marine Conservation Engagement", Australia Government Department of the Environment and Energy, http：//www. environment. gov. au/marine/international – activities#epog.

④ Marcus Haward, Joanna Vince, "Australian Ocean Governance – Initiatives and Challenges", *Coastal Management*, Vol. 37, Issue 1, 2009, p. 15.

际声誉。因此，它必须保证海洋的健康，以维护其国际声誉。"① 南
太平洋地区是澳大利亚的"后院"，也是其国家战略利益的焦点区
域，积极参与南太平洋地区海洋治理不仅符合其国家战略利益，还可
以保证南太平洋的健康与和谐。澳大利亚对南太平洋地区海洋治理持
积极介入的态度，并采取了有效的路径。目前学术界未曾有专门探讨
澳大利亚南太平洋海洋治理的研究，既有研究主要从全球层面上探讨
澳大利亚的海洋治理。马库斯·哈沃德（Marcus Haward）和乔安娜
·文斯（Joanna Vince）探讨了澳大利亚海洋治理的倡议、挑战和机
会。② 唐纳德·罗斯维尔（Donald Rothwell）和大卫·万德兹外格
(David VanderZwaag）探讨了澳大利亚与加拿大海洋治理的路径和主
要挑战。③ 本节主要探讨了澳大利亚南太平洋海洋治理的动因、手段
及前景。

## 一 澳大利亚南太平洋海洋治理的动因

随着南太平洋地区海洋问题的日益多元化、复杂化，海洋治理成为一
个焦点问题。作为该地区大国，海洋治理成为澳大利亚的重要利益关切。

### （一）发展海洋产业的需要

澳大利亚对海洋产业，尤其是蓝色经济，给予了充分的重视，
它在《海洋国家2025：支持澳大利亚经济的海洋科学》（Marine Na-
tion 2025：Marine Science to Support Australia's Blue Economy）指出：
"海洋每年对澳大利亚经济的贡献大约为440亿美元左右。大部分有
价值商品的贸易通过海洋贸易来完成。2025年之前，澳大利亚海洋
产业总价值及生态系统服务预计为每年1000亿美元。为了支持澳大
利亚迅速增长的蓝色经济，确保海洋资源的合理利用、生态系统和

---

① Commonwealth of Australia, Australia's Ocean Policy, 1998, http：//www. environment. gov.
au/archive/coasts/oceans – policy/publications/pubs/policyv1. pdf, p. 7.

② Marcus Haward, Joanna Vince, "Australian Ocean Governance – Initiatives and Challen-
ges", *Coastal Management*, Vol. 37, Issue 1, 2009, pp. 1 – 16.

③ Donald Rothwell, David L. VanderZwaag, *Towards Principled Oceans Governance：Austral-
ian and Canadian Approaches and Challenges*, London：Routledge, 2006, pp. 1 –414.

文化资源符合澳大利亚的国家利益。世界正面临经济可持续发展的重大挑战，澳大利亚也不例外。克服这些全球挑战的出路在于可持续治理和利用海洋环境，即发展蓝色经济。在蓝色经济的框架下，澳大利亚的海洋生态系统能够带来有效的、平等的、可持续的经济和社会价值。重要的是，澳大利亚的海洋资源可以为子孙后代带来财富、食物、能源和可持续的生活方式。"① 南太平洋地区拥有丰富的渔业资源、深海矿产资源等，这对澳大利亚的海洋产业至关重要。南太平洋地区的渔业资源主要分为两大类：离岸渔业和近海渔业。离岸渔业资源包括金枪鱼、旗鱼和同源物种。大约有 1500 艘船只在太平洋岛国的海洋专属经济区内捕捞离岸渔业资源。近海渔业资源包括一系列的有鳍鱼和无脊椎动物。② 澳大利亚对一些最有价值渔业资源的治理是在国际层面上实现的。它主要是通过区域渔业治理组织的驱动来实现国际渔业问题的治理。区域渔业治理组织可以治理在不同国家和公海之间的国家管辖海域迁移的渔业资源。澳大利亚的海洋产业依赖这些海洋资源。③ 澳大利亚是太平洋岛国论坛渔业署的成员国，并通过外交和贸易部每年对 FFA 大约援助 500 万澳元。作为南太平洋地区重要的渔业组织，FFA 的主要目的是强化国家安全与区域团结，由此，其 17 个成员国可以治理、控制和发展它们的金枪鱼产业。④ 2015 年，全球金枪鱼产值大约为 48 亿美元左右，几乎一半集中在 FFA 成员国所在的海域。澳大利亚致力于同 FFA 成员国的合作，目的是确保南太平洋地区渔业资源的可持续治理。同时，澳大利亚将继续确保 FFA 可以遵循海洋治理原则，支持当下和未来

---

① Australia Government Ocean Policy Science Advisory Group, *Marine Nation 2025: Marine Science to Support Australia's Blue Economy*, March 2013, pp. 5 – 9, https://www.aims.gov.au/documents/30301/550211/Marine + Nation + 2025_ web. pdf/.

② FAO, *Marine fishery resources of the Pacific Islands*, Rome, 2010, p. 13.

③ "International Fisheries", Australia Government Department of Agriculture and Water Resources, http://www.agriculture.gov.au/fisheries/international.

④ "Welcome to the Pacific Islands Forum Fisheries Agency", FFA, https://www.ffa.int/about.

金枪鱼产业的蓬勃发展。①

## （二）维护海上战略通道安全的需要

从战略环境看，澳大利亚东、西、南三面被太平洋和印度洋包围，北隔帝汶海和阿拉弗拉海（Arafura Sea）与东南亚相邻，南隔南极海，是世界上最大的岛国。澳大利亚特殊的地缘优势使其成为对海上战略通道有重要影响的国家。在很多方面，澳大利亚是世界上最安全的国家之一，但其所在的区域极具活力、复杂和不可预测性。澳大利亚没有陆地边界，也没有任何领土争端。澳大利亚《2013国防白皮书》中明确指出了四个战略利益，其中之一是确保南太平洋地区的安全，即澳大利亚的近邻，包括巴布亚新几内亚、东帝汶和太平洋岛国，是仅次于本土安全的第二重要战略利益。②澳大利亚在《2016国防白皮书》（2016 Defence White Paper）中明确表达了对南太平洋海上战略通道安全的重视，"我们最基本的战略防务利益是保证一个安全、有弹性的澳大利亚，这意味着澳大利亚北部和附近的海上战略通道需要安全。我们的第三个战略利益是保持一个稳定的印度洋—太平洋地区和基于规则的国际秩序，这将维护澳大利亚的国家利益。印度洋—太平洋地区有大量的海上战略通道，这有助于澳大利亚的贸易。未来20年至30年，海军的现代化将成为澳大利亚重要的防务重点，这有助于保护海上战略通道的安全"③。一些学者也关注了南太平洋的海洋安全。例如，山姆·贝特曼（Sam Bateman）和昆汀·哈内茨（Quentin Hanich）认为澳大利亚东部和北部的"太平洋弧"（Pacific Arc）一直被认为是"不稳定之弧"和"机会之弧"。该地区很容易给澳大利亚带来威胁。稳定、安全的"太平洋弧"会给澳大利亚及与其共同利益的国家带来

---

① "Pacific fisheries ministers touch down in Australia to talk tuna", Australia Fisheries Management Authority, 5 July 2017, https：//www. afma. gov. au/pacific – fisheries – ministers – touch – australia – talk – tuna.

② 2013 Defence White Paper, Department of Defense, www. defence. gov. au/whitepaper2013/docsWP_ 2013_ web. pdf, pp. 24 – 27.

③ "2016 Defense White Paper", Australia Government Department of Defence, 2016, pp. 68 – 71.

机会。① 澳大利亚罗伊研究所（Lowy Institute）的格雷格·科尔顿（Greg Colton）认为，澳大利亚五条重要的海上贸易航线经过太平洋。它从美国的进出口货物要经过新喀里多尼亚南部，向东的进出口货物要经过斐济。从澳大利亚东部海岸向北的海上贸易航线要经过新不列颠和巴布亚新几内亚大陆之间的地带，或者沿着所罗门群岛东部海岸，然后向北经过新不列颠和布干维尔之间的海峡。这三条贸易航线占了澳大利亚海洋出口的45%左右。该地区任何威胁海洋航线安全的不稳定因素都需要其中的两条航线转移至托雷斯海峡和西巴布亚，或穿过瓦努阿图与所罗门群岛之间的地带。这两种选择都将给海洋运输业和经济增加巨大的时间和成本。② 由此可见，确保南太平洋地区的安全对澳大利亚至关重要。值得注意的是，澳大利亚与巴布亚新几内亚、所罗门群岛拥有海洋边界。这意味着澳大利亚更为重视该地区海上战略通道的安全。

就海上战略通道安全而言，除了常见的非传统安全威胁之外，海洋划界成为一个威胁该地区海上战略通道安全不可忽略的要素。《第四十九届太平洋岛国论坛公报》指出，"论坛领导人承认维护海洋边界安全的重要性和紧迫性，这是南太平洋地区发展和安全的一个关键问题。领导人推荐SPC、FFA、PIF及其他相关机构对海洋划界提供法律和技术的支持与援助"③。近年来，太平洋岛国在海洋划界方面取得了一些进展。国家利益以及区域重视海洋划界的努力一直在缓慢地形成势头。2002—2010年，太平洋地区签订了两个海洋划界协议。2011—2014年，太平洋地区正式批准了14个海洋划界协议。比如，在1983年同法国签订第一个海洋划界协议终止30年后，斐济于2014年10月同图瓦卢签订了第二个海洋划界协议。

---

① Sam Bateman, Quentin Hanich, Maritime Security Issues in an Arc of Instability and Opportunity, 2013, http：//ro. uow. edu. au/cgi/viewcontent. cgi? article = 4271&context = lhapapers, p. 87.

② Greg Colton, *Stronger together：Safeguarding Australia's Security Interests through Closer Pacific Ties*, Analysis Reports, April 2018, p. 6.

③ PIF, *Forty – Ninth Pacific Islands Forum Communique*, Nauru：Yaren, September 2018, p. 5.

SPC 的海洋边界部门（Maritime Boundaries Unit）同合作伙伴一道，继续在海上区域和共享边界方案方面的发展和界定方面继续支持成员国。成员国利用技术和法律支持来宣布他们的基准线、海上区域，包括国内法律框架下的主权外边界。SPC 为成员国提供对海上区域发展重要的技术支持。比如，库克群岛、斐济、基里巴斯、瑙鲁、纽埃、巴布亚新几内亚、萨摩亚、所罗门群岛、图瓦卢、瓦努阿图之前与 SPC 合作发展海洋区域。最近，密克罗尼西亚联邦、马绍尔群岛、帕劳、萨摩亚和汤加请求 SPC 对其提供海上区域方案的支持。SPC 同样对 10 个岛国提供各自对于延伸海床大陆架申请的支持。这些岛国要求在太平洋地区获得大约 200 万平方千米的附加海床领地。2011 年，只有 3 个太平洋岛国（帕劳、斐济、瑙鲁）公开了其与《联合国海洋法公约》一致的领海基线、群岛基线或 EEZ 的外部界限。自此以后，图瓦卢、纽埃和库克群岛也完善了关于其领海基线和海上区域的信息。巴布亚新几内亚、所罗门群岛和瓦努阿图只宣布了关于群岛基线的信息。南太平洋地区大约有 48 个重叠或共享的 EEZ。由此，谈判对于解决海上区域之间的外边界至关重要。在这 48 个共享的 EEZ 中，太平洋岛国领导人成功谈判和签订了 34 份海洋条约。SPC 及其合作伙伴将与太平洋岛国一道完成其余 14 个共享的海洋边界划定。[①] 2015 年 12 月，来自太平洋岛国的 12 位代表同来自澳大利亚和 SPC 的海洋专家对海洋边界协定进行了谈判，并完善了他们对于海洋大陆架的主张。此次实践工作坊使得来自每一个岛国的技术团队同来自 SPC、澳大利亚地球科学中心、悉尼大学和 FFA 的顾问一道进行了探讨。它支持太平洋岛国确立符合《联合国海洋法公约》的海洋区域利益。这是 SPC 自 2002 年确定举办的针对太平洋岛国的第十四届海洋边界工作坊。[②] 在 SPC 看

---

① SPC Geoscience Division, Status of Maritime Boundaries in Pacific Island Countries, 2015, https: //spccfpstore1. blob. core. windows. net/.

② "Australia and Pacific Islands cooperate to update maritime boundaries in world's largest ocean", SPC, 9 December 2015, http: //gsd. spc. int/component/content/article/638 – australia – and – pacific – islands – cooperate – to – update – maritime – boundaries – in – worlds – largest – ocean.

来，同与会国的磋商是需要工作坊的，以助于建构治理能力，使主要的利益相关者参与决策进程。作为回应，太平洋非加太深海资源项目（Pacific ACP Deep Sea Minerals Project）制定了为期一周的区域培训工作坊。①

**（三）服务于其海洋战略，提升国际影响力**

由于特殊的地理影响，太平洋岛国面临着日益严峻、复杂的海洋问题。然而，它们先天的脆弱性使得其很难依靠自身来克服这些海洋问题。这不仅威胁着太平洋岛国的生存，而且制约着南太平洋地区的可持续发展。由于海洋的流动性和全球相互依存的加深，南太平洋地区海洋问题也是国际社会面临的重要议题。澳大利亚有能力和意愿来帮助太平洋岛国提升海洋治理能力。这契合了澳大利亚的海洋战略。澳大利亚拥有全世界最大的海洋管辖范围，具有成为海洋强国的潜在实力。自从认识到海洋对国家未来繁荣和稳定的重要性之后，澳大利亚的海洋治理工作在过去的几十年里取得了很多重要成就。这使得澳大利亚在国际社会上树立了良好的形象，并在国际海洋事务中扮演着领导者的角色。澳大利亚希望成为一个具备强大"硬实力"，同时拥有全面"软实力"的海洋大国，其很多官方政策都致力于实现成为海洋大国的目标。正如澳大利亚总理约翰·霍华德所言，"我们有共同的确保我们海洋健康的长期责任。随着《澳大利亚海洋政策》的发布，我们通过执行处理未来海洋面临复杂问题的战略框架和规划，再次证明了我们的世界领导者地位"②。在全球海洋大国目标的框架下，成为南太平洋地区海洋大国是澳大利亚海洋战略的必由之路。参与南太平洋地区海洋治理是澳大利亚海洋战略的重要议题，有助于更好地服务于其海洋战略。

同时，澳大利亚帮助太平洋岛国提升海洋治理能力也有助于提升其"软实力"。作为区域海洋治理的领先国家，澳大利亚一向重视帮

---

① "Workshops and Meetings", SPC, http：//dsm. gsd. spc. int/index. php/technical – training.

② Commonwealth of Australia, Australia's Ocean Policy, 1998, http：// www. environment. gov. au/archive/coasts/oceans – policy/publications/pubs/policyv1. pdf, p. 1.

助其他国家提高海洋治理能力。比如，澳大利亚帮助太平洋岛国划清海洋界限，为太平洋岛国提供海洋监测信息，对太平洋岛国提供海洋治理方面的援助等。这同样契合了澳大利亚的海洋战略。

## 二　澳大利亚南太平洋海洋治理的路径

在澳大利亚的全球海洋治理中，南太平洋地区与其有着密切的联系，因此是其海洋治理的优先区域。澳大利亚认为其许多海洋资源与邻国共享，成功的海洋生物多样性保护举措只有通过区域层面的合作才能实现。[①] 归纳起来，积极性介入与合作是澳大利亚南太平洋地区海洋治理的主要态度和路径。

### （一）主推"完善太平洋海洋治理"（EPOG）项目

EPOG 项目始于 2014 年，完成于 2017 年 12 月，目的是支持太平洋岛国有效地治理海洋和沿海资源。在澳大利亚外交和贸易部的资助下，环境和能源部通过"澳大利亚援助项目"（Australia Aid Programme）来管理和引领"完善太平洋海洋治理"（Enhancing Pacific Ocean Governance，EPOG）项目。澳大利亚在 4 年多的时间里对 EPOG 投资了 640 万美元。该项目支持《太平洋景观框架》（Framework for a Pacific Oceanscape）[②] 主要战略的落实。该框架意识到了可持续发展及海洋环境良好治理的重要性，目的是维护太平洋岛屿社区的生存、文化和福利。具体而言，EPOG 支持以下三个战略。第一，区域海洋领导与协调。在太平洋委员会办公室的支持下，澳大利亚通过提供咨询和技术支持太平洋岛国论坛秘书处（Pacific Islands Forum Secretariat，PIFS），目的是进一步支持太平洋委员会在海洋咨询和协

---

① "Australia's International Marine Conservation Engagement", Australia Government Department of the Environment and Energy, http：//www. environment. gov. au/marine/international－activities#epog.

② 《太平洋景观框架》介绍了太平洋海洋治理的理念与规范，概述了六个战略重点：一是管辖权和责任；二是良好海洋治理；三是可持续发展，治理和保护；四是倾听，学习，联络和领导；五是持续性行动；六是适应快速变化的环境。更多关于《太平洋景观框架》的内容参见 https：//www. forumsec. org/wp－content/uploads/2018/03/Framework－for－a－Pacific－Oceanscape－2010. pdf。

调中的重要角色。作为一个多领域利益行为体集团，太平洋海洋联盟（Pacific Ocean Alliance）的建立同样为所有利益相关者提供了有助于海洋可持续治理高层次战略和政策的平台。在 EPOG 的末期，环境和能源部向太平洋海洋委员会承诺于2018—2020 年期间进一步资助138万澳元。第二，海洋边界确定。澳大利亚地球科学和司法局向 SPC 和太平洋岛国提供关于海洋边界确定的技术和法律支持。截至 2017 年底，三分之二的太平洋岛国成功地完成了海洋边界的谈判。在 EPOG 的末期，环境和能源部承诺资助 640 万澳元，继续支持有海洋边界纠纷的岛国。第三，海洋规划与数据管理。澳大利亚通过联邦科学和工业研究组织（Commonwealth Scientific and Industrial Organisation, CSIRO）支持海洋空间规划倡议，比如举办如何发展完善数据管理工具和系统的培训和工作坊。CSIRO 与区域组织一道发展考虑经济、文化和环境价值的海洋规划的政府间路径。CSIRO 的任务同样包括测试联合规划工具和针对所罗门群岛和基里巴斯海洋资源多用途使用进程的试点工程。[①]

**（二）加强同南太平洋区域组织的合作**

南太平洋地区有着数量庞大的区域组织，这些区域组织虽然有着不同的议题，但却秉承着共同的海洋治理责任，在该地区海洋治理中扮演着重要的角色。相比于全球层面的组织，南太平洋地区的区域组织更容易增进太平洋岛国的区域凝聚力和国家认同感。"历史上，作为西方政策指导下的区域领导人，澳大利亚与太平洋岛国保持着密切的经济和文化联系，而且鼓励并参与区域合作。"[②] 澳大利亚在亚太地区积极参与许多区域组织和协定，其中在南太平洋地区有 SPC、SPREP、PIFS、FFA 等。FFA 的总干事詹姆斯·摩威克（James Mov-

---

① "Enhance Pacific Ocean Governance", Australia Government Department of the Environment and Energy, http：//www. environment. gov. au/marine/publications/enhancing – pacific – ocean – governance.

② I. J. Fairbairn, Charles E. Morrison, Richard W. Baker, Sheree A. Groves, *The Pacific Islands：Politics, Economics, and International Relations*, Honolulu：University of Hawaii Press, 1991, p. 88.

ic）指出，"澳大利亚是南太平洋地区组织的积极参与者和财政支持者。我们与澳大利亚的关系是长久的、广泛的"①。澳大利亚将自身定位于太平洋地区最近几十年中出现的主要科技和政治组织创始成员和主动参与者。澳大利亚也是这些区域组织的重要援助者。2017 年，澳大利亚大约向 PIFS 贡献了其预算的 36%、向 SPC 贡献了其预算的 30%。②

SPREP 是太平洋地区主要的政府间环境组织。它的宗旨是通过向其成员国提供保护环境的技术援助、政策建议、培训和研究活动，推动太平洋地区的合作。它包括 26 个成员国以及宗主国（澳大利亚、新西兰、美国、法国和英国）。澳大利亚是 SPREP 核心资金最大的援助方。环境和能源部是澳大利亚与 SPREP 接触的聚焦点（focal point）。该部门代表澳大利亚作为 SPREP 的成员，并派遣代表参加 SPREP 的会议。外交和贸易部通过澳大利亚援助项目（Australia Aid Programme）提供项目资金，并深度参与 SPREP 的社团事务和具体的气候变化项目。澳大利亚的其他机构也对 SPREP 提供核心资金，主要的机构包括气象局、澳大利亚海洋安全局、CSIRO。③

除了 SPREP 之外，澳大利亚与 SPC 保持着密切的合作关系。就海洋治理而言，SPC 是南太平洋最为重要的区域组织。在南太平洋数量庞大的区域组织中，SPC 是一个专业性的科学和技术组织，服务于太平洋地区的发展。70 多年来，SPC 一直为太平洋岛屿地区提供关键的科技服务和建议。纵观历史，SPC 通过与成员国、发展伙伴的合作，产生了重要、持久的影响力。它的多学科融合的科技专

---

① "Australia Commits New Long – term Support to FFA", Cook Island News, July 5, 2018, http：//www. cookislandsnews. com/item/69950 – australia – commits – new – long – term – support – to – ffa.

② "Pacific Islands Regional Organisations", Australia Government Department of Foreign Affairs and Trade, https：//dfat. gov. au/international – relations/regional – architecture/pacific – islands/Pages/.

③ "Australia's International Marine Conservation Activities", Australia Government Department of the Environment and Energy, http：//www. environment. gov. au/marine/international – activities.

业知识及如何应用这些专业知识被广泛认可。① 澳大利亚既是 SPC
的成员国，也是 SPC 的主要援助伙伴。目前，SPC 具有很强的包容
性，广泛创造机会，吸引合作伙伴。在它看来，广泛扩大合作伙伴
有助于太平洋岛国的可持续发展，并对太平洋人民具有积极的影
响。② 目前，澳大利亚与 SPC 已经建立了 2014—2023 年的合作伙伴
关系。澳大利亚与 SPC 确立了密切合作的共同愿景，实现发展目
标。该伙伴关系主要聚焦于澳大利亚如何帮助 SPC 实现所有其成员
国的关切。同时，该伙伴关系的原则有三个方面：相互尊重、增强
援助协调、通过联合评估和学习聚焦于提升影响力。澳大利亚与
SPC 都要推动与 SPC 成员国关切一致的区域一体化、经济增长和可
持续发展。③

**（三）加强防务合作**

澳大利亚防务意识的觉醒是在 19 世纪下半叶的联邦运动期间。
防务问题是导致澳洲大陆各殖民地组合为联邦的一个重要因素。
1908 年，美舰访澳，是澳大利亚外交和防务政策迈出的第一步，
也是关键性的一步。④ 当下，海洋安全防务成为澳大利亚的重点议
题。南太平洋地区的跨国犯罪日益增多，对该地区的海洋安全产生
了不利的影响。澳大利亚与许多太平洋岛国的防务合作有助于保护
它们的海洋资源，并提高区域安全。⑤ 《太平洋区域航行倡议》
（Pacific Regional Navigation Initiative，PRNI）指出，"通过太平洋海
域安全、可靠的通道对保护脆弱的海洋环境和助力太平洋岛国经济
的发展至关重要。包括三个方面的内容：一是准确评估风险；二是

---

① SPC, *Pacific Community Strategic Plan 2016 – 2020*, New Caledonia：Noumea, 2015, ht-tps：//www. spc. int/sites/default/files/resources/2018 – 05/Pacific_ Community_ Strategic_ Plan_ 20162020. pdf, p. 1.

② "Our Partners", SPC, https：//www. spc. int/partners.

③ SPC, Government of Australia, *Partnership 2014 – 2023*, 2017, http：//dfat. gov. au/in-ternational – relations/regional – architecture/pacific – islands/Documents/.

④ 汪诗明：《1951 年〈澳美同盟条约〉研究》，世界知识出版社 2008 年版，第 30 页。

⑤ "Pacific Islands regional organisations", Australia Government Department of Foreign Af-fairs and Trade, https：//dfat. gov. au/international – relations/regional – architecture/pacific – islands/Pages/.

提供支持；三是缓和对抗"①。

澳大利亚在南太平洋地区寻求同法国、新西兰以及美国的防务合作，维护该地区的海洋安全。这既符合澳大利亚的防务传统，也是以合作路径进行海洋治理的应有之义。基于此，澳大利亚建立了一系列多方防务合作关系。《FRANZ 协议》是法国、澳大利亚和新西兰之间于 1992 年 12 月 22 日签订的三方防务协议。在该协议框架下，三方同意一旦合作伙伴有要求，可以在太平洋地区整合灾难侦查和救灾援助。FRANZ 是一个由国防军支持的民用协定。FRANZ 合作伙伴遵循良好的人道主义捐赠原则，尊重应对灾害国家的主权。《FRANZ 协议》的优势在于三方对协调响应的承诺。合作伙伴之间的协调，包括每个国家各自的外交部和国防军，有助于确保受影响国家的需要得到满足。② 除了三方防务合作之外，澳大利亚还建构了多方防务合作关系。南太平洋防务部长会议（South Pacific Defence Minister's Meeting，SPDMM）同样致力于打击海上犯罪，加强防务合作。参与的国家有巴布亚新几内亚、澳大利亚、新西兰、汤加等国家。2013 年 5 月，SPDMM 在汤加举行，并发表了联合声明。"我们进一步注意到以解决安全挑战的区域合作路径所取得的成功，主要的区域合作包括海洋安全合作及类似 RAMSI 的区域安全行动。SPDMM 是区域安全合作的重要平台。"③ 2015 年 5 月，SPDMM 在巴布亚新几内亚的莫尔兹比港召开，并发表了联合声明。"我们强调了太平洋安全的持久重要性。这关系到区域稳定与繁荣。我们意识到了太平洋地区稳定与繁荣所面临的挑战，包括国家内以及国家之间的冲突、跨国犯罪。"④ 2017 年 4 月，SPDMM 在新西兰举行。斐济成为新的成员国。新西兰防务部长

① "Pacific Regional Navigation Initiative", UN, https：//sustainabledevelopment. un. org/partnership/？p = 7936.

② "The FRANZ Arrangement", Ministry of Foreign Affairs and Trade, https：//www. mfat. govt. nz/assets/Aid－Prog－docs/NZDRP－docs/Franz－Arrangement－Brochure. pdf.

③ "Communique：South Pacific Defence Minister's Meeting Concludes in Nuku", Ministry of Information&Communications, May 2013, http：//www. mic. gov. to/news－today/press－releases/.

④ "South Pacific Dfence Minister's Meeting", PNG Embassy, May 2015, https：//png. embassy. gov. au/files/pmsb/150508％20SPDMM％20－Agreed％20Joint％20Communique. pdf.

格里·布朗利称 SPDMM 将汇集南太平洋地区最高级别的防务领导，以解决共同的安全挑战，提高在区域防务问题上的协调与合作。① 澳大利亚国防部长马利斯·佩恩（Hon Marise Payne）指出，"澳大利亚是 SPDMM 的坚定支持者。SPDMM 是南太平洋地区唯一的部长级会议，在地区安全结构中扮演着重要角色。所有的 SPDMM 成员国在南太平洋稳定和海洋安全上拥有共同利益"②。

### （四）重视与邻近岛国之间共同海域的治理

由于独特地理位置的影响，澳大利亚与不少岛国共享一些海域（即海洋公域）。国际层面，海洋公域的治理是一大难题。在约翰·范德克（John Van Dyke）、德伍德·策尔克（Durwood Zaelke）和格兰特·休伊森（Grant Hewison）看来，"保护海洋公域需要国际合作，因为该任务艰巨。让一个或两个国家来做此事并使其他国家受益是不公平的。20 世纪 70 年代，《联合国海洋法公约》的一些参与国寻求通过各种路径来控制这些毁灭性的模式，但这些目标没有实现"③。然而，澳大利亚通过制定一些规范，加强与邻近岛国之间的合作，很好地解决了这一难题。具体而言，澳大利亚主要通过两个举措来治理海洋公域。

第一，大力支持"珊瑚礁三角区倡议"（The Coral Triangle Initiative for Coral Reefs, Fisheries and Food Security, CTI - CFF）。珊瑚三角区的珊瑚礁生态系统是位于世界上最受威胁物种之列。④ 从地理上看，珊瑚三角区与澳大利亚北部邻近，跨越了大约全球海洋 1.6%。在 CTI - CFF 成立之时，澳大利亚就被邀请成为其合作伙伴，并提供资金、技术和战略支持。澳大利亚的海洋环境与珊瑚三角区密切相关，

---

① "South Pacific Defence Ministers in NZ for Summit", NZ National Party, April 2017, https: //www. national. org. nz/south_ pacific_ defence_ ministers_ in_ nz_ for_ summit.

② "Strengthening of Regional Security at third South Pacific Defence Ministers' Meeting in Auckland", Australian Government Department of Defence, 8 April 2017, https: //www. minister. defence. gov. au/minister/marise – payne/media – releases/.

③ John Van Dyke, Durwood Zaelke, Grant Hewison, *Freedom for the Seas in the 21st Century: Ocean Governance and Environmental Harmony*, Washington, D. C. : Island Press, 1992, p. 231.

④ "About CTI - CFF", CTI - CFF, http: //coraltriangleinitiative. org/about.

并拥有珊瑚三角区内国家中最大的海洋产业。澳大利亚坚定支持
CTI－CFF，并获得了官方合作伙伴的地位，承诺自 2009 年起对 CTI－
CFF 援助 1320 万欧元。它有能力对 CTI－CFF 提供技术和专业知识。
澳大利亚政府对 CTI－CFF 的投资主要是针对周边生态系统的完善治
理，这对其海洋环境和生物资源具有重要意义。① 值得注意的是，澳
大利亚对 CTI－CFF 的援助主要是通过一系列伙伴，包括非政府组织、
研究机构和国际组织达成的。② 区域层面，澳大利亚支持珊瑚礁三角
区国家建立了 CTI 地区秘书处。这种支持主要是通过 CTI 协调机制工
作组来完成。同时，它在亚洲开发银行的领导下，支持"财政资源工
作组"，目的是为 CTI 准备长期的财政资源战略；次区域层面上，澳
大利亚环境部在昆士兰大学和大自然保护协会的支持下，与巴布亚新
几内亚一道承担了针对海洋保护区规划重点辨认的差距分析。同时，
它帮助巴布亚新几内亚提高了海洋资源治理培训的能力。除了巴布亚
新几内亚之外，澳大利亚帮助所罗门群岛执行《国家行动计划》，并
强化所罗门群岛地方政府在海洋资源治理中的角色。③

　　第二，建立澳大利亚—法属新喀里多尼亚珊瑚海跨界协作（Aus-
tralia－France－New Caledonia Transboundary Collaboration）。澳大利亚
与法属喀里多尼亚宣布了沿着共同的海洋边界建立海洋公园。双方的
合作正式化基于 2010 年的《珊瑚海意向声明》（Coral Sea declaration
of intention），包括支持对跨界环境利益的共同理解。同时，双方就支
持互补治理规范的利益问题进行沟通。2013 年 3 月，澳大利亚与新
喀里多尼亚举行了"珊瑚海跨界合作工作坊"。此次工作坊依据《珊
瑚海意向声明》，聚焦于确认双方在珊瑚海的利益，这包括横跨边界、
跨海域资源、关键物种迁徙路线的生态特征。该工作坊为建立与跨界

① "CTI－CFF", Australia Government Department of the Environment and Energy, http：//www. environment. gov. au/marine/international－activities/coral－triangle－initiative.

② "Australian Aid", Australia Government Department of the Environment and Energy, http：//www. environment. gov. au/system/files/pages/.

③ "Australia Government Coral Triangle Initiative Support Activities", Australia Government Department of the Environment and Energy, http：//www. environment. gov. au/system/files/pages/.

利益相关的互补治理协定奠定了科学基础，而且探讨了跨界利益的四个种类：具有生态意义的迁徙物种、深水环境、浅水环境和海洋环境的压力。[①] 2016 年，双方同意发布关于珊瑚海自然公园和珊瑚海英联邦保护区活动的时事通信。[②]

### 三 澳大利亚南太平洋地区海洋治理的前景

由于全球海洋治理问题成为国际社会的热点议题，域外国家日益关注南太平洋地区海洋治理，这给澳大利亚的海洋治理提供了难得的合作机遇。然而，澳大利亚的海洋治理有着地缘战略的考量，过分重视海洋安全治理，而淡化了海洋治理的其他内容。

#### （一）域外国家对于南太平洋海洋治理的重视

随着全球海洋问题的日益多元化、复杂化，海洋治理成为国际社会面临的一项重要课题，与人类的共同安全息息相关。1994 年《联合国海洋法公约》的生效，体现了国际社会共同治理海洋的努力，但海洋问题并没有得到有效地解决，反而在恶化。由于地理原因，全球各个地区的海洋特性不同，面临的问题各异，南太平洋面临的海洋问题较为特殊和严峻。南太平洋海洋治理展现出了有效的路径，即区域合作。"太平洋岛国采取保护海洋环境的举措被认为是在区域层面上的应对之策。这些小岛屿国家在重视和解决海洋环境问题上，体现出了严谨的态度。它们采取这些举措的背后驱动力是意识到了保护海洋环境和海洋资源的重要性。其努力同样体现了海洋对于它们的重要价值。它们通过区域协定所采取的举措和解决方案最有利于区域政治和目的。这些行动证实了它们的合作性及解决共同关切的能力。同时，它们发展了在共同问题上的区域内聚力。这种合作尚未出现在世界其

---

① "Report of the Australia – France/New Caledonia Coral Sea Transboundary Collaboration Workshop", Australia Government Department of the Environment and Energy, https://www.environment.gov.au/system/files/resources/.

② "Australia's International Marine Conservation Engagement", Australia Government Department of the Environment and Energy, http://www.environment.gov.au/marine/international – activities#epog.

他地区。"① 除此之外，域外国家和国际组织较为重视南太平洋海洋治理，这对于澳大利亚海洋治理是一个较好的外力或推力。其中，这些国家和组织都选择了与澳大利亚合作，共同治理南太平洋。

中国是澳大利亚南太平洋海洋治理的合作对象。2014 年 11 月 17 日，习近平主席在澳大利亚联邦会议上指出："海上通道是中国对外贸易和进出口能源的主要途径，保障海上航行自由安全对中方至关重要。中国政府愿同相关国家加强沟通与合作，共同维护海上航行自由和通道安全，构建和平安宁、合作共赢的海洋秩序。中国将同各国一道，加快推进丝绸之路经济带和 21 世纪海上丝绸之路建设。"② 中国在 2017 年提出了《"一带一路"建设海洋合作设想》，其中提出了构建中国—大洋洲—南太平洋蓝色经济通道，明确表示了与澳大利亚、新西兰及太平洋岛国共建这条蓝色通道。蓝色经济通道把海洋视为全人类共同的财富，突出海洋的整体性，这与全球海洋治理的内涵不谋而合。在约翰·范德克看来，海洋治理的一个原则是要意识到海洋是人类的共同财富，这有助于决定如何分配有限的海洋资源。人类应该共享这些资源。在许多情况下，沿海地区居民的需求和工业应该为分配海洋资源提供主要的基础。每个海洋区域的人都应该有权利利用海洋资源。深居内陆以及地理位置偏僻地区的人如果有对海洋感兴趣和并愿意投资的话，同样有权利用海洋资源。拥有开发渔业资源渔船队的远洋捕鱼国虽然无权拥有这些海洋资源但应该获得投资权。③

日本是澳大利亚南太平洋海洋治理的传统合作对象。作为一个海洋国家，日本非常重视海洋治理。日本为加强与太平洋岛国合作，于

---

① Florian Gubon, "Steps Taken by South Pacific Island States to Preserve and Protect Ocean Resources for Future Generations", in Jon M. Van Dyke, Durwood Zaelke, Grant Hewison, *Freedom for the Seas in the 21st Century*, Washington D. C. : Island Press, 1993, pp. 127 – 128.

② 《习近平在澳大利亚联邦会议发表重要演讲（全文）》，新华网，2014 年 11 月 17 日，http://www.xinhuanet.com/world/2014 – 11/17/c_ 1113283064. htm。

③ Jon M. Van Dyke, "International Governance and Stewardship of the High Seas and Its Resource", ed. , Jon M. Van Dyke, Durwood Zaelke, Grant Hewison, *Freedom for the Seas in the 21st Century: Ocean Governance and Environmental Harmony*, Washington, DC: Island Press, 1992, p. 19.

1997 年倡议并创建了"日本与太平洋岛国领导人峰会"（Pacific Island Leaders Meeting，PALM），作为日本与南太岛国合作的常设机制。PALM 的参加国有 17 个，澳大利亚是其中之一。2018 年 5 月 18—19 日，第八届 PALM 会议在日本举行，日本首相安倍晋三参会并与岛国领导人谈论可持续发展、海洋治理、海上安全等议题，并向岛国承诺未来三年提供 550 亿日元援助。第七届会议强调联合治理对于可持续发展、治理和保护海洋资源与海洋环境的关键作用，呼吁进一步加强双边和多边合作，涉及领域包括海洋环境、海洋安全海洋监测、海洋科学研究、海洋资源保护、可持续渔业治理等。第八届会议还讨论了海上安保、联合执法等具有一定政治敏感性的问题。安倍晋三在该次会议上发表了关于"蓝色太平洋"的演讲，指出了太平洋所面临的严峻问题，包括非法捕鱼、海洋酸化、海平面上升、海洋生态系统恶化等，呼吁开展共同行动。

　　美国是澳大利亚南太平洋海洋治理的坚定合作伙伴。美国把南太平洋视为自己的"内湖"，非常重视该海域的安全与稳定。然而，美国在 20 世纪严重破坏了南太平洋的海洋环境。美国在马绍尔群岛进行了一系列的核试验，还在约翰逊环礁焚毁化学武器。同时，美国的金枪鱼捕鱼船没有尊重太平洋岛国对于迁徙渔业资源的管辖权。它侵犯了太平洋岛国的 200 海里专属经济区。此举严重损害美国在该地区的形象。[1] 应当指出的是，"美国正在为没有成为三大国际环境政策——海洋法、气候变化、生物多样性保护的主导者付出沉重的代价。美国的海洋政策需要由一个与美国国家利益相一致的全球性框架指导。在没有美国积极和正面参与的情况下形成的全球海洋制度未必会保护美国的利益"[2]。为此，进入 21 世纪之后，美国开始重视南太平洋海洋治理。2018 年 9 月 4 日，美国高级别政府代表团在瑙鲁主持了与 16 个太平洋岛国和地区的代表团团长的早餐圆桌讨论会。各代

---

　　[1]　Biliana Cicin – Sain，Robert W. Knecht，"The Emergence of a Regional Ocean Regime in the South Pacific"，*Ecology Law Quarterly*，Vol. 16，Issue 1，1989，p. 178.

　　[2]　［美］比利安娜、罗伯特：《美国海洋政策的未来：新世纪的选择》，张耀龙、韩增林译，海洋出版社 2010 年版，第 248 页。

表团讨论了促进地区安全与稳定，着手应对环境挑战等议题。① 美国为了维护南太平洋地区海上安全，建立了"大洋洲安全倡议"（OM-SI）。OMSI 包括澳大利亚、新西兰、法国和太平洋岛国，致力于打击非法捕鱼，为美国政府间组织和国际合作设定了海洋治理和海洋安全保护的标准。② 澳大利亚在 2016 年《防务白皮书》中把与美国的关系置于最重要的位置。"未来二十年，美国是全球军事力量最强大的国家。基于长期的盟友关系，美国是澳大利亚最重要的战略伙伴。"③

## （二）澳大利亚南太平洋海洋治理的悖论

尽管域外国家对南太平洋海洋治理的关注度日益提高，但澳大利亚仍面临着一些困境，这些困境既有澳大利亚自身因素，也有地区因素。

澳大利亚过分重视海洋安全而淡化了海洋治理的其他内容。澳大利亚的官方政策把南太平洋地区的安全视为其发展同太平洋岛国关系的主要战略考量，这主要体现在《防务白皮书》中。基于此，澳大利亚花费了大量精力来维护该地区海洋安全。比如，联合制定《FRANZ 协议》、主持 SPDMM、参与 OMSI。自美国在 2001 年受到恐怖主义袭击之后，国际社会出现了大量针对国际反恐的倡议。许多倡议是基于海洋安全视角，包括对现有法律框架的修改或调整等新应对举措。它是由许多包括澳大利亚在内的海洋国家所推动。显然，国家层面的反应极为重要，而区域和全球层面的反应对解决由恐怖组织引起的安全威胁和有害货物的运输至为关键。全球海洋治理的法律和政策一直基于"对海洋的和平利用"，这与格劳秀斯"海洋向全人类免费开放"的理念契合。然而，海洋安全倡议不可避免地对利用和治理海洋产生限制。④

就南太平洋地区本身而言，海洋治理的客体绝不仅限于海洋安全

---

① "Readout of U. S. Delegation Meeting With Pacific Island Leaders", U. S. Department of State, September 3, 2018, https://www.state.gov/r/pa/prs/ps/2018/09/285670.html.

② 梁甲瑞：《中美南太平洋地区合作：基于维护海上战略通道安全的视角》，中国社会科学出版社 2018 年版，第 128—129 页。

③ Australia Government Department of Defence, *2016 Defence White Paper*, 2016, p. 42.

④ Donald R. Rothwell, David L. VanderZwaag, *Towards Principled Oceans Governance：Australian and Canadian Approaches and Challenges*, London：Routledge, 2006, pp. 406 – 407.

维度，其他维度的海洋治理客体同样重要，这包括非法捕鱼、外来物种入侵、海洋生态系统退化、气候变化、海洋酸化等。也就是说，维护海洋健康同样重要。PIROP 指出了这一点。"维护海洋的健康是所有人的职责。海洋是相互联通、相互依存的，覆盖了地球表面的70%。海洋的可持续利用与保护对人类的生存与生活至关重要。太平洋岛民居住在分散的海岛上。海洋超越了一切，连接太平洋岛屿。它支撑着太平洋岛屿社区的世代，不仅是交通的媒介，还是食物、传统和文化的源泉。"① 南太平洋是世界上海洋生物多样性最丰富的地区之一，也是海洋生物多样性受到破坏最严重的地区。太平洋岛国丰富的生物多样性正受到严重威胁。许多生态系统正在衰退，许多淡水、海洋植物和动物的数量正在减少。② 太平洋岛国23%的动物、植物面临着灭绝的危险。1985 年，SPC 发布了《南太平洋保护区的行动战略》(Action Strategy for Protected Areas in South Pacific Region)，并指出："太平洋岛屿环境对自然保护造成了特殊的、严峻的挑战。地理和生态环境的隔离导致了特殊动植物物种的进化，许多物种只能在该地区的环境中生存，却不能适应世界其他地区的环境。南太平洋拥有大约2000 种不同类型的生态系统，大约80%的物种只能在本地生存。有限的生存空间意味着这些物种受到很大的限制，而且群体数量不足增加了它们的脆弱性。人口增长、由陆地资源开采引起的栖息地的减少、外来物种的竞争和捕食增加了对自然环境和物种保护的压力。近年来，大量本地动植物物种灭绝或濒危。南太平洋濒危的物种是加勒比地区的七倍、北美地区的一百倍，这对太平洋岛国造成了很大的压力。一些岛国已经努力开始保护自然环境。截至 1985 年，该地区有95 个保护区，总面积大约为 800 平方千米。然而，保护区的面积大

---

① Secretariat of the Pacific Community, *Pacific Islands Regional Ocean Policy and Framework for Integrated Strategic Action*, 2005, p. 1, http://www.sprep.org/att/IRC/eCOPIES/Pacific_Region/99.pdf.

② Randy Thaman, "Threats to Pacific Island Biodiversity and Biodiversity Conservation in the Pacific Islands", *Development Bulletin*, Vol. 58, 2002, p. 23.

约只占总陆地面积的 0.15% ，因此非常有必要扩大保护区的面积。"①

　　某种程度上讲，澳大利亚需要平衡确保自身战略利益和维护南太平洋海洋环境之间的关系。全球海洋治理突出了海洋治理与资源利用之间的平衡，主张建立一个符合全球共同利益的海洋治理机制。事实上，澳大利亚海洋治理的主要目标是掌控南太平洋地区海洋安全事务的领导权。澳大利亚认为，破坏本地区稳定的潜在因素基本上都和海洋有关。比如，澳大利亚非常担忧中国近年来海军力量在南太平洋的辐射，为此，它将维护本地区稳定与安全作为国家战略目标。澳大利亚努力追求成为南太平洋地区海洋大国的目标，积极扮演维护地区海洋稳定的角色，通过采取预防外交、公布更加透明的海军军力和预算等手段努力提升自己的地区影响。当下，南太平洋地区处于一种"软平衡"的博弈态势，② 政治格局多元化。一方面，这种博弈态势为该地区带来一种相对稳定的状态，各种力量基本达成了某种程度上的平衡；另一方面，这种博弈态势客观上挑战了澳大利亚在该地区"领头羊"的地位，促使其重视海洋安全。从这个角度看，澳大利亚的南太平洋海洋治理带有地缘政治的色彩。在澳大利亚洛伊研究所的理查德·麦格雷戈（Richard McGregor）和乔纳森·普莱格（Jonathan Pryke）看来，没有任何一个国家可以与澳大利亚相比，更加意识到了南太平洋地区地缘政治的快速变化。澳大利亚正尝试平衡与中国的经济合作伙伴关系，同美国一样，也觉察到中国在南太平洋地区的战略规划。澳大利亚最近宣布了一些倡议，包括对南太平洋地区、合作伙伴以及新外交使团提供 20 亿澳元的援助，同时考虑在巴布亚新几内亚的马努斯群岛建立海军基地。③ 由此看来，海洋治理并不是澳大利亚对太平洋岛国的首要考虑，而是依附于其国家安全战略。进一步说，

---

　　① SPC, Action Strategy for Protected Areas in South Pacific Region, 1985, https：//www. sprep. org/attachments/Publications/BEM/14. pdf, pp. 2 – 3.

　　② 更多关于南太平洋地区"软平衡"博弈态势的内容参见梁甲瑞、高文胜《中美南太平洋地区的博弈态势、动因及手段》，《太平洋学报》2017 年第 6 期。

　　③ Richard McGregor, Jonathan Pryke, "Australia Versus China In The South Pacific", Lowy Institute，https：//www. lowyinstitute. org/publications/australia – versus – china – south – pacific.

太平洋岛国本身在澳大利亚的外交布局中的地位并不高。自 2013 年起，尽管太平洋岛国与澳大利亚存在一些非正式的接触，但只有两位太平洋岛国领导人应邀访问澳大利亚。同时，澳大利亚对南太平洋地区一直缺乏总理级关注（prime ministerial attention）。鲍勃·霍克、保罗·基廷、约翰·霍华德和凯文·拉德都在任总理期间第一次访问了太平洋岛国。相反，茱莉娅·吉拉德则在任职的第三年、托尼·阿博特和马尔科姆·特恩布尔则在任职的第二年访问了太平洋岛国。①

　　值得注意的是，虽然澳大利亚是太平洋岛国最大的援助者（地缘战略利益的影响），但援助与国民总收入（GNI）的比例目前处于 20 世纪 70 年代以来的最低点。这客观上影响了澳大利亚对太平洋岛国的海洋治理援助。依据 OECD2015 年的统计，澳大利亚的援助大约占 GNI 的 0.22%，在 OECD 国家中位居第 19 位。这主要是因为澳大利亚在 2014—2015 年削减了 10 亿澳元的预算。2015—2016 年，澳大利亚对外援助的财政预算为 38 亿澳元，比上一年下降了 6%。印太地区是澳大利亚援助的焦点。2016—2017 年，澳大利亚对太平洋地区援助了 9.1 亿澳元，巴布亚新几内亚大约接受了该援助份额的一半。澳大利亚在太平洋地区的国家利益主要是地缘战略而不是贸易驱动或海洋治理，主要是为了维护"责任之弧"（Arc of Responsibility）的稳定。②

　　澳大利亚是世界上的海洋大国，在全球海洋治理中扮演着重要角色，而其南太平洋海洋治理是其海洋治理大国的一个体现。正如比利安娜和罗伯特所言，"拥有世界上最大的、最具生物多样性的专属经济区，加上其海洋战略，澳大利亚显然已经进入全球海洋政策舞台的

---

① "Australia has neglected its relationship with the Pacific – but that can change", The Guardian, April 5, 2018, https：//www. theguardian. com/australia – news/2018/apr/25/australia – has – neglected – its – relationship – with – the – pacific – but – that – can – change.

② "Australia Aid in the Pacific Islands", Australian Institute of International Affairs, July 26, 2016, http：//www. internationalaffairs. org. au/australianoutlook/australian – aid – in – the – pacific – islands/.

中心"①。基于先进的海洋理念，澳大利亚拥有了浓厚的海洋治理意识，在全球范围内积极参与海洋治理，贡献自身的力量，树立了负责任的海洋国家的形象。区域海洋治理是全球海洋治理的重要组成部分，发挥着独特的作用。学术界已经意识到了区域海洋治理的效能，并倡议将其作为海洋治理的一项原则。相比于其他域外国家，南太平洋与澳大利亚有着密切的关系。因此，南太平洋海洋治理是澳大利亚全球海洋治理的优先事项，同时，这某种程度上体现了区域海洋治理的特性。

作为南太平洋地区的大国，澳大利亚面临的海洋治理问题日益严峻，气候变化对该海域的负面影响逐渐明显。太平洋岛国由于自身的脆弱性，是海洋问题的最直接受害者。丽贝卡·欣莉（Rebecca Hingley）在《气候难民：一个大洋洲的视角》（Climate Refugees：An Oceanic Perspective）一文中把太平洋岛国居民称为"气候难民"。"太平洋目前是世界上受气候变化影响最严重的地区，该地区的国家正努力挣扎在海平面上，并忍受日益严峻的自然灾害。基于这样的现实，国际社会把该地区的居民称为'气候难民'。"② 如前所述，澳大利亚的海洋治理虽然前景广阔，但却充满了地缘政治的色彩，这不仅会削弱其海洋治理的效力，影响其海洋大国的国际形象，还会阻碍南太平洋地区和谐海洋秩序的构建。目前，南太平洋多元化的海洋问题为域外国家提供了合作的契机。海洋治理成为澳大利亚、新西兰及域外国家合作的最佳切入点。在米特兰尼看来，一个领域的合作越成功，其他领域进行合作的动力就越强劲。他确信由于认识到合作的必要而在某一功能领域进行的合作，将会推动合作态度的改变，或使合作的意向从一个领域扩展到其他领域，从而在更大

---

① ［美］比利安娜、罗伯特：《美国海洋政策的未来：新世纪的选择》，张耀龙、韩增林译，海洋出版社 2010 年版，第 275 页。

② Rebecca Hingley, " Climate Refugees：An Oceanic Perspective", *Asia and The Pacific Studies*, Vol. 4, No. 1, 2017, p. 160.

的范围内进行更深入的合作。① 但在过去的十几年，澳大利亚对待南太平洋地区的政治环境存在一定的国家偏见，缺乏包容性。

未来，澳大利亚应该继续完善南太平洋的海洋治理，发挥域内大国引领性的作用，为建构和谐的南太平洋地区新型海洋秩序做出贡献。具体而言，结合南太平洋地区的实际情况和澳大利亚在海洋治理中存在的问题，澳大利亚应注意以下两个方面。

第一，把握整体性原则，平等对待每一个太平洋岛国。由于地理原因，澳大利亚对巴布亚新几内亚的援助份额较多，对其他岛国的援助较少。同时，澳大利亚与巴布亚新几内亚、所罗门群岛都有海洋合作关系，但与其余岛国的海洋合作较少。这一定程度上体现了澳大利亚对太平洋岛国的偏向性。就海洋治理而言，每一个岛国都是南太平洋地区不可或缺的一部分。这些岛国都是海洋型发展中国家，都拥有广阔的海洋面积。比如，基里巴斯的陆地面积为 690 平方千米，但却控制着 350 万平方千米的海域。这是与世界上其他海洋沿岸国家最大的区别。由于海洋的联通性，每一个太平洋都是这个整体中不可或缺的部分。

第二，扮演引领性角色，动员太平洋周边国家（Pacific Rime Countries）加入《南太平洋地区自然资源和环境保护公约》（Convention For The Protection of the Natural Resources and Environment of the South Pacific Region）。该公约是全球努力保护、治理自然资源和环境的一部分。该公约及其条款是建立阻止、减少和控制海洋污染的第一次区域层面上的努力和尝试，覆盖的海域面积比较广，是保护海洋环境的有效手段。它声称是保护、治理和发展南太平洋海洋和沿岸环境的综合性规范，但事实上它主要关注污染问题。大国应该履行控制污染的主要责任和义务。只有太平洋地区的大型国家加入该公约，该公约及其条款才能发挥最大的潜力。基于此，澳大利亚应发挥引领性作用，与太平洋周边国家一道加入该公约，更好地发挥这些大型国家在

---

① ［美］詹姆斯·多尔蒂、小罗伯特·普法尔茨格拉夫：《争论中的国际关系理论》，阎学通、陈寒溪等译，世界知识出版社 2003 年版，第 552—553 页。

南太平洋海洋治理中的应有作用。

## 第五节　从海洋争霸到参与全球海洋治理：
俄罗斯在南太平洋的治理

　　同其他新兴域外国家不同，俄罗斯同太平洋岛国的交往有着悠久的历史。冷战期间，出于同美国争夺世界海洋霸权、控制全球海上战略通道的考量，苏联全力进行全球海洋军事扩张。凭借优越的地理位置、数量众多的岛屿，美洲到亚洲的能源运输通道，南太平洋地区的海上战略通道价值日益显著。南太平洋地区成为美苏双方竞争的一个焦点区域。作为海洋强国，俄罗斯极为重视全球海洋治理，并采取了相应的举措。目前，维护海上战略通道安全逐渐成为俄罗斯参与南太平洋地区的重要切入点。同其他诸如美国、日本、中国、德国等域外国家相比，俄罗斯在南太平洋地区的海洋治理进程缓慢，成效甚微。

　　作为海洋强国，俄罗斯极为重视全球海洋治理，并采取了相应的举措。近年来，太平洋岛国所在的南太平洋地区已经成为俄罗斯参与全球海洋治理的一个重要区域。基于此，俄罗斯非常重视发展同太平洋岛国的关系。同其他新兴域外国家不同，俄罗斯同太平洋岛国的交往有着悠久的历史。目前，学术界已经注意到了这一点，并出现了相关研究。李秀蛟、李蕾探讨了俄罗斯缘何重返南太平洋及其战略考量。[①] 方晓志认为俄罗斯近年来积极介入亚太地区事务，不断挑战西方在亚太地区的主导权。发展与太平洋国家的关系成为这种挑战的一个重要突破口。[②] 格雷格·弗莱（Grag Fry）、桑德拉·塔特（Sandra Tarte）认为俄罗斯的全球野心加剧了南太平洋地区地缘政治竞争。相较于中国，俄罗斯以一种更为直接的方式，不断增加在南太平洋地区的影响力。多种迹象表明，俄罗斯更为重视南太平洋地区的战略竞

---

① 李秀蛟、李蕾：《俄罗斯重返南太平洋外交解析》，《俄罗斯东欧中亚研究》2017年第4期。
② 方晓志：《南太平洋：安全形势日趋复杂》，《世界知识》2013年第18期。

争，这涉及对太平洋岛国的军事援助。① 澳大利亚罗伊研究所的安娜·波尔斯（Anna Powles）等在一份名为《原则性接触：重建与斐济的防务关系》的政策报告中指出："南太平洋地区的地缘政治正在改变。俄罗斯同斐济的武器交易凸显了澳大利亚与新西兰所面临的域外国家同斐济建立关系的竞争压力。这同时体现了俄罗斯对南太平洋的兴趣。"②

整体来看，既有研究主要从海洋争霸的角度去探讨俄罗斯与太平洋岛国的关系，体现了俄罗斯与南太平洋地区相关域外大国的一种零和博弈。然而，在求和平、促发展成为主流的今天，构建新型国际秩序已经成为各国的共识。因此，相关学术研究也应该符合世界主流趋势，揭示国际关系的真相。随着全球海洋问题的复杂化、多元化，海洋治理成为当今世界的主要议题。作为海洋大国，俄罗斯非常注重参与全球海洋治理。③ 其中，南太平洋地区日益成为俄罗斯参与全球海洋治理的焦点区域。本节拟从俄罗斯海洋争霸到参与全球海洋治理的视角，探究其同太平洋岛国的关系，从而揭示未来其在南太平洋地区中的角色。

## 一　南太平洋地区海洋争霸：苏联同太平洋岛国的关系

就国家的经济发展、文化传播、军事安全而言，海洋至关重要。俄罗斯历史上一直重视对海上战略通道的争夺。历代沙皇为了达到争霸世界的目的，都是先夺取出海口，进而争霸全球。④ 冷战期间，美国虽然通过《澳新美同盟条约》对该地区进行控制，但仍然在该地

① Greg Fry, Sandra Tarte, *The New Pacific Diplomacy*, ANU Press, 2015, p. 127.

② Anna Powles, Jose Sousa‐Santos, "Principled engagement：Rebuilding defence ties with Fiji", *Lowy Institute Analyses*, July 2016, pp. 1‐18.

③ 有学者已经意识到了这一点。在王郦久、徐晓天看来，俄罗斯是三面环洋的海洋大国，不论沙皇俄国、苏联还是如今的俄罗斯，都非常重视对周边和全球海洋的研究、开发和利用，苏联时期甚至达到与美国在全球海洋领域两极竞争局面。更多相关内容参见王郦久、徐晓天《俄罗斯参与全球海洋治理和维护海洋权益的政策及实践》，《俄罗斯学刊》2019 年第 5 期。

④ 梁甲瑞：《中美南太平洋地区合作：基于维护海上战略通道安全的视角》，中国社会科学出版社 2018 年版，第 49 页。

区有着大量的军事力量，对太平洋岛国有着重要的影响力。与美国不同，苏联在南太平洋地区的影响力甚微。作为"后来者"，苏联从渔业角度切入，发展同太平洋岛国的外交关系，试图控制南太平洋地区海上战略通道。对于苏联的这一战略企图，美国给予了坚决的回应。1979 年 9 月 2 日，美国政府人士在一次讲话中指出："谁都不要弄错，美国仍然是一个太平洋国家，自由出入太平洋海上通道对美国安全是生死攸关的，因此我们正在保护这条通道。"苏联在太平洋的扩张，企图抗衡美国在太平洋的势力，并控制从远东基地到印度洋的海上战略通道。①

**（一）苏联对基里巴斯的渔业战略**

基里巴斯是一个对海洋资源依附程度较深的微型国家，位于中太平洋地区，由 33 个低洼环礁组成。它的陆地面积为 690 平方千米，但海洋专属经济区的面积达到了 360 万平方千米，是南太平洋地区海洋面积第二大国家。英国在 1916 年吞并基里巴斯与图瓦卢，并将这两个国家整合在一起。基里巴斯于 1979 年取得独立。在 1979 年之前，基里巴斯的经济主要依赖磷酸盐的出口。磷酸盐主要分布在海岛，出口到澳大利亚和新西兰。1979 年，磷酸盐占了基里巴斯出口收入的 89%。然而，磷酸盐的开采在 1979 年年底停止。自此，基里巴斯政府开始寻求其他收入弥补磷酸盐停产造成的损失，并试图实现经济多样化。基里巴斯《1983—1986 发展规划》强调了发展国内金枪鱼产业，并把其作为利用自然资源、扩大经济多样化的手段。1985年 8 月 5 日，基里巴斯总统允诺："将签署一份有争议的渔业协议。该协议将使苏联拥有在基里巴斯广阔专属经济区捕鱼的权利。该协议一旦达成，将为期一年，并使得苏联 16 艘捕鱼船拥有在基里巴斯 200万平方千米海域上捕鱼的权利。"而针对外界对于渔业协议的质疑，塔柏给出了回应："每个人都担心苏联在基里巴斯的捕鱼基地，但没人担心新西兰。苏联的捕鱼船曾在新西兰待了三年。"② 在这种情况

---

① 蒋建东：《苏联的海洋扩张》，上海人民出版社 1981 年版，第 144—170 页。

② "Kiribati President to Sign Fishing Pact", AP News, Aug 5, 1985, https://www.apnews.com/5aed1ce8fae11cd7e907b463ef556f6f.

下，1985 年，基里巴斯与苏联签订了一份具有争议的金枪鱼协定。这是南太平洋地区第一份渔业协议。① 根据这个协议，苏联要向基里巴斯每年支付"准入费"（access fees）150 万美元，这占了基里巴斯财政收入的 3%。在同苏联签订渔业协定之前，据估计，基里巴斯的远洋捕捞收入每年约为 150 万美元，这占了其财政收入的 3%—4%。自双方签订渔业协定之后，基里巴斯的远洋捕捞收入占了财政收入的 25% 左右。因此，对太平洋岛国而言，域外国家支付的捕鱼"准入费"是它们财政收入的重要组成部分。②

基里巴斯是瑙鲁集团（Nauru Group）的成员国，瑙鲁集团是 FFA 的一个次区域组织，其成员国主要包括密克罗尼西亚、基里巴斯、马绍尔群岛、瑙鲁、帕劳、巴布亚新几内亚、所罗门群岛。基里巴斯对于瑙鲁集团原则的遵守体现在了与苏联的渔业协定中。与国际通用的规范一致，基里巴斯与苏联的协定承认以下几个方面。第一，基里巴斯拥有在其专属经济区内开采、治理资源的主权；第二，苏联遵守基里巴斯的国内渔业法律和《联合国海洋法公约》；第三，苏联对其船只在基里巴斯专属经济区内的行动负完全责任。但美国金枪鱼船联盟（American Tunaboat Association，ATA）拒绝承认和接受该渔业协定。根据该协议，苏联的渔船自 1985 年 10 月 15 日起，可以在基里巴斯专属经济区内活动，但不能在其领海内活动、不能使用港口特权（除非在紧急情况下使用塔拉瓦港口）。然而，基里巴斯对双方签订的渔业协定有争议，因此该协定于 1986 年 10 月失效。③

**（二）苏联对瓦努阿图的渔业战略**

作为《联合国海洋法公约》的签字国，瓦努阿图拥有 200 海里专属经济区的主权，海洋面积达 71 万平方千米。渔业是瓦努阿图就业、

---

① David J. Doulman, *Some Aspects and Issues Concerning The Kiribati/Soviet Union Fishing Agreement*, Honolulu：East – West Center, 1986.

② B. Martin Tsamenyi, S. K. N. Blay, "Soviet Fishing In The South Pacific：The Myths and The Realities", *University of Technology Law Journal*, Vol. 5, 1986, p. 157.

③ David J. Doulman, *Some Aspects and Issues Concerning The Kiribati/Soviet Union Fishing Agreement*, Honolulu：East – West Center, 1986, p. 10.

食品和收入的重要来源。自 20 世纪 50 年代中期开始，日本、韩国，以及中国台湾地区的延绳钓鱼船开始在瓦努阿图的海域捕捞金枪鱼。1957 年，一个日本公司在帕勒库拉（Palekula）成立了南太平洋捕鱼公司。1974—1979 年，日本的拖弋金枪鱼船（pole and line）一直在瓦努阿图捕鱼，并挂靠在南太平洋渔业公司。①

　　为了利用岛国专属经济区内的渔业资源和港口设施，苏联开始接触瓦努阿图。苏联与瓦努阿图官员实际上早在 1985 年 12 月就开始在悉尼进行谈判了。瓦努阿图同意苏联在其 200 海里专属经济区内进行为期一年的捕鱼，并允许苏联的捕鱼船使用其港口。瓦努阿图与苏联的捕鱼协定在以下三个方面赋予了苏联相应的权利和责任。第一，苏联将在协议签订一个月内，为其在瓦努阿图专属经济区捕鱼的 8 条船支付 150 万美元的手续费；第二，苏联船只可以进入瓦努阿图的领海，并把渔船上所捕获的鱼转移到母船上；第三，苏联船只可以进入维拉港、卢甘维尔港以及帕勒库拉港，进行加油、补给和维修。苏联支付的"准入费"成为瓦努阿图财政收入的新渠道，但这远低于当时执政党利尼（Lini）政府的外汇收入需求。根据美国驻莫尔兹比港大使馆的分析，瓦努阿图的经济和投资环境日益恶化。瓦努阿图本地和外国商人对其与苏联的渔业协定表示了担忧。利尼政府与苏联的交易已经激起了国内的政治反对。瓦努阿图有三个新出现的政党，它们都批评利尼政府破坏了经济环境的政策。然而，这三个政党的反对是模糊的，不大会对利尼政府或其政党造成政治难题。瓦努阿图并不打算用与苏联的渔业协定来割裂同西方国家的关系，而是继续维持同西方国家传统的经济和文化联系。由此看来，在瓦努阿图的定位中，西方国家仍然是其外交的重点，这既与双方在历史上的密切联系有关，又是现实利益的考量。同基里巴斯一样，瓦努阿图与苏联的渔业协定遭到了很大的外界阻力。瓦努阿图的渔业协定，是第一份有关苏联船只可以靠岸的条款的文件，将引起美国和新西兰的安全顾虑。澳大利

---

① SPC, *Twenty - Sixth Regional Technical Meeting on Fisheries*, New Caledonia: Noumea, August 1996, pp. 4 - 7.

亚官员也就苏联在南太平洋地区不断增加的影响力反复表达了担忧。[1]

尽管苏联的动机遭到了外界的质疑，但是其与瓦努阿图的渔业协定使其获得了巨大的利益，即取得了港口的使用权。由于苏联远离母港，因此它的捕鱼船需要港口基础设施，以便进行补给、修整、补充燃料、人员轮休、金枪鱼转运等。一旦苏联船只遇到紧急情况，它可以使用这些港口进行休整。早先苏联与新西兰的渔业协议使其可以使用惠灵顿港口，但由于苏联入侵阿富汗，新西兰取消了苏联使用其港口的权限，并限制苏联渔民进入港口。因此，对苏联而言，瓦努阿图这三个港口的意义不言而喻。[2]

### （三）苏联对美拉尼西亚地区的渔业政策

苏联未能同基里巴斯续约，也未能同瓦努阿图更新渔业协定，因此，这意味着苏联同太平洋岛国的双边渔业协定终止。但苏联随即将目光转向了包括 FFA 成员国在内的次区域多边协定。FFA 成员国中的为巴布亚新几内亚、所罗门群岛和瓦努阿图，有着临近的专属经济区，共同从属于美拉尼西亚地区。同时，它们拥有丰富的渔业资源以及良好的金枪鱼捕捞、加工产业。对于 FFA 成员国而言，它们普遍准备增加该地区 DWFNs 的数量，将其作为稀释日本在渔业领域垄断性影响力的一个步骤，但它们同样意识到苏联在基里巴斯和瓦努阿图的表现，证明苏联不能很好地经营在南太平洋捕捞金枪鱼的活动。苏联看上去缺乏 FFA 成员国所需的渔业技术，也不能提供有吸引力的援助。太平洋岛国天性保守，更倾向于采取不复杂的亲西方政治立场。因此，虽然苏联可以同 FFA 的某个成员国签订双边渔业协定，但同 FFA 的次区域多边渔业协定充满了不确定性，主要的障碍为苏联准备支付多少"准入费"。截至 1990 年，南太平洋只有一个多边渔

---

① Central Intelligence Agency, Implications of the Vanuatu – Soviet Fishing Agreement, January 1987, pp. 2 – 5.

② Directorate of Intelligence, "The Soviet Pacific Fishing Fleet: After More Than Fish", *An Intelligence Report*, 23 March 1982, p. 3.

业协定,即美国与 16 个 FFA 成员国之间的协定。① 而随着苏联的解体,它在南太平洋地区的影响力日益衰退,因而同 FFA 的渔业谈判未能达成一致。

苏联在南太平洋的渔业战略是为其争夺海上战略通道服务。自20 世纪 60 年代开始,美苏的海军力量均衡发生了很大的变化。1956 年,苏联海军在海军司令戈尔什科夫的主张下,开始了大规模扩张。短期内,苏联成为一个全球海洋强国。然而,美国的海军力量却开始下降。② 戈尔什科夫 1976 年 7 月 25 日在《真理报》上发表文章说:"苏联海军实力的增强,取决于其各个组成部分的发展,其中包括运输、捕鱼和科学研究队。"苏联以一种异乎寻常的劲头扩充远洋渔业,把渔船队作为它的海洋实力的组成部分。据报道,苏联渔船队中有一半船只不是专门捕鱼,而是执行军事任务:监视海空航线,补给苏联海军,向出事地点运送武器、人员和物资。一个美国官员说:"俄国的渔船只不过是俄国情报收集系统的附属部分,而且是他们情报机构的一个直接分支机构。"苏联渔船队中拥有数百艘吨位从三百吨到七百吨不等的、伪装成拖网渔船的间谍船。这些渔船装有复杂的电子收听器和探测器,专门刺探军事情报。此外还有许多小型渔船担任同样的侦察任务。这些渔船经常闯进别国领海,观察别国的战舰演习,监听别国的军事无线电通讯,侦察别国海岸的雷达活动,还监听别国航行的船只和测绘海图。20世纪 70 年代以后,随着苏联加紧战争准备,它的拖网渔船在世界各海域的活动更为频繁。凡是别国演习或新型舰艇的航行,它总是要跟踪观察。③

《苏联太平洋捕鱼船队:不止捕鱼》(The Soviet Pacific Fishing Fleet: After More Than Fish)报告中指出:"苏联的捕鱼船规模在世界

---

① FFA, Distant – Water Fishing Access Arrangements For Tuna in The South Pacific, *FFA Report 90/14*, Solomon Islands: Honiara, March 1990, p. 18.

② Robert J. Hanks, "Maritime Doctrines and Capabilities: The United States and Soviet Union", *The Annals of The American Academy of Political and Social Science*, Vol. 457, 1981, p. 122.

③ 蒋建东:《苏联的海洋扩张》,上海人民出版社 1981 年版,第 186—187 页。

上首屈一指。它拥有 4500 艘 100 吨以上的注册捕鱼船，占了世界捕鱼船吨位的一半以上。船队包括拖网渔船、围网渔船以及捕鲸船。还有油轮、补给船、科考船、救生拖船为捕鱼船队服务。船队的设备一直在更新，技术先进，在世界上独一无二。虽然苏联捕鱼船一般不受海军的控制，但它增强了苏联在海洋上的安全能力。苏联捕鱼船在以下几个方面为海军提供服务。第一，搜集通讯和电子情报；第二，监视外国船只和飞机的活动；第三，重新规划苏联海军部队；第四，搜集海洋学和水道学数据。在过去的几十年，苏联在太平洋上的活动日益活跃，苏联海军虽然仍将远东地区视为重点，但活动范围贯穿了整个太平洋地区。太平洋渔业资源成为苏联的重点关注对象。因此，其捕鱼船出现在太平洋的几乎所有地区。除了捕鱼之外，苏联捕鱼船还进行很多军事和情报活动。作为苏联海军的'附庸'，捕鱼船一直被用来搜集情报和雷达信号以及在公海、外国港口观察外国船只。科考船同样被用作军事目的。渔业科考船可以搜集有助于军事规划的海洋学信息。科考船所携带的潜水器可以被用作嵌入海床监测器和航行设备。此外，海洋学科考船上的精密设备可以为苏联潜艇提供海洋温度的信息。苏联捕鱼船和科考船已经出现在南太平洋和西太平洋地区。毫无疑问，海洋学和海军科考船可以携带监测装备，而捕鱼科考船则为其做了很好的掩护。"[1] 一些学者也表达了自己的观点。比如，金秉宪（Byung Ki Kim）对苏联捕鱼船的军事用途也持认同的观点。"所有的苏联商船和捕鱼船都被苏联海军情报机关所利用。它们实际上是半军事用途的船只，船员都被迫掌握军事知识。基里巴斯地缘位置很重要，它在全球中的位置几乎位于苏联空间发射站的对面。进一步说，苏联的卫星经常出现在南太平洋的上空。控制了南太平洋地区有助于保持同军事、民用卫星的联系。"[2] 在有的人看来，"我们不能

---

① Directorate of Intelligence, "The Soviet Pacific Fishing Fleet: After More Than Fish", *An Intelligence Report*, 23 March 1982, pp. 1 – 6.

② Byung Ki Kim, "Moscow's South Pacific Fishing Fleet Is Much More Than It Seems", The Heritage Foundation, September 6, 1988, https://www.heritage.org/europe/report/moscows – south – pacific – fishing – fleet – much – more – it – seems.

低估进入瓦努阿图的捕鱼船可以使得苏联在太平洋拥有补给、监视、封锁的能力"①。德克·巴伦多夫（Dirk Ballendorf）指出，苏联部署在太平洋的、最大的海军舰队由包括核潜艇在内的所有类型和级别的军舰组成。苏联的捕鱼船队所在的太平洋海域有美国的军事力量，特别是在夏威夷、关岛、日本以及马绍尔群岛的夸贾林环礁导弹测试基地。除了常规的军事存在以外，苏联还拥有大规模卫星网络，用以监视美国的军事和民用活动。②

## 二 全球海洋治理：俄罗斯同太平洋岛国关系的驱动力

随着海洋问题在国际政治中影响力的日益提升，海洋治理已经成为国际社会的一项重要课题。俄罗斯致力于建设海洋强国，极为重视海洋问题。2000 年在普京就任俄罗斯总统以后，俄罗斯对国家海洋利益日益重视，2000—2001 年发布了三份海洋战略指导性文件：《2010 年前俄联邦海上军事活动的政策原则》《俄罗斯联邦海军战略（草案）》《2020 年前俄罗斯联邦海洋学说》。维护海上战略通道安全属于维护海上安全的范畴，从属于海洋治理。在全球海域中，由于特殊的地理位置，南太平洋地区面临着严峻的挑战。同冷战时期相比，当下的战略环境已经发生了很大的改变，构建人类命运共同体成为主流。零和博弈视域下的争夺海上战略通道观念已经不符合时代主流趋势。作为域外大国，俄罗斯已经意识到了维护南太平洋地区海上战略通道的重要性，并采取了相关举措。这契合了俄罗斯的国家利益。俄罗斯在 2015 年最新颁布的《俄罗斯联邦海洋学说》把海洋治理视为其国家海洋政策，其中涉及海洋治理包括维护公海航行自由、维护主要海上航线的安全、防止海洋污染、综合利用海洋资源和空间。③ 太平洋岛国论坛秘书长克里斯蒂尔·普拉特

① Rubenstein Collin, "The USSR and Its Proxies in a Volatile South Pacific", *The Heritage Lectures*, No. 161, 1988, p. 5.

② Dirk Ballendorf, "Soviet Threat: The Shadow and the Substance", *Pacific Islands Monthly*, October, 1985, p. 2.

③ Russia Maritime Studies Institute, *Maritime Doctrine of the Russian Federation*, 2015, p. 6.

(Cristelle Pratt) 认为中国的崛起以及俄罗斯的重新崛起正在重塑全球地缘政治格局。它们正寻求与南太平洋地区建立联系。[①] 目前，维护海上战略通道安全逐渐成为俄罗斯参与南太平洋事务的重要切入点。对南太平洋地区而言，海洋治理是太平洋岛国及岛民的首要任务。海洋对南太平洋地区的重要性不言而喻。《太平洋岛国区域海洋政策和针对联合战略行动的框架》指出："海洋把太平洋岛屿社区连接在一起，不仅扮演着交通媒介的角色，而且是食物、文化和传统的源泉。"[②] 同时，南太平洋地区的跨国犯罪、毒品走私、自然灾害等严重威胁着该地区海上战略通道的安全。在 SPC 看来，保障海上交通有助于推动许多太平洋岛国经济的发展。确保海上交通安全有助于保护蓝色太平洋。[③]

**（一）构建战略支点，更好地维护海上战略通道安全。**

斐济处于南太平洋地区的十字路口位置，地理位置极为重要。它在太平洋岛屿地区有着不容忽视的影响力。近年来，斐济致力于外向型的发展模式，积极在国际舞台上发出声音。最为显著的例子是斐济对于国际维和行动的贡献。1970 年 10 月 13 日，斐济作为首个参加联合国大会的太平洋岛国加入联合国。自此，斐济在其外交政策中把参加国际维和行动置于核心地位。自 20 世纪 70 年代以后，斐济的维和人员在安哥拉、柬埔寨、克罗地亚、索马里、科索沃等国服役。斐济在联合国维和行动中展现出的高标准已经成为其国家荣誉的焦点，提升了斐济的国际影响力。[④] 就军事力量而言，斐济共和军是保护国家安全的主要力量。同时，斐济共和军还面临着解决当下安全挑战的

---

① "State of Regionalism", Pacific Island Forum, https：//www. forumsec. org/state – pacific – regionalism – challenges – pacific – solidarity/.

② FFA, SPC, SPREP, SOPAC, USP, *Pacific Islands Regional Ocean Policy and Framework for Integrated Strategic Action*, 2005, p. 3.

③ "Pacific Island Countries take the Helm on Aids to Navigation and Safety at Sea", Pacific Community, February 2020, https：//www. spc. int/updates/blog/2020/02/.

④ "A Better Fiji through Excellence in Foreign Service", Ministry of Foreign Affairs, http：//www. foreignaffairs. gov. fj/news – release/10 – foreign – policy/.

任务，比如气候变化、种族主义、跨国犯罪等。① 毫无疑问，斐济
的军事力量对俄罗斯维护南太平洋海上战略通道安全有着积极的
影响。近年来，俄罗斯极为重视发展同斐济的外交关系。2012 年
2 月，俄罗斯外交部部长谢尔盖·拉夫罗夫（Sergey Lavrov）访问
斐济。这是俄罗斯领导人对斐济访问级别最高的一次。谢尔盖·
拉夫罗夫指出太平洋地区是当下俄罗斯外交的重点区域。② 随后，
俄罗斯向斐济红十字会捐赠了 2 万美元，作为洪灾救济援助。斐
济红十字会社会灾害协调员艾瑟饶玛·勒杜阿（Eseroma Ledua）
指出，这些捐赠将被用于补充救灾物资，以加强当地的后勤保
障。③ 2016 年《俄罗斯与斐济合作备忘录》的签订是斐济与俄罗
斯合作的一个里程碑。它体现了双方欲在相互获益的基础上，进
一步强化和扩大议会间合作。俄罗斯联邦委员会主席瓦伦蒂娜·
马特韦考（Valentina Matvieko）指出："俄罗斯与斐济虽然地理上
较远，但依然可以发展伙伴关系。"④作为一个太平洋国家，俄罗
斯试图以斐济为战略支点，扩大在南太平洋地区的影响力和存在
感。2014 年，为了纪念两国建交 40 周年，斐济外交部部长拉图
·依诺克·库布博拉（Ratu Inoke Kubuabola）表示："俄罗斯正在
成为斐济'向北看'外交政策的重要伙伴之一。"拉夫罗夫则表
示："与太平洋岛国的深入互动是俄罗斯在南太平洋地区议程中不
可或缺的一部分。"早在 2013 年东亚峰会上，拉夫罗夫就提出了
这一建议。在双方建交 45 周年之际，双方表达了双边关系的重要
性。拉夫罗夫在致辞中表示："在过去的几十年中，俄罗斯与斐济
共同的努力为双方关系的持续发展奠定了坚实的基础。已有的经
验将为两国和两国的共同利益进一步强化双边合作，并继续为强

① "About Us", Republic of Fiji Military Forces, http：//www. rfmf. mil. fj/about_ us/.
② "Sergey Lavrov visits Fiji", Ministry of Foreign Affairs, http：//www. foreignaffairs. gov. fj/media – resources/media – release.
③ "Russia Donates 20000 USD To Red Cross", The Fijian Government, https：//www. fiji. gov. fj/Media – Centre/News.
④ "Milestone achievement in Parliamentary Partnership", Parliament of The Republic of Fiji, http：//www. parliament. gov. fj/milestone – achievement – in – parliamentary – partnership/.

化亚太地区安全服务。"①

巴布亚新几内亚是太平洋岛国中面积最大的国家，扼守着南太平洋海上战略通道，在南太平洋地区也有着很强的影响力。俄罗斯同巴新虽然过去交往不多，但近年来关系发展较为迅速，潜力巨大。2017年11月，俄罗斯外长谢尔盖·拉夫罗夫在越南举行的 APEC 峰会间隙会见了巴新外长宾克·帕托（Rimbink Pato），指出俄罗斯赞赏同巴新的双边关系，特别支持双方在经济、渔业、人道主义领域和教育方面的互动。② 除此之外，2018年5月，俄罗斯海军训练船"佩雷科普"号抵达巴新首都莫尔兹比港，开始了商务访问。俄罗斯海军发言人伊格·德加洛（Igor Dygalo）表示："这是两国关系历史上首次有俄罗斯海军舰艇停靠在巴新港口。"③ 俄罗斯时任总统梅德韦杰夫于2019年在莫尔兹比港举行的 APEC 峰会的双边讨论会上，向巴新总理皮特·奥尼尔发出了访问邀请。作为积极回应，奥尼尔将带领政府和商业代表团访问俄罗斯。他表示随着巴新在液化天然气领域的发展，双方在该领域将会有广泛的合作，并期待巴新同俄罗斯的进一步接触。随着巴新扩大农业出口，俄罗斯东部广泛的市场将会被开拓。④ 除了斐济和巴新之外，俄罗斯把目光同样转向了其他太平洋岛国。

### （二）强化同南太平洋地区组织的合作关系

在南太平洋地区海洋治理中，区域组织扮演着非常重要的角色。同世界上其他地区不同，南太平洋地区的区域组织专业化较强，涉及议题往往比较专业。由于太平洋岛国国小民少，对区域组织的依赖较强。基于此，俄罗斯不断强化同南太平洋地区组织的关系。

---

① "Russia and Fiji Exchange Congratulatory Messages on the 45th Anniversary of Diplomatic Relations", Foreign Affairs of Fiji, http：//www. foreignaffairs. gov. fj/missions – overseas/38 – press – releases – 2018/.

② "Russia Values Relations with Papua New Guinea", Russian News Agency, 8 November 2017, https：//tass. com/politics/974542.

③ "Russian Naval Ship makes First – ever Call in Papua New Guinea", Russian News Agency, 16 May 2018, https：//tass. com/defense/1004605.

④ "PNG Delegation to Visit Russia", Loop, http：//www. looppng. com/png – news/png – delegation – visit – russia – 83938.

第一，太平洋岛国发展论坛（Pacific Islands Development Forum，PIDF）。PIDF 成立于 2013 年，旨在通过关注南太平洋地区的可持续和包容性发展，为成员国带来转折性变化。PIDF 成为南太平洋地区第一个真正具有代表性和参与性的绿色经济平台。作为一个可持续发展平台，PIDF 的一个重点是确保海上通道安全。正如《PIDF 战略规划 2017—2020》中所言："PIDF 将优先考虑替代现有石油驱动的陆运和海运，将极大减少燃料站。作为向偏远岛屿地区提供有效服务的替代方法，可持续海运将被推广和应用。"① 鉴于太平洋岛国之间距离较远，国际海运对南太平洋地区至关重要。虽然海运仍是大规模运输的重要方式，但提高其可持续性、降低燃油消耗和减少排放将给太平洋岛国环境和经济带来重大效益。PIDF 致力于推广可持续海运，为太平洋岛国提供最为有效的服务。② 俄罗斯积极拓展同 PIDF 的关系，充分利用 PIDF 在南太平洋地区可持续海运推广方面的影响力。2013 年 8 月，俄罗斯以观察员的身份，参加了首届在楠迪举行的论坛峰会。③ 在格雷格·弗莱和桑德拉·塔特看来，俄罗斯已经成为 PIDF 的坚定支持者，并提供了一定的财政援助。④

第二，南太平洋区域渔业治理组织（South Pacific Regional Fisheries Management Organization，SPRFMO）。作为一个政府间组织，SPRFMO 致力于南太平洋地区长远的渔业资源可持续保护与利用，以此来保护海洋生态系统。《SPRFMO 公约》适用于南太平洋地区的公海区域。这些区域大约覆盖了全球公海的四分之一。⑤ 目前，SPRFMO 拥有包括俄罗斯在内的 15 个成员国。俄罗斯于 2011 年 1 月 25 日在《SPRFMO 公约》上签字，于 2012 年 8 月 25 日生效。在 SPRFMO

---

① PIDF, PIDF Strategic Plan 2016 – 2020, 2016, p. 11.

② PIDF, *Annual Report 2015 – 2016*, 2018, Fiji：Suva, p. 15. http：//greenbusiness. solutions/wp – content/uploads/2017/08/PIDF – Annual – Report – 2016. pdf.

③ "China, Russia Among 25 Observers at Inaugural Pacific Islands Development Forum", PIDF, August 2018, http：//pacificidf. org/china – russia – among – 25 – observers – at – inaugural – pacific – islands – development – forum/.

④ Greg Fry, Sandra Tarte, *The New Pacific Diplomacy*, ANU Press, 2015, p. 87.

⑤ "Welcome to South Pacific RFMO", SPRFMO, https：//www. sprfmo. int/.

筹备会议第二届会议期间，俄罗斯与古巴签订了《南太平洋公海渔业资源保护和治理公约》。① 与苏联在南太平洋地区以海洋争霸为目的的渔业外交不同，俄罗斯积极加入 SPRFMO，一个主要目的是保护南太平洋地区海洋环境，为海上战略通道创造良好的环境。

**（三）加强海洋军事存在，扩大在南太平洋地区的军事影响力**

近年来，南太平洋地区海上跨国犯罪活动日益频繁，对海上战略通道构成了潜在的重大威胁。俄罗斯充分利用自身军事优势，日益强化在南太平洋地区的军事存在。某种程度上看，它延续了苏联的一种军事思维，但却淡化了军事竞争。在澳大利亚国防安全部的卡梅伦·希尔看来，俄罗斯在南太平洋地区的当下利益可以追溯到苏联和冷战时期。当时，俄罗斯的太平洋舰队已经部署在了这一地区。当下，虽然俄罗斯在南太平洋地区的利益和影响力比较适度，却在逐渐增加与该地区的接触。它已经强化了在该地区的军事存在，包括计划强化太平洋舰队、部署一些引人注目的军事设施。长远看来，俄罗斯非常有可能在该地区建立海军基地。② 俄罗斯欲恢复其在太平洋地区的海上力量。2013 年，太平洋舰队司令谢尔盖·阿瓦基扬茨（Sergei Avaky-ants）宣布，俄罗斯将在太平洋建立海军，包括配置核潜艇。2015年，四艘核动力弹道导弹潜艇中的第一艘加入了太平洋舰队。南太平洋地区已经成为俄罗斯投射力量的重点区域。2013 年，美国 F - 15 战斗机争先恐后拦截俄罗斯轰炸机。2015 年，俄罗斯图 - 95 战略轰炸机进入关岛的外部防空识别区。俄罗斯海军总司令维克多·齐尔科夫（Viktor Chirkov）在 2015 年表示，俄罗斯弹道导弹和多用途核潜艇在太平洋的现役部署比上一年增加了近 50%。有分析家推测，俄罗斯在太平洋增加核潜艇活动的下一步是在南太平洋部署潜艇舰队。③

---

① "The Russia Federation and the Republic of Cuba Sign Convention at Cali Meeting", SPRF-MO, https：//www. sprfmo. int/new - meetingpage - News/archive - news/republic - of - cuba - and - russian - federation - sign - convention - at - cali - meeting/.

② Parliament of Australia, Key Issues for the 45th Parliament, 2015, pp. 154 - 155.

③ Anna Powles, Jose Sousa - Santos, "Russia Ships Arm to Fiji：What will be the Quid Pro Quo", 28 Jan 2016, https：//www. lowyinstitute. org/the - interpreter.

为了进一步扩大在南太平洋地区的军事影响力，2017年12月，俄罗斯军方声称，俄罗斯两架图－95战略轰炸机从印度尼西亚东部的巴布亚省起飞后，在南太平洋上空执行巡逻任务，并在空中执行了加油任务，整个过程持续了四个小时。这是俄罗斯为恢复冷战时期在世界各地军事据点所做努力的一部分。① 此次巡逻充分证明了俄罗斯保证南太平洋海上战略通道的空中护航能力，对破坏战略通道的各种跨国犯罪活动，形成了一种潜在的威慑。除此之外，俄罗斯通过与斐济的防务合作关系，不断向南太平洋地区渗透军事力量。防务合作是俄罗斯与斐济合作关系进一步发展的一个主要切入点。在澳大利亚洛伊研究所的安娜·波尔斯（Anna Powles）和约瑟·苏萨·桑托斯（Jose Sousa—Santos）看来，2013年，在斐济总理姆拜尼马拉马访问俄罗斯期间，双方签订了五项军事技术合作协议。双方的关系得到了进一步强化。同时，梅德韦杰夫指出俄罗斯希望支持斐济的维和部队。2013年7月，俄罗斯时任陆军司令墨西斯·蒂科依托加（Mosese Tikoitoga）上校宣布俄罗斯已经提出武器援助支持斐济维和人员。② 2016年，俄罗斯向斐济捐赠了20个集装箱的武器，加强同斐济的防务合作关系。斐济政府透露，从俄罗斯向斐济运送的武器价值880万美元。此举在斐济国内引起了一些质疑。当这批军火抵达苏瓦时，斐济工党表示这是一项秘密交易，而议会反对派则表示该交易是非法的，因为它没有经过议会批准。③

### （四）重视澳大利亚在南太平洋地区的角色

凭借强大的实力和优越的地缘环境，澳大利亚在南太平洋地区拥有强大的影响力。对俄罗斯而言，维护南太平洋海上战略通道安全、发展同太平洋岛国的外交关系不可能绕过澳大利亚。澳大利亚的战略

---

① "Russia Strategic Bombers Fly Patrol Mission From Indonesia", Khaoso, December 2017, https://www.khaosodenglish.com/news/asean/2017/12/08/.

② Anna Powles, Jose Sousa－Santos, "Russia Ships Arm to Fiji: What will be the Quid Pro Quo", 28 Jan 2016, https://www.lowyinstitute.org/the－interpreter/.

③ "Fiji arms to Fiji worth almost US $9M", RNZ, February 2016, https://www.rnz.co.nz/international/pacific－news/296086/.

反应是俄罗斯能否在南太平洋地区立足的重要考量。历史上，苏联在该地区推行的战略遭到了澳大利亚的强烈反对。当下，对澳大利亚而言，维护南太平洋海上战略通道安全符合其国家安全利益。澳大利亚在 2016 年《防务白皮书》中指出，"澳大利亚的战略防务利益之一是通过维护北部和邻近的海上战略通道安全，来确保安全和有弹性（resilient）"①。澳大利亚与俄罗斯在这一点上拥有着某种程度上的共同利益。

俄罗斯与澳大利亚有着悠久的历史关系。双方之间的接触始于1807 年，当时俄罗斯海军船只抵达悉尼。1942 年 10 月，澳大利亚外交大臣赫伯特·艾瓦特（Herbert Evatt）与苏联外交大臣维亚切斯拉夫·莫洛托夫（Vyacheslav Molotov）在伦敦达成协议。1943 年 1 月 2日，澳大利亚在苏联建立了第一个大使馆。1975 年，在美苏关系缓和时期，高夫·惠兰特总理成为第一位访问苏联的澳大利亚总理。2007 年，俄罗斯总统普京访问悉尼，并再次出席 APEC 峰会。② 双方领导人的此次会晤，使两国关系显著活跃起来，有力促进了双方在亚太地区伙伴关系的巩固和发展。③ 双方在 2017 年发表的《俄联邦总统与澳大利亚总理联合声明》中强调，"两国在实现亚太地区的稳定和繁荣方面具有共同利益。俄罗斯总统欢迎澳大利亚在帮助南太平洋地区保障民主和善治方面所做的举措"④。俄罗斯在 2013 年发布了《俄联邦对外政策构想》，强调在亚太地区，俄罗斯将继续注重同澳大利亚与新西兰的外交关系。⑤ 2014 年 12 月，普京访问了澳大利亚，并参加在布里斯班举行的 G20 峰会。面对俄罗斯在南太平洋地区日益

---

① Department of Defence of Australia Government, 2016 Defence White Paper, 2016, p. 68.

② "Australia – Russia 70<sup>th</sup> Anniversary of Diplomatic Relations Photographic Exhibition", Department of Foreign Affairs, https：//dfat. gov. au/geo/russia/Pages/.

③ 王海滨：《21 世纪以来俄罗斯与澳大利亚关系的发展》，《俄罗斯东欧中亚研究》2015 年第 5 期。

④ "Совместное заявление Президента Российской Федерации и Премьер－министра Австралии", http：//kremlin. ru/supplement/3430.

⑤ "Концепция внешней политики Российской Федерации", https：//www. mid. ru/foreign_ policy/official_ documents.

活跃的状态，澳大利亚议会给予了积极的回复。"随着越来越多的域外国家在南太平洋地区增加影响力，该地区正变得日益复杂。然而，澳大利亚在南太平洋地区的传统领导角色并未受到直接挑战。如果要确保澳大利亚仍是太平洋岛国的首要合作伙伴，澳大利亚需要适应这种新环境。在涉及海洋治理等优先事项时，澳大利亚要做出更快的响应。"[1] 由于俄罗斯具有强大的军事实力以及强硬的外交政策，澳大利亚在同俄罗斯交往时，表现出了非常谨慎的一面。它在《2017 年外交政策白皮书》中指出，"考虑到俄罗斯的国际地位和影响力，它的政策将对澳大利亚具有直接和间接影响。我们会谨慎看待俄罗斯在南太平洋地区的活动。同样，澳大利亚将会同合作伙伴抵制俄罗斯不利于全球安全的行为"[2]。

### 三　俄罗斯海洋治理的缺陷

在全球海洋治理的视域下，俄罗斯在同太平岛国的交往方式和目的同以往有了很大的改变。这种变化是全球因素、地区因素共同作用的结果。然而，俄罗斯在南太平洋地区的海洋治理进程缓慢，成效甚微。

#### （一）过于重视海洋安全治理，忽略了海洋治理的其他内容

全球海洋治理是一个系统工程，包括海洋安全、海洋生物多样性、海洋生态系统、气候变化等多个维度的内容。对太平洋岛国而言，气候变化是它们的首要关切。在罗宾·昆蒂·克雷格（Robin Kundis Craig）看来，"气候变化不仅加重了对海洋资源的威胁，而且增加了自身的威胁。气候变化将继续改变海洋生态系统。海洋治理需要考虑气候变化的影响，以便保持相关性和有效性"[3]。某种意义上说，南太平洋比印度洋面临的海洋安全更多元化、复杂化，并且受气

---

[1]　"External powers in the pacific: implications for Australia", Parliament of Australia, https://www.aph.gov.au/About_Parliament/Parliamentary_Departments/.

[2]　Australian Government, *2017 Foreign Policy White Paper*, 2017, p. 81.

[3]　Robin Kundis Craig, *Comparative Ocean Governance: Placed – Based Protections in an Era of Climate Change*, 2013, Edward Elgar Press, p. 314.

候变化的影响更大。气候变化对太平洋岛民的影响也更为深刻。除了气候变化之外，南太平洋地区还存在一些紧迫的海洋治理议题，主要有栖息地和物种的保护、海岸带综合管理、保护渔业资源、治理海洋污染。①

目前，俄罗斯在南太平洋地区的战略举措主要是集中在海洋安全维度，是一种片面的海洋治理。这不利于帮助太平洋岛国克服自身在海洋治理中的先天脆弱性。相比较而言，欧盟、美国、日本、中国、德国、法国等行为体在南太平洋地区的海洋治理机制比较完善，取得了良好的效果，受到了太平洋岛国的欢迎。从根本上说，俄罗斯在南太平洋地区的海洋治理融入了地缘政治思维，并未充分从太平洋岛国本体出发。这是一种典型的带有零和博弈特征的海洋治理。有学者把俄罗斯列为修正主义强国，并认为俄罗斯正在挑战国际秩序和美国霸权。修正主义是影响南太平洋地区的主要趋势。②俄罗斯的这种海洋治理思维同其独特的海洋观密不可分。"俄罗斯的海洋观以务实和首先维护及扩大自身海洋利益为出发点，审视现有国际海洋秩序的合理性，在必要时以自身行动打破不合理的现有秩序和约束，形成既定事实以促进现有国际海洋秩序向有利于俄罗斯和其他多数国家的方向改变。"③事实证明，苏联在南太平洋地区同美国的零和博弈，不仅严重损害了太平洋岛国的海洋权益，而且破坏了其自身在国际社会的形象。如今的南太平洋地区战略环境已经发生了很大的改变，保护海洋、可持续利用海洋资源成为域外大国及太平洋岛国的共识。

**（二）未能有效利用南太平洋地区组织**

如前所述，目前，俄罗斯仅同两个南太平洋地区组织互动，未能充分利用庞大的南太平洋地区组织网络。PIF、SPC、SPREP是南太平

① 更多关于南太平洋地区海洋治理议题的内容参见梁甲瑞、曲升《全球海洋治理视域下的南太平洋地区海洋治理》，《太平洋学报》2018年第4期。
② Greg Fry, Sandra Tarte, *The New Pacific Diplomacy*, ANU Press, p. 126.
③ 王郦久、徐晓天：《俄罗斯参与全球海洋治理和维护海洋权益的政策及实践》，《俄罗斯学刊》2019年第5期。

洋地区较为重要的海洋治理主体。遗憾的是，俄罗斯未能同这些区域组织建立互动。相比之下，许多域外国家都很好地同这三个区域组织建立了稳定的会晤机制。与别的地区不同，南太平洋地区拥有大量的小岛屿发展中国家以及广阔的海洋面积，区域组织在该地区海洋治理中的重要性不言而喻。梳理俄罗斯在南太平洋地区的轨迹，不难发现，它在南太平洋地区是一种点对点的交往，过于注重同少量太平洋岛国的交往，而忽略了该地区一些重要的海洋治理组织，未能形成网状式的交往。

　　PIF 长期致力于海洋治理。事实上，在 1971 年 PIF 第一次会议上，《联合国海洋法公约》就是一个讨论焦点。南太平洋地区通过 PIF，建立了协作性、综合性的海洋治理体系。① PIF 领导人于 2014 年发布了《关于"海洋：生命与和未来"的帕劳宣言》，确认了其在南太平洋地区海洋治理中所扮演的中心角色。② 它们于 2016 年发布了《波纳佩海洋声明：可持续发展之路》，认识到海洋、太平洋岛国及太平洋岛民之间不可分割的联系，承诺继续在南太平洋地区表现出强有力的领导作用，呼吁对海洋采取可持续行动。③ 为了更好地同 PIF 建立互动，它在 1989 年设立了论坛会后对话会，同一些域外国家建立了论坛会后对话伙伴计划，涉及的域外国家有加拿大、中国、美国、法国、德国、英国、韩国、日本等国家。迄今为止，俄罗斯还没有任何加入该伙伴计划的迹象。SPC 是支持南太平洋地区发展的主要科学和技术组织。它成立于 1947 年，是一个基于《堪培拉协定》的政府间组织，拥有 26 个成员国。就海洋治理而言，SPC 在南太平洋地区扮演着专业性的角色。基于对太平洋岛国文化和背景的深刻了解，它通过有效、创新地应用科学和技术，为太平洋岛民提供福祉。在《太平洋共同体战略规划

---

　　① "Ocean Management&Conservation", Pacific Islands Forum Secretariat, https：//www. forumsec. org/ocean－management－conservation/.

　　② "Palau Declaration on 'The Ocean：Life and Future", Pacific Islands Forum Secretariat, http：//www. forumsec. org/wp－content/uploads/2017/11/.

　　③ "Pohnpei Ocean Statement：A Course to Sustainability", Pacific Islands Forum Secretariat, http：//www. forumsec. org/pohnpei－ocean－statement－a－course－to－sustainability/.

2016—2020》中，SPC 确定的三个目标之一是强化对海洋资源的可持续治理和海上战略通道的安全。① SPC 致力于同各种类型的伙伴展开合作，以服务于其目标。法国、德国、美国等国家以及欧盟与 SPC 保持着密切的合作。它们不仅对 SPC 提供了资金援助，而且同其进行了一些务实性的海洋治理合作。SPREP 成立于 20 世纪 70 年代末，由 SPC、SPEC、联合国环境署联合发起，最终成为联合国环境署的区域海洋方案的一部分。经过一段时间的扩展，SPREP 于 1992 年脱离 SPC，并迁往萨摩亚。它于 1993 年成为一个独立的政府间组织，具有自治权。基于《SPREP 协定》，SPREP 的目的是推动南太平洋地区合作，以保护和改善环境，确保子孙后代的可持续发展。② 对于海洋治理，《SPREP 协定》做了明确的规定。"缔约方要意识到保护海洋环境和南太平洋地区海洋资源的重要性，并扮演海洋资源'保管人'的角色。"③ 法国、英国和美国是 SPREP 的成员国，而中国、日本、德国则同 SPREP 保持着密切的援助关系。

**（三）未脱离传统的"影响力援助"**

"影响力援助"是俄罗斯与太平洋岛国交往的一贯方式。某种程度上看，苏联对太平洋岛国的渔业外交也属于"影响力援助"的范畴。相比其他域外国家，俄罗斯在涉及军事援助的战略博弈更为感兴趣。它同斐济的防务合作以及向戈兰高地的斐济维和人员提供军事援助等，都很好地体现了这一点。"影响力援助"并没有真正提升俄罗斯在南太平洋地区的整体影响力。中国在南太平洋地区的伙伴外交、日本的海洋外交、欧盟的主动介入南太平洋地区海洋治理、法国的蓝色太平洋外交都是从整体上发展同太平洋岛国的关系，考虑太平洋岛国所面临的实际问题。事实证明，单纯的"影响力援助"并不能完善南太平洋地区海洋治理机制。同时，俄罗斯的"金钱外交"也是其"影响力援助"的一种体现形式。洛伊研究所在 2019 年发布了一份《太平洋援助路线图》，指出俄罗斯的援助非常不透明。截至 2017

---

① SPC, Pacific Community Strategic Plan 2016 – 2020, 2015, pp. 4 – 5.

② "Our Governance", SPREP, https: //www. sprep. org/governance.

③ "Agreement Establishing SPREP", SPREP, https: //www. sprep. org/attachments/Legal/.

年，俄罗斯在四个太平洋岛国的五个项目上花费了591万美元。洛伊研究所的团队已经多次尝试与俄罗斯联系，但获得的援助信息很少。[1]应当指出的是，俄罗斯的"金钱外交"带有很强的政治目的。在瑙鲁正式与阿布哈兹和南奥塞梯建立外交关系之后，俄罗斯给予了瑙鲁直接的经济报酬。据《生意人报》（kommersant）报道，瑙鲁向俄罗斯索要5000万美元的经济援助。[2]

在谋和平、求发展成为主流的今天，俄罗斯同太平洋岛国交往的战略考量已经发生了改变。这种变化是国际因素、地区因素以及俄罗斯自身因素综合作用的结果。参与南太平洋地区海洋治理不仅可以提升俄罗斯的全球海洋治理能力，服务于其在其他地区的海洋治理，还可以提升俄罗斯的全球影响力，服务于其海洋战略。然而，从根本上说，俄罗斯在南太平洋地区的海洋治理停留在碎片化的程度，缺乏连贯性和系统性。它同一些域外国家相比，还有很大的差距。这同其海洋强国的地位不相符。作为全球海洋治理的焦点区域，很多海洋强国或海洋大国及国际组织都将南太平洋地区作为海洋治理的焦点区域。这既是历史的延续，也是现实发展的客观要求。作为海洋强国，参与南太平洋地区海洋治理日益成为俄罗斯全球海洋治理的一个趋势。俄罗斯已经在北极地区、南极地区等地区的海洋治理方面，取得了显著成效。虽然俄罗斯在南太平洋地区的海洋治理存在很多缺陷，但它具有大的潜力。未来，结合南太平洋地区的实际情况，俄罗斯应注意以下两个方面。

第一，与太平洋岛国及域外国家在南太平洋地区建立海洋治理伙伴关系。由于海洋问题的复杂性，单靠某一个国家很难解决这些问题。因此，合作是全球海洋治理的有效路径。具体而言，建立太平洋岛国与域外国家及相关组织的海洋治理伙伴关系是南太平洋地区海洋治理的最佳路径。从历史经验上看，以往的实践已经验证了合作对南太平洋地区海洋治理的重要性。在昆汀·哈内奇（Quentin

---

① Alexandre Dayant, Jonathan Pryke, *Pacific Aid Methodology*, Lowy Institute, August 2019, p. 53.

② 转引自 Greg Fry, Sandra Tarte, *The New Pacific Diplomacy*, ANU Press, 2015, p. 126.

Hanich）、费莱蒂·迪奥（Feleti Deo）、马丁·萨门尼（Martin Tsamenyi）看来，南太平洋地区建立了世界上最复杂、最先进的海洋治理合作机制。① 未来，太平洋岛国的海洋治理合作极为重要，特别是在海洋资源治理领域。② 建立海洋治理伙伴关系已经成为南太平洋地区的强烈呼声。《太平洋岛国区域海洋政策和针对联合战略行动的框架》提出了五项海洋治理原则，其中之一为建立伙伴关系与推动合作。伙伴关系与合作提供了一个有利环境，对于南太平洋的可持续治理至关重要。③

第二，强化对减缓太平洋岛国气候变化负面影响的援助。未来很长一段时间，气候变化仍是南太平洋地区海洋治理的优先事项。俄罗斯已经意识到了气候变化对太平洋岛国的影响，并采取了相关举措。2016 年 10 月，俄罗斯外交部部长德米特里·马克西米切夫（Dmitry Maksimychev）表示，他正在参加联合国开发计划署指导委员会的会议。该项目有俄罗斯与联合国共同执行，历时三年，涉及 14 个太平洋岛国，旨在加强俄罗斯在斐济楠迪资源的太平洋岛国气候适应能力。④ 然而，同一些域外国家和欧盟在帮助太平洋岛国减缓气候变化上的努力相比，俄罗斯显然处于相当落后的地位。

## 第六节　积极介入：欧盟参与南太平洋海洋治理

作为全球治理重要参与者，欧盟在全球海洋治理中扮演着积极角

---

① Quentin Hanich, Feleti Teo, Martin Tsamenyi, "A Collective Approach to Pacific Islands Fisheries Management: Moving beyond Regional Agreements", *Marine Policy*, Vol. 34, 2010, p. 85.

② Rachel A. Schurman, "The Future of Regional Fisheries Cooperation in a Changing Economic Environment: The South Pacific Island Countries in the 1990s", *Ocean Development&International Law*, Vol. 4, No. 28, 1997, p. 370.

③ FFA, SPC, SPREP, SOPAC, USP, *Pacific Islands Regional Ocean Policy and Framework for Integrated Strategic Action*, Fiji: Suva, 2005, p. 7.

④ "Russia to help Pacific islands", PNG Report, October 2016, https://www.pngreport.com/pacific-islands/news/1125399/russia-help-pacific-islands.

色。欧盟引领了全球海洋治理规范的制定。以关于海洋治理的概念界
定为例，当下学术界存在关于此的不同概念界定，而欧盟做出权威界
定，"全球海洋治理即保护和利用海洋及其资源，目的是维护海洋的
健康、安全、稳定"。同时，欧盟塑造了全球海洋治理的三个重要领
域：完善全球海洋治理框架、减少人为压力对海洋的影响、强化全球
海洋治理的研究和数据。[1]

在欧盟全球海洋治理的海域中，南太平洋地区是一个重要的海
域。目前，欧盟在南太平洋地区仍拥有一些海洋领地。法国在该地区
拥有三个海外领地，分别是法属波利尼西亚、新喀里多尼亚、瓦利斯
与富图纳。英国在该地区拥有一个海洋领地——皮特凯恩群岛。从某
种意义上说，这些海外领地构成了欧盟的最外围区域（outermost re-
gions）。欧盟在《最外围区域：欧盟在世界中的陆地》（The Outermost
Regions：European Lands In The World）中明确指出了最外围区域的重
要性。"最外围区域是欧盟领土的一部分。欧盟条约的权利和责任也
适用于这些区域。所有的区域政策都适用于这些区域，并推动它们的
发展。"[2] 同时，最外围区域使欧盟得以控制通往海洋的战略通道，
并为其提供了独特的自然资源。[3]

作为南太平洋地区重要的域外行为体，一直以来，欧盟非常重
视参与该地区的海洋治理。与其他域外国家相比，欧盟的参与路
径有着自身的特点。"欧盟基于自身发展海洋治理的可持续路径方
面，尤其是通过自身的海洋环境政策、联合海洋政策、改革后的
渔业政策、打击非法捕鱼行动以及海洋交通政策，在塑造国际海
洋治理方面很有优势。"[4] 目前学术界还未有专门探讨欧盟在南太

[1] EU, "International Governance：An Agenda for the Future of Our Oceans", https：//ec. europa. eu/maritimeaffairs/policy/.

[2] European Commission, *The Outermost Regions：European Lands In the World*, Belgium：Brussels, 2017, p. 4.

[3] European Commission, *A Stronger and Renewed Strategic Partnership with the EU's Outermost Regions*, Belgium：Brussels, 2017, p. 2.

[4] European Commission, *International Ocean Governance：An Agenda for the Future of Our Oceans*, p. 4.

平洋地区海洋治理路径的研究。一部分既有研究主要从整体和区域层面探讨了欧盟海洋战略或海洋治理。比如，刘衡在《介入域外海洋事务：欧盟海洋战略转型》一文中从全球治理维度、区域治理维度以及第三维度，探讨了欧盟介入域外海洋事务的政策与实践。① 罗南·隆（Ronan Long）探讨了欧盟海洋治理原则和规范的趋势。② 也有研究从渔业资源角度切入，分析了欧盟地区内海的区域海洋治理，描述了欧盟地区内海的特征和压力，介绍了欧盟在渔业治理方面的合作和协调机制。③ 陈菲在《欧盟海洋安全治理论析》一文中分析了欧盟安全的海洋维度，并重点考察欧盟海洋安全治理的演进和发展，具有重要的理论和现实意义。④ 本节基于欧盟以及南太平洋地区的官方海洋治理政策或条约，尝试探讨欧盟参与南太平洋地区海洋治理的路径，分析其背后的战略考量。探讨欧盟的南太平洋地区海洋治理路径将不仅有助于剖析区域组织的区域海洋治理机制，还将为全球海洋治理提供区域组织参与海洋治理的典型案例，丰富全球海洋治理规范。"与全球区域海洋治理机构相比，区域海洋治理机构是一个更合适的治理海洋工具。这主要是因为政治体系的多样性以及不同的情况影响着不同的海域，整个世界并不适用于一个单一的海洋治理实体。联合国区域环境署（United Nations Environment Program）把世界海洋划分为不同的海域。达成区域海洋协定可能是最有效的方式。这些海洋在问题和资源方面并不是统一的。"⑤

① 刘衡：《介入域外海洋事务：欧盟海洋战略转型》，《世界经济与政治》2015 年第10 期。

② Ronan Long, *Principles and Trends in EU Ocean Governance*, Research Gate, 2014, pp. 699 – 726.

③ European Parliament, *Research for PECH Committee Regional Ocean Governance in Europe: The Role of Fisheries*, Belgium: Brussels, July 2017, pp. 15 – 23.

④ 陈菲：《欧盟海洋安全治理论析》，《欧洲研究》2016 年第 4 期。

⑤ Jon M. Van Dyke, Durwood Zaelke, Grant Hewison, *Freedom for the Seas in the 21st Century: Ocean Governance and Environmental Harmony*, Washington: Island Press, 1993, p. 19.

## 一　合作路径：建立与南太平洋地区的海洋治理伙伴关系

由于海洋治理任务艰巨，单独一个或两个国家难以完成这项任务，因此保护海洋需要国际合作。① 建立伙伴关系是欧盟参与海洋治理的一个特点。欧盟在致力于自身改革和本地区海洋问题的基础上，积极推进全球海洋治理规范的改革，试图在全球海洋治理中扮演领头羊的角色，其中，扩大多边和双边海洋治理伙伴关系是重要内容。《国际海洋治理：我们海洋的未来议程》明确强调了建立伙伴关系的重要性。"欧盟应当促成与海洋有关的国际组织之间的协调与合作。这可以通过备忘录和合作协议的形式，完善具有共同或补充目标的机构之间的合作。欧盟将支持多边合作机制的角色，比如联合国海洋网络（UN - Oceans）。欧盟致力于与主要海洋行为体在海洋事务和渔业资源中的双边对话。未来五年，欧盟逐渐将把这些海洋行为体升级为'海洋伙伴关系'（ocean partnerships）。"② 《欧盟海洋安全战略》（EU Maritime Security Strategy）确立了海洋安全战略的原则，其中之一是"海洋多边主义"（maritime multilateralism），即在尊重欧盟机制框架的同时，与相关国际伙伴和组织进行合作，特别是联合国和北约以及海洋领域的区域组织。③ 欧盟与南太平洋地区的主要区域组织确立了海洋治理伙伴关系。

### （一）建立与南太平洋区域组织的海洋治理伙伴关系

欧盟与南太平洋地区在建立海洋治理伙伴关系方面，具有契合之处。《欧盟海洋安全战略》强调了与国际合作伙伴保持一致的必要性。"必须要关注国际组织合作伙伴的发展。欧盟与区域组织的合作能力对维护其利益以及加强国际和区域海洋安全有着直接的影响。"④ PIROP指出，"伙伴关系与合作为南太平洋地区提供了有利

---

① Jon M. Van Dyke, Durwood Zaelke, Grant Hewison, *Freedom for the Seas in the 21st Century*: *Ocean Governance and Environmental Harmony*, Washington, DC: Island Press, p. 231.

② European Commission, *International Ocean Governance*: *An Agenda for the Future of Our Oceans*, p. 7.

③ EU, *EU Maritime Security Strategy*, Belgium: Brussels, June 24, 2014, p. 5.

④ EU, *EU Maritime Security Strategy*, Belgium: Brussels, June 24, 2014, p. 10.

的环境，是实现可持续海洋治理的重要部分"①。2017 年，"我们的海洋"会议传递了欧盟将与合作伙伴在太平洋地区联手强化海洋治理与自然资源治理的信号。② 相比全球层面的国际组织而言，区域组织具有更强的地缘认同、历史和文化认同，也更有凝聚力，有助于在解决区域海洋治理问题上达成共识。因此，为了积极参与区域海洋治理，欧盟首先与一些南太平洋地区的海洋治理组织建立了伙伴关系。

第一，SPC。欧盟是太平洋共同体主要的发展伙伴和南太平洋地区重要的海洋治理伙伴。在为太平洋地区人民实现转型发展的广泛倡议方面，SPC 与欧盟代表团密切合作。欧盟代表团的主要工作包括进一步强化欧盟—太平洋在双边和多边层面上的关系、监督南太平洋地区发展合作的执行情况。双方的活动涵盖了一系列主题活动，主要包括渔业治理、缓解气候变化影响、深海采矿、灾害预警等。SPC 把欧盟视为太平洋发展的密切合作伙伴。目前，双方在南太平洋地区的合作项目主要有"在太平洋地区构建安全与弹性"（Building Safety and Resilience in the Pacific）、"全球气候变化联盟：太平洋小岛屿国家项目"（Global Climate Change Alliance：Pacific Small Island States）、"深海采矿项目"（Deep Sea Minerals Project）等。③

第二，PIF。PIF 是欧盟在太平洋地区经济一体化的主要合作伙伴。④ 自 2005 年起，PIF 一直在监督"太平洋计划"的执行，而"太平洋计划"是南太平洋地区重要的海洋治理规范。⑤ PIF 指出，"欧盟

① SPC, FFA, PIFS, SOPAC, USP, SPREP, *Pacific Islands Regional Ocean Policy and Framework for Integrated Strategic Action*, Fiji：Suva, 2005, p. 19.

② EU, "Special Pacific Event/Offical Launch of Pacific – EU Marine Partnership prpgramme", https：//ec. europa. eu/europeaid/news – and – events/.

③ Secretariat of Pacific Community, "European Union", http：//www. spc. int/partners/development/european – union/.

④ EU, "European Union – The Pacific Islands Forum Secretariat Pacific Regional Indicative Programme for the period 2014 – 2020", https：//eeas. europa. eu/sites/eeas/files/pacific_ regional_ indicative_ programme. pdf.

⑤ 关于"太平洋计划"作为海洋治理规范的意义的更多内容参见梁甲瑞、曲升《全球海洋治理视域下的南太平洋地区海洋治理》，《太平洋学报》2018 年第 4 期。

与论坛国家在气候变化、海洋治理与地区渔业、支持小岛屿发展中国家的特殊诉求、全球安全、区域一体化等领域拥有共同利益"①。2008 年，PIF 同欧盟正式签署了《太平洋地区战略研究》和《太平洋地区指导计划》，这是 2008—2013 年欧盟同太平洋岛国合作的纲领性文件，欧盟计划援助 9500 万欧元实施该计划。2015 年 6 月 16 日，PIFS 与欧盟签订了《第十一次区域指示项目》（11th Regional Indica-tive Programme）。②

### （二）建立与太平洋岛国的海洋治理伙伴关系

除了南太平洋地区的国际组织之外，欧盟还积极推动构建与一些太平洋岛国的海洋治理关系。在莫里斯·伊斯特（Maurice A. East）看来，小国外交的目标比大国更偏向于国家集团或政府间组织。小国较大国更倾向选择合作性行动而非冲突。③ 太平洋岛国作为典型的小岛屿发展中国家，更偏好于与国际组织建立伙伴关系。欧盟与太平洋岛国曾拥有共同的历史、共同的价值观以及经贸合作关系，因此双方有着长期的关系。近年来，双方的合作集中在环境、渔业资源等领域。欧盟与太平洋岛国 30 多年的合作是基于欧盟—非加太集团伙伴的背景。④ 欧盟建立了与 11 个太平洋岛国的合作伙伴关系，同这些岛国分别签订了《2014—2020 国家示范项目》（National Indicative Pro-gramme for the period 2014 – 2020）。⑤ 该协定将指导欧盟与太平洋岛国的合作，并涉及相关的海洋治理内容。这有助于使双方的合作形成长效机制。

2018 年 5 月 11 日，欧盟太平洋代表主任朱利安·威尔逊（Julian

---

① Pacific Islands Forum Secretariat, "Eoropean Union", https：//www. forumsec. org/euro-pean – union/.

② EU, "EU Relations with the Region", https：//eeas. europa. eu/headquarters/headquar-ters – homepage/335/pacific.

③ Maurice A. East, "Size and Foreign Policy Behavior：A Test of Two Model", *World Poli-tics*, Vol. 25, No. 4, 1973, pp. 556 – 557.

④ EU, "EU Relations with the Pacific Islands：A Strategy for A Strengthened Partnership", http：//eur – lex. europa. eu/legal – content/EN/TXT/PDF/.

⑤ 这 11 个国家分别是库克群岛、密克罗尼西亚、斐济、基里巴斯、瑙鲁、纽埃、帕劳、马绍尔群岛、萨摩亚、汤加和瓦努阿图。

Wilson) 对帕劳进行了官方访问。双方的高级官员讨论了气候变化、海洋治理、投资、贸易、区域和双边合作。威尔逊称："欧盟一直是、将来也是帕劳可靠的合作伙伴。为了支持帕劳提高能源效率、克服气候变化的负面影响以及推动可持续和包容性发展，欧盟在双边和多边项目中已经向帕劳提供了 400 万欧元的援助。"该会议是世界上重视海洋保护区、可持续渔业资源和海洋污染的领导人和利益相关者的集会。威尔逊强调了欧盟对于此次会议的强烈支持以及双方在可持续海洋治理领域的更好合作。① 2015 年 6 月，欧盟与斐济举行了"增强型政治对话"（enhanced political dialogue），双方确定了海洋治理伙伴关系。"欧盟强调了可持续发展的重要性，包括可持续治理渔业资源。双方同意建立新的全球伙伴关系。欧盟强调了对全球伙伴关系的承诺，包括欧盟的集体 ODA 承诺。"② 欧盟与基里巴斯的合作始于 1979 年，合作的领域包括气候变化、渔业资源等。双方目前的合作框架是 2000 年签订的《科托努协定》。该协定于 2010 年 6 月更新。自 2003 年开始，欧盟与基里巴斯的双边《渔业合作协定》开始执行。这为欧盟向基里巴斯渔业部门的援助提供了框架，目的是加强基里巴斯的渔业资源保护和治理。③ 欧盟与马绍尔群岛的合作伙伴关系始于 2000 年，此时马绍尔群岛加入了非加太集团。非加太—欧盟伙伴协定的最新修正版本指导着双方的合作。同时，双方的合作将继续遵循非加太—欧盟伙伴协定的基本准则，比如人权、民主原则、法治、良好治理、冲突预防等。④ 欧盟与密克罗尼西亚的合作伙伴关系始于 2000 年，而且同样被非加太—欧盟伙伴协定所指导。双方关注的议题主要是气候变化所引发的海平面上升、热带风暴、海岸带恶化等。密克罗尼西亚面临着严重的由于气候变化所带来的一系列挑战。为此，欧盟

---

① Delegation of the EU for Pacific, "EU and Palau Strengthen Bilateral Relations", https: //eeas. europa. eu/delegations/fiji/44383/.

② EU, "Fiji – EU Enhanced Political Dialogue", https: //eeas. europa. eu/sites/eeas/files/.

③ EU, "National Indicative Programme for Kiribati", https: //eeas. europa. eu/sites/eeas/files/nip_ kiribati_ signed_ en. pdf.

④ EU, "RMI – EU National Indicative Programme for the period 2014 – 2020", https: //eeas. europa. eu/sites/eeas/files/nip – edf11 – marshall – islands – 2014 – 2020_ en. pdf.

对其进行了相应的援助。①

## 二 援助路径：加强对南太平洋地区的海洋治理援助

欧盟设立了"欧洲发展基金"（European Development Fund,
EDF）来强化对南太平洋地区的援助。

### （一）欧盟通过 EDF 的援助

2000 年初，欧盟与非加太地区国家在布鲁塞尔重开谈判。双
方就签署《科托努协定》达成协议。协定有效期为 20 年，于
2002 年正式生效，这是欧盟与太平洋岛国关系的历史性转折点，
它标志着欧盟对太平洋岛国援助进入了一个新的时期。有 6 个岛
国在 2000 年成为《科托努协定》的签约国，分别是：库克群岛、
密克罗尼西亚联邦、马绍尔群岛、纽埃、瑙鲁和帕劳。2003 年 5
月，帕劳成为非加太集团的第 15 个成员国。②《科托努协定》的一
个重要目标是在欧盟与太平洋岛国之间体现一种"经济伙伴关系"
的原则和实质，并且双方就两个具体的问题达成了共识。一是欧
盟将与太平洋岛国的经贸关系纳入到世界贸易组织框架之内，以
体现世贸组织的基本原则；二是双方确定于 2002 年 9 月就双边经
济伙伴关系的具体问题开始谈判。③ 2005 年、2010 年，欧盟与太
平洋岛国对《科托努协定》进行了修正，签署了《科托努修改协
定》，新协定增加的内容包括加强双方政治对话、消除贫困、加强
经贸联系等。新的《科托努协定》体现了这些基本特点。然而，
作为引领欧盟与非加太成员国关系的《科托努协定》，于 2020 年
到期。内部变化、诸如气候变化的外部挑战及新兴非西方国家的
崛起塑造着新的全球形势，这意味着传统的以经贸为重点的《科

---

① EU, "The Federated States of Micronesia: EU National indicative Programme for the peri-
dod of 2014 – 2020", https: //eeas. europa. eu/sites/eeas/files/.

② Pacific Island Forum Secretariat, "European Development Fund", http: //forumsec. org/
pages. cfm/strategic – partnerships – coordination/.

③ 杨逢珉：《〈洛美协定〉下的欧盟与非加太国家关系》，上海人民出版社 2006 年版，
第 54 页。

托努协定》将不是欧盟与非加太地区成员国的选择。① 欧盟就是否延续《科托努协定》进行了相关讨论。2017 年 8 月，欧盟与非加太地区成员国就是否实施新的《科托努协定》进行了讨论。后科托努高级协调员（Post - Cotonou High Level Facilitator）帕斯卡尔·拉米（Pascal Lamy）指出："当下的《科托努协定》主要集中在整体意义上，而不是具体的区域层面上。太平洋地区的发展重点和面临的挑战与加勒比地区不同，也同非洲地区不同。因而新的协定应聚焦于区域层面，并确定合作重点，比如环境适应性问题、海洋治理问题等。"② 2015 年 3 月，国际事务咨询委员会（Advisory Council on International Affairs）在《2020 年之后的非加太—欧盟合作：面向一个新的伙伴》（ACP - EU Cooperation After 2020：Towards A New Partnership）中指出："非加太集团内部在一段时间内讨论了关于后 2020 年《科托努协定》的'继任者'。2013 年 3 月成立的的专家团不仅评估自 1975 年成立后的非加太集团，而且提供关于该组织未来结构和章程的建议。欧盟层面上，首批磋商出现在 2011 年和 2013 年。对于《科托努协定》的'继任者'，欧洲委员会持谨慎的态度。《科托努协定》在 2020 年的期满将为重审非加太地区国家与欧盟的关系提供一个新的机会。"③ 2015 年 3 月，欧盟举行了关于后 2020 年欧盟—非加太集团关系的专家圆桌会议。103 名参加者基于他们对于欧盟—非加太集团关系的经验和理论知识，为圆桌会议进程提供了他们观点和建议，其中涉及"我们需要什么样的欧盟—非加太集团关系""在变动的政策框架中确定未来的伙伴"等。④ 对于《科托努协定》在 2020 年到期之

---

① European Parliament, *ACP - EU Relations after 2020：Review of Options*, Belgium：Brussels, February 2013, p. 4.

② EU, "EU and Pacific discuss replacing Cotonou Agreement", https：//europa. eu/capacity4dev/buildingresilience/discussions/.

③ Advisory Council on International Affairs, "ACP - EU Cooperation After 2020：Towards A New Partnership", https：//ec. europa. eu/europeaid/policies/european - development - policy/.

④ European Commission, "ACP - EU Relations After 2020：Issues for the EU in Consultation Phase 1", *Letter of Contract No. 2014/353799*, July 2015, pp. v - viii.

后会发生什么变化，尽管欧盟及其成员国没有官方态度，但欧洲委员会、欧洲议会及欧盟成员国倾向于对欧盟发展对外关系采取区域路径。目前来看，欧盟对非洲地区、加勒比地区及太平洋地区极有可能分别采取不同的区域战略。①

根据《科托努协定》，欧盟将在 2002—2007 年向非加太国家提供总额 163 亿欧元的发展援助，主要用于参加协定的各国的经济发展和减贫斗争。为了确保合理有效地使用上述基金，欧盟做出如下新的规定：建立一整套确保有效实施项目的相关规定；修改贸易框架；投资程序合理化；必须对公共事务进行有效管理。EDF 是欧盟向非加太国家、海外国家和领地提供援助的主要工具。从 2008—2013 年，欧盟向 PIFS 国家提供了 7 亿欧元的援助，其中大约 23% 通过区域组织交付，其余的通过双边途径。2010—2014 年，欧盟对南太平洋地区的气候援助达 8711 万欧元，是该地区第三大援助者。这些援助被用来减缓气候变化和增加气候适应性。② EDF 的援助通常是 5 年一个周期。截至目前，欧盟根据《地区指导计划》向太平洋岛国援助了大约 3.18 亿欧元。这些援助覆盖到很多领域，其中 42% 用于自然资源和环境领域，18% 用于通讯和旅游部门，13% 用于发展人力资源，12% 用于旅游活动，7% 用于贸易活动等。③ 2007 年，汤加举行了欧盟与太平洋岛国的专门对话，会上通过了欧盟与太平洋岛国的《努库阿洛法宣言》，同意进行部长级的政治对话，并讨论了关于贸易和环境的地区问题。EDF 由欧盟成员国资助，最近的第十次援助期限是 2008—2013 年（表 3 - 1），下一次援助期限是 2014—2020 年。

---

① German Development Institute, "ACP - EU Relations beyond 2020: Exploring European Perceptions", https: //www. die - gdi. de/uploads/media/BP_ 11. 2013. pdf.

② Pacific Islands Forum Secretariat, "EU", https: //www. forumsec. org/european - union/.

③ Pacific Island Forum Secretariat, "European Development Fund", http: //forumsec. org/pages. cfm/strategic - partnerships - coordination.

表 3 - 1             **EDF 对太平洋岛国 2008—2013 年的**
**第十期援助（单位：百万欧元）**

| 国家 | 收入级别 | 最初预计援助 | 最终援助 |
|---|---|---|---|
| 库克群岛 | 中高收入 | 3 | 3.9 |
| 斐济 | 中低收入 | 30 | 0 |
| 基里巴斯 | 低收入 | 12.7 | 21 |
| 马绍尔群岛 | 中低收入 | 5.3 | 6.9 |
| 密克罗尼西亚联邦 | 中低收入 | 8.3 | 8.3 |
| 瑙鲁 | 中高收入 | 2.7 | 2.7 |
| 纽埃 | 中高收入 | 3 | 3.7 |
| 帕劳 | 中高收入 | 2.9 | 2.9 |
| 巴布亚新几内亚 | 中低收入 | 130 | 104.7 |
| 萨摩亚 | 低收入 | 30 | 48.2 |
| 所罗门群岛 | 低收入 | 13.2 | 50.7 |
| 东帝汶 | 低收入 | 81 | 91.2 |
| 汤加 | 中低收入 | 5.9 | 15 |
| 瓦努阿图 | 低收入 | 21.6 | 23 |
| 图瓦卢 | 低收入 | 5 | 7 |
| 总计 | | 354.6 | 389.2 |

注：1. 除了以上国家，EDF 对新喀里多尼亚拨款 1980 万欧元，对法属波利尼西亚拨款 1970 万欧元，对瓦利斯和富图纳拨款 1640 万欧元，对皮特凯恩拨款 240 万欧元。

2. 根据《科托努协定》，对斐济的最终拨款为 0。

资料来源：EU，"European Union Development Strategy in the Pacific"，https：// ec. europa. eu/research/social - sciences/pdf/deve - eu_ pacific_ study_ en_ 2014 - 06 - 30. pdf，访问日期：2018 - 06 - 12。

## （二）欧盟对南太平洋地区海洋治理项目的援助

除了 EDF 的援助之外，欧盟还在南太平洋地区进行了关于海洋治理项目的援助。欧盟第十一期 EDF 周期中的援助预算大约为 8 亿欧元，主要集中在六个领域，包括气候变化、可持续性、经济增长、性别平等和区域一体化。就气候变化而言，太平洋地区是气候行动的重要合作伙伴。2015 年，国际社会成立了"壮志雄心联盟"（High Ambition Coalition），这对于联合国巴黎气候变化大会上协议的达成至关重要。欧盟支持马绍尔群岛、密克罗尼西亚、瑙鲁、纽埃、帕劳和汤加的气候变化项目。① 2009 年，欧盟对"在太平洋地区构建安全与弹性"项目援助了 1936 万欧元，SPC 执行这一项目。该项目致力于帮助太平洋岛国建构对自然灾害、气候变化的适应性，涉及的国家包括 14 个太平洋岛国和东帝汶。② INTEGR 项目由欧盟在第十期 EDF 中援助，由 SPC 执行，由法属波利尼西亚牵头。该项目致力于推动沿岸地区的治理、加强可持续发展领域的区域合作，同时有助于把欧洲的海外合作伙伴整合为一个保护、治理自然资源和岛屿生态系统的区域机制。它同样给予欧洲海外合作伙伴与非加太国家在共同议题上发展可持续合作的机会。③ 2013 年，欧盟援助了"太平洋气候变化和减缓项目"（The Pacific Climate Change and Migration Project）。该项目涉及的太平洋岛国有密克罗尼西亚、基里巴斯、马绍尔群岛、帕劳等，目的之一是增加对气候变化具有脆弱性岛国的保护和减缓气候变化的负面影响。④

　　南太平洋地区对于欧盟的援助持认同的态度，而且把欧盟视为其发展合作伙伴。《欧盟在太平洋的发展战略》（EU Development Strategy In The Pacific）中指出："援助者的相互协调在太平洋地区看上去很难实现，多极化、多层面背景下的地缘政治利益加剧了这种挑战。然而，欧盟被广泛认为是一个有价值的发展合作伙伴，很大程度上是因为其在太平洋地区的历史和文化联系。"⑤

---

① EU, "International Cooperation and Development", https：//ec. europa. eu/europeaid/regions/.

② SPC, "About The BSRP Project", http：//bsrp. gsd. spc. int/index. php/bsrp - project/.

③ SPC, "INTEGRE", http：//integre. spc. int/en/the - project/.

④ UN ESCAP, "Pacific Climate Change and Migration Project", http：//www. unescap. org/subregional - office/pacific/.

⑤ EU, *European Union Development Strategy in the Pacific*, Belgium：Brussel, July 2014, p. 29.

### 三 实践路径：积极参与南太平洋地区的海洋治理实践

与其他海域不同，南太平洋的海洋治理面临着很大的挑战。在乔安娜·文斯（Joanna Vince）、伊丽莎白·布莱尔丽（Elizabeth Brierley）等人看来，"太平洋岛国正经历着对未来海洋治理有重要影响的气候变化和人口增长等困难问题。未来20—30年，太平洋岛国将经历人口与环境之间互动对可持续性影响的关键挑战。海洋治理问题不能与太平洋岛国面临的其他问题割裂开来"[①]。如何有效地、可持续地治理海洋是南太平洋地区的重要议题。这不仅关系着该地区海洋的健康、安全，而且与全球海洋的健康、安全密切相关。欧盟在《国际海洋治理：我们海洋的未来议程》中强调了维护太平洋岛国所在海域安全的重要性以及责任。"欧盟委员会和高级代表将利用外部的包括在发展合作在内的政策框架，来推动和建构更好地海洋治理、保护和恢复生物多样性、与合作伙伴的可持续蓝色经济能力。其中，加强能力建构的范围包括小岛屿发展中国家。"[②]

#### （一）海洋治理规范领域的实践

南太平洋地区拥有丰富的海洋治理框架，这形成了区域海洋治理规范。目前，该地区的海洋政策框架是PIROP。它是由PIFS领导人在2002年批准通过。PIROP聚焦于海洋资源的可持续利用，被认为是太平洋岛国海洋政策发展的样板，体现了区域内的利益、重点和能力。[③] 这是世界上区域范围内制定海洋政策的尝试。欧盟秉持着同样的理念，积极支持区域海洋治理。以欧盟在北极地区的区域治理为例，它发布了两份相关文件，分别是2008年11月的《欧盟与北极地区》和2012年7月的《发展中的欧盟北极政策：2008年以来的进展

---

[①] Joanna Vince, Elizabeth Brierley, Simone Stevenson, Piers Dunstan, "Ocean Governance in the South Pacific Region: Progress and Plans for Action", *Marine Policy*, Vol. 79, 2017, p. 44.

[②] European Commission, *International Ocean Governance: An Agenda for the Future of Our Oceans*, p. 8.

[③] Joanna Vince, Elizabeth Brierley, Simone Stevenson, Piers Dunstan, "Ocean Governance in the South Pacific Region: Progress and Plans for Action", *Marine Policy*, Vol. 79, 2017, p. 41.

和下一步行动》。

为了更好地推进在南太平洋地区的海洋治理，欧盟尝试吸收该地区的海洋治理规范。就渔业治理而言，南太平洋地区在世界上扮演着领头羊的角色。弗洛里安·库班（Florian Cuban）也持类似的观点。"必须承认，太平洋岛民诠释了它们为后代治理海洋的良好'管理者'（stewards）。它们所做的验证了这一观点。它们采取的治理海洋的行动不仅推动了自身的关切，而且为全球保护海洋做出了贡献。"① 欧盟法律开始吸收南太平洋地区渔业治理机制。2018 年 2 月，欧盟委员会与欧洲议会就欧洲立法如何采用 SPRFMO，达成了协议。适用于 SPRFMO 公约区域的治理、保护和控制措施也适用于欧盟在此区域的捕鱼船。欧盟在国际捕鱼组织中的积极角色体现了其在世界范围内保护以及可持续利用渔业资源的长期承诺。②

**（二）微观领域的海洋治理实践**

第一，加强渔业合作。对太平洋岛国而言，渔业资源不仅是其经济发展的重要推动力，也是其融入世界经济的重要领域。因此，可持续利用渔业资源以及渔业领域的良好治理是南太平洋地区的焦点。在共同渔业及其发展政策框架下，欧盟已经积累了关于太平洋渔业资源合作的丰富经验。欧盟与太平洋岛国论坛渔业署（FFA）在区域治理机制（比如《中西太平洋渔业公约》）中有着长期成功的合作。欧盟通过支持区域监测、控制和监视系统以及强化区域打击非法捕鱼的能力，努力推动渔业资源的可持续治理。欧盟与太平洋岛国在渔业和海洋研究方面拥有着广阔的前景。③ 2017 年 10 月，为了加强国际海洋治理，欧盟发起了很多项目。其中太平洋—欧盟海洋伙伴项目（Pacific - EU Marine Partnership Programme）涉及 15 个太平洋岛国，价值

---

① Jon M. Van Dyke, Durwood Zaelke, Grant Hewison, *Freedom for the Seas in the 21st Century: Ocean Governance and Environmental Harmony*, Washington, DC: Island Press, p. 128.

② EU, "South Pacific Regional Fisheries Management Organization: International Measures Become EU Law", http://www.consilium.europa.eu/en/press/press-releases/2018/02/26/.

③ Commission of EU Community, *EU Relations With The Pacific Islands: A Strategy for A Strengthened Partnership*, Belgium: Brussel, May 29, 2006, p. 9.

4500 万欧元。该项目与"可持续太平洋渔业资源的区域路线图"相一致，将支持南太平洋地区渔业资源的可持续治理与发展。同时，该项目将采取广泛的路径，用以打击非法捕鱼。① 除此之外，欧盟加强了从太平洋岛国进口渔业产品。欧盟 854/2004 号决议使得符合此决议的发展中国家可以将动物产品出口到欧盟国家。为了进入欧盟的进口产品名单，发展中国家必须满足欧盟的标准，并有一个专门的主管部门，用以提供与欧盟决议相一致的保证。截至 2017 年 8 月，有三个岛国达到了欧盟的标准，分别是斐济、巴布亚新几内亚和所罗门群岛。这三个国家是金枪鱼加工能力相对较强的国家。当下，许多太平洋岛国正努力获得欧盟的市场准入资格，这得到了 FFA 和 SPC 的支持。欧盟在立法、培训、机制强化等方面，提供了资金支持。在多方的努力下，基里巴斯成为第四个获得这个海产品出口到欧盟的资格的太平洋岛国。②

第二，可持续治理深海资源。随着陆地、近海油气资源的日趋减少，以及中东等主要产油区安全局势的日益紧张，深海油气资源的开发成为各国的焦点。在从事海上石油开发的 100 个国家中，有 50 多个已经开始涉足深海油气资源。这客观上加剧了深海资源的争夺态势。南太平洋地区有着丰富的深海资源。很多岛国，比如所罗门群岛、瓦努阿图、汤加、斐济等，有着大量未开发的资源。深海资源开采已经成为很多太平洋岛国面临的重要议题。然而，基础设施的不完善以及高昂的交通成本某种程度上限制了域外公司的开采能力。深海资源的开发成为未来太平洋岛国发展蓝色经济的重要保证。自《洛美协定》（2008—2013）生效后，欧盟 40% 的区域援助被用于南太平洋地区的深海资源治理。③ 2011 年，欧盟与 SPC 之间的深海采矿项目主

---

① EU, "EU and Sweden Team Up with the Pacific Region to Protect Ocean", https://ec. europa. eu/europeaid/news – and – events/.

② Jope Tamani, Saurara Gonelevu, "Francisco Blaha, Kiribati becomes the Forth Country in the Pacific Authorized to Export Its Seafood to the EU", *SPC Fisheries Newsletter #153*, 2017, pp. 21 – 23.

③ Geert Laporte, Gemma Pinol Puig, "Reinventing Pacific – EU relations: with or without the ACP?", ECDPM, http://ecdpm. org/wp – content/uploads/2013/11/.

要目的是提高与国际法一致的深海矿产资源的治理能力，特别关注海洋环境和维护太平洋岛国及岛民的平等财政权益，而且鼓励和支持国家深海矿产资源治理的中的决策。此项目涉及 15 个太平洋岛国。欧盟对此项目援助了 4400 万欧元。尽管深海资源的商业利益日益增长，但太平洋岛国缺乏必要的强化深海资源治理的体系。为了解决此需求，太平洋岛国要求发展区域项目，以帮助政府提高深海资源的治理能力。因此，欧盟与 SPC 之间的深海采矿项目恰逢其时。[①] 在深海资源开采的立法方面，太平洋非加太地区国家在世界上努力践行区域合作路径，表现之一就是 2012 年欧盟与 SPC 联合发布的《太平洋—非加太国家关于深海资源勘探和开采的区域立法及监管框架》（Pacific – ACP States Regional Legislative and Regulatory Framework for Deep Sea Minerals Exploration and Exploitation）。[②]

第三，建立海洋保护区（Marine Protected Areas，MPAs）。一直以来，欧盟把建立海洋保护区视为海洋治理的有效方式。海洋保护区可以保护海洋环境和生物多样性。欧盟在这方面已经积累了丰富的经验。对于海洋保护区的功能，比利安娜（Biliana Cicin – Sain）和罗伯特·克内克特（Robert W. Knecht）在《美国海洋政策的未来：新世纪的选择》中做了探讨。"正如 1998 年关于海洋生物资源的海洋年报告所提出的，作为一个大型的综合区域管理制度，海洋保护区能够为保护海洋生物资源及其所依赖的栖息地提供一个最有效的机制。作为一种管理工具，它们实际上是濒危物种保护区：保护海洋生物多样性异常丰富的区域。一是保护独特的或有重要生态意义的资源；二是提供一个活的实验室，来验证管理措施的有效性；三是提供海洋生物技术发展的未来潜在利益。"[③] 欧盟在太平洋地区大约有 210 多万平方千米的 MPAs，拥有的 MPAs 主要包括法国的三个海外领地，即新喀

---

① SPC, "About The SPC – EU Deep Sea Minerals Project", http：//dsm. gsd. spc. int/.

② EU, SPC, *Pacific – ACP States Regional Legislative and Regulatory Framework for Deep Sea Minerals Exploration and Exploitation*, Fiji：Suva, July 2012, p. 1.

③ ［美］比利安娜、罗伯特：《美国海洋政策的未来：新世纪的选择》，张耀龙、韩增林译，海洋出版社 2010 年版，第 212—213 页。

里多尼亚、瓦里斯与富图纳、法属波利尼西亚，克利珀顿珊瑚环礁
（Clipperton coral atoll）以及英国的海外领地皮特凯恩群岛。2016 年，
英国政府确定了世界上最大的 MPAs，面积为 834000 平方千米，这包
括皮特凯恩群岛全部的专属经济区。南太平洋地区最大的 MPAs 是
"珊瑚海自然公园"覆盖了新喀里多尼亚所有的海域，面积大约为
130 万平方千米。法国 MPAs 机构向"珊瑚海自然公园"提供技术支
持，目的是可持续治理海洋资源。①

在贾斯汀·阿尔格（Justin Alger）和皮特·多韦涅（Peter Dau-
vergne）看来，"大面积的 MPAs 覆盖了全球面积的 80%。这个数字
仍然在增加。大面积 MPAs 的趋势是国家如何治理海洋的重要转变，
已经作为一种保护海洋的战略而获得影响力"②。欧盟在 2017 年 9 月
的"我们的海洋"大会中强调了 MPAs 的重要性。"我们的海洋生态
系统需要保护，以免于受人类活动的影响。MPAs 保护陆地和生物多
样性，促使商业鱼类的再生，补充邻近的渔业资源。国际法要求在
2020 年之前至少 10% 的海洋和沿岸区域得到保护。当下，只有 4% 的
海洋和沿岸区域依法受到保护。'我们的海洋'大会致力于寻求发展
有效区域 MPAs 网络的承诺，并用足够的经济资源、技术能力和可持
续治理来支持这一承诺。"③

欧盟积极介入南太平洋地区海洋治理的路径主要体现在三个方
面：建立与南太平洋地区的海洋治理伙伴关系、加强对南太平洋地区
的海洋治理援助、积极参与南太平洋地区的海洋治理实践。这三个层
面的海洋治理路径既是欧盟区域海洋治理路径的深化，也是全球海洋
治理路径的有效整合。欧盟在该地区海洋治理的路径是一个动态的、
长期的和复杂的过程。这三个路径只是欧盟海洋治理机制的外在体

① Carole Martinez, Sylvie Rockel, Caroline Vieux, *EU Overseas Coastal and Marine Protected Areas*, Gland: IUCN, 2017, p. 96.

② Justin Alger, Peter Dauvergne, "The Politics of Pacific Ocean Conservation: Lessons from the Pitcairn Islands Marine Reserve", *Pacific Affairs*, Vol. 90, No. 1, 2017, pp. 29 – 35.

③ Our Ocean, EU, "Areas of Action", https://ourocean2017.org/areas – action#marine – protected – areas.

现，并不能涵盖其所有的海洋治理路径。同时，由于每个海域面临着不同的海洋问题，因此欧盟在南太平洋地区的海洋治理路径未必适用于其他地区。

欧盟试图在全球海洋治理中发挥引领作用，包括尝试界定海洋治理的概念及规范。由于欧盟拥有着较强的治理机制和能力，其取得了良好的治理效果。欧盟参与南太平洋地区海洋治理路径倡导国际社会协同治理海洋，并不断构建和完善自身的全球海洋治理路径，特别是积极介入区域海洋治理。欧盟受到区域主义、一体化理论的驱动，更多地体现了国家合作的价值理念和进一步深入合作的预期设想。因此，欧盟具有更强的地缘认同和文化认同，有助于在参与南太平洋地区海洋治理问题上达成一致。强大的综合实力以及在创建全球海洋治理机制过程中的先导作用，使欧盟成为全球海洋治理的赢家。① 值得注意的是，欧盟积极介入南太平洋地区海洋治理既有自身原因，又有外部原因。

第一，谋求提升在国际社会中的影响力。欧盟的国际影响力今非昔比，只能寻找其擅长的治理领域发挥领导作用，在世界各国都将关注重点放在地区冲突、能源争夺、经济竞争与金融风险、反恐等议题时，欧盟却选择了其他全球行为体都不愿发挥主导作用的全球公益事业领域。欧盟主动参与全球海洋治理实践，引导海洋治理规范的建构，在全球海洋治理中发挥着领导作用。欧盟在全球海洋治理中可以谋取更大的海洋权益，提升其在全球海洋治理中的国际地位，进而提升其在国际社会中的影响力。正如欧盟《国际海洋治理：我们海洋的未来议程》所言，"推动基于规则的海洋治理符合欧盟作为强有力的全球行为体的角色"②。

南太平洋地区是世界上受气候变化影响最明显的地区，面临着各种各样的海洋问题，受到国际社会的广泛关注。欧盟积极参与南太平

---

① 梁甲瑞、曲升：《全球海洋治理视域下的南太平洋地区海洋治理》，《太平洋学报》2018年第4期。

② European Commission, *International Ocean Governance: an Agenda for the Future of Our Oceans*, p. 4.

洋地区的海洋治理，不仅可以帮助太平洋克服治理海洋问题上的先天脆弱性，还可以借此增强其在国际海洋事务中的话语权。太平洋岛国是大型海洋国，它们在国际海洋事务中发挥着积极作用。"在人类历史的绝大部分时间里，南太平洋地区不为外界所知晓。新航路开辟后，南太平洋地区才揭开其神秘的面纱。"① 自此以后，南太平洋地区逐渐被国际社会所认知，并成为一个焦点区域。因此，欧盟可以通过与太平洋岛国在海洋治理领域的合作，获取太平洋岛国在国际海洋事务中的支持。历史上，双方曾共同参与国际海洋事务。自 20 世纪 50 年代起，联合国多次召开国际海洋会议，着手研究、制定新的海洋法公约。20 世纪 70 年代，新独立的太平洋岛国意识到了联合国海洋法会议对于它们的重大意义，积极派遣代表参与该会议。欧盟在介入域外海洋事务同样始于 20 世纪 70 年代。当时的欧洲经济共同体及其成员国共同参加了第三次联合国海洋法会议。欧洲经济共同体是参与谈判的唯一相关国际组织。欧洲经济共同体于 1984 年签署了《联合国海洋法公约》。② 在践行《联合国海洋法公约》所确定的概念方面，特别是关于 EEZ 的使用，南太平洋地区处于前沿地位。太平洋岛国的海洋发展为周边其他发展中国家树立了典范。基于此，非洲、加勒比地区的区域组织向太平洋岛国寻求这方面的建议。PIFS 及其有特色的地区路径的推行，被认为是成效显著。③《联合国海洋法公约》的通过并生效反映了以太平洋岛国为代表的发展中国家的崛起，标志着国际海洋秩序的建立。太平洋岛国成为国际海洋事务中不可忽略的重要力量。

第二，服务于欧盟的海洋战略。欧盟是一个"海洋之盟"，海洋在欧盟的生存和发展中具有举足轻重的作用。《欧盟海洋安全战略和

---

① 汪诗明：《大洋洲研究的一部力作：〈中美南太平洋地区合作——基于维护海上战略通道安全的视角〉序言》，《苏州科技大学学报》（社会科学版）2018 年第 4 期。

② 刘衡：《介入域外海洋事务：欧盟海洋战略转型》，《世界经济与政治》2015 年第 10 期。

③ Biliana Cicin – Sain, Robert W. Knecht, "The Emergence of A Regional Ocean Regime In The South Pacific", *Ecology Law Quarterly*, Vol. 16, Issue 1, 1989, pp. 182 – 209.

行动计划》（The EU Maritime Security Strategy and Action Plan）指出：
"欧洲的海洋利益与人民的安全、幸福以及繁荣密切相关。海洋交通
是欧洲进出口贸易的主要方式。欧盟不仅具有海洋利益，而且负有维
护全球海洋安全的责任。这是欧盟为什么积极维护世界不同海域海洋
安全及稳定的原因。"① 如前所述，欧盟在南太平洋地区有着广阔的
海洋面积以及海洋利益，积极参与该地区的海洋治理契合其海洋
战略。

　　随着南太平洋地区海洋问题的日益严峻，欧盟将以更积极的方式
参与该地区的海洋治理。这对于欧盟践行全球海洋治理规范将是重要
的尝试，同时，欧盟可根据南太平洋地区的区域海洋治理，积极完善
自身的海洋治理框架，服务于欧盟地区的海洋治理。欧盟地区的海洋
治理区域包括大西洋、北冰洋、北海、波罗的海、黑海和地中海。当
下，波罗的海、地中海和黑海是不仅是欧盟区域海洋治理的重点，也
是全球海洋治理的焦点。然而，欧盟的区域海洋治理面临着内部和外
部因素的挑战。欧盟可以通过积极介入南太平洋地区的海洋治理，积
累区域海洋治理的经验，不断完善欧盟地区的海洋治理。随着欧盟海
洋战略的不断完善，积极介入南太平洋地区的海洋治理也将成为欧盟
全球治理的优先事项。

　　海洋治理，既是治理海洋，也是经略海洋。域内外国家和国际组
织在参与南太平洋地区海洋治理的过程中，在服务于自身战略考量的
基础上，采取了相应的举措，取得了良好的效果。此举不仅提升了它
们在南太平洋地区的影响力，而且有助于完善南太平洋地区海洋治理
机制，帮助太平洋岛国克服先天的脆弱性。从地区层面看，构建南太
平洋地区新型海洋秩序成为域内外国家的共识。以海洋争霸为特点的
零和博弈必将成为过去，而合作共赢的非零和博弈符合地区发展的主
流。从全球层面看，全球海洋治理已经成为国际社会的一项共同课
题，而南太平洋地区海洋治理是全球海洋治理的焦点，因此，很多国
家和相关国际组织将目光投向了这片广阔的海域。从人类学角度看，

---

①  EU, *The EU Maritime Security Strategy and Action Plan*, Belgium: Brussels, 2013, pp. 1 – 2.

太平洋岛国拥有宝贵的土著传统、丰富的语言、独特的种族习惯、不同种族等,具有鲜明的特性。因此,帮助太平洋岛国完善海洋治理能力就是保护人类的特有族群。

合作将是世界各国在全球海洋治理领域的必然选择。由于全球海洋问题日益复杂化、多元化,单独依靠某一个国家或某一个组织,很难完全治理全球海洋问题,因此加强各国之间以及各区域组织之间的合作是大势所趋。历史的发展给了各国摆脱零和博弈的重要机遇。全球海洋治理为世界各国的合作共赢提供了重要的机遇。前不久,"中国—小岛屿国家海洋部长圆桌会议"通过了《平潭宣言》,其中明确表示了鼓励共同构建蓝色伙伴关系,"各方在推动海洋治理进程中平等地表达关切,分享国际合作红利,共同建立国际合作机制,制定行动计划,实施海上务实合作项目。合作领域包括但不限于发展蓝色经济、保护生态环境、应对气候变化、海洋防灾减灾、打击 IUU 捕捞、管理和减少海洋垃圾等"[1]。然而,目前国际社会缺乏完整的全球海洋治理规则,现有的治理规则严重滞后于全球化的现实,不能适应全球海洋问题的日益复杂化、多元化。因此,构建一种关于全球海洋治理的合作机制是当下的一个重要课题,而合作机制的构建需要涌现更多像参与南太平洋地区海洋治理的行为体,积极在全球海洋治理中有所作为,贡献自身的方案。

---

[1] 《平潭宣言》,国家海洋局,http://www.soa.gov.cn/xw/hyyw_ 90/201709/t20170921_ 58027.html。

# 第四章　多层级全球海洋治理探究

—— 以 山 东 为 例

　　在全球海洋治理中，地方政府的角色往往被忽略。然而，作为一个立体化的治理体系，全球海洋治理体系的构建需要多层级的治理主体。作为中央政府的补充，地方政府往往能有效利用地方优势，践行中央政府的海洋治理体制。在"一带一路"倡议中，南太平洋地区是21世纪海上丝绸之路南线建设的一个终端，是构建中国—大洋洲—南太平洋蓝色经济通道的一个重要组成部分。伴随着"一带一路"倡议的践行，中国与南太平洋地区的交往日益密切。海洋维系着中国与南太平洋地区的共同命运，是双方交往的最佳媒介。南太平洋地区面临着复杂、多元的海洋问题，如何参与南太平洋地区海洋治理是"一带一路"倡议的焦点议题。作为海洋大省，山东省近年来致力于海洋强省战略，以充分利用山东优越的海洋地理优势，服务于山东经济发展。参与国家海洋治理是山东建设海洋强省的一个内在要求。基于此，本书选用了山东参与南太平洋地区海洋治理这个案例。这个案例探讨了地方政府参与全球海洋治理的理论基底，以及山东参与南太平洋地区海洋治理的内在逻辑、现实选择及前景。还着重指出了地方政府参与全球海洋治理需要注意的一些问题。需要强调的是，本案例的选择具有一定的典型性和现实性。作为海洋大省，山东之前并未充分有效利用其海洋优势，但近年来逐渐意识到了这一问题，并制定了《山东海洋强省建设行动方案》，全力建设海洋强省，积极提升全球海洋治理能力。本书同时尝试为山东建设海洋强省提供理论和政策支持。

既有研究中鲜有关于地方政府参与全球海洋治理系统探讨。通过知网搜索，笔者并没有发现关于此的研究。绝大部分研究集中在主权国家、国际组织等对全球海洋治理的参与及相关探讨。国外有学者的研究涉及这一点。比如，在丽萨·坎贝尔（Lisa M. Campbell）、诺艾拉·格雷（Noella J. Gray）等人看来，全球海洋治理是多层级的，涉及的政府也应该是多层级的。它们之间的界限并不固定，角色类型是动态的。[①]

# 第一节　理论基底：全球海洋治理的多层级逻辑

全球海洋问题日益复杂，远远超越了某一个国家或国际组织的能力范围。海洋受到的威胁日益增多，主要有气候变化、过度利用、酸化、污染、生物多样性衰退等。虽然海洋经济正在全面发展，但它的成功取决于能否可持续利用海洋。日益猖獗的海盗活动、非法捕捞、海上武装抢劫和其他形式的海上犯罪活动有时会干扰海上航线。一些国家通过恐吓、胁迫或武力尝试对《联合国海洋法公约》以外的领海或海洋权利的要求不仅会影响地区稳定，还会破坏全球经济。除此之外，由于人口增长的压力（特别在沿海地区）及现代科技的影响，人类活动正日益深入地影响海洋生态系统的运行，耗尽海洋可再生资源。基于此，在劳伦斯·朱达（Lawrence Juda）看来，海洋治理已经成为海洋事务中的焦点。它在致力于增加从海洋利用中获益的同时，最大限度地降低人类对海洋环境的有害影响。[②] 欧盟对海洋治理的概念做了相关界定。"海洋治理是以确保海洋健康、安全、稳定、弹性的方式，治理、利用海洋及其资源。"[③] 对人类而言，健康的海洋扮

---

① Lisa M. Campbell, Noella J. Gray, Luke Fairbanks, Jennifer J. Silver, Rebecca L. Gruby, Bradford A. Dubik, Vavier Basurto, "Global Oceans Governance: New and Emerging Issues", *Annual Review*, June 2016, p. 4.

② Lawrence Juda, *International Law and Ocean Use Management*, New York: Routledge, 2003, p. 1.

③ "International Ocean Governance: An Agenda for the Future of Our Oceans", https://ec. europa. eu/maritimeaffairs/policy/ocean – governance_ en.

演着气候调节器、全球食物安全和人类健康源泉、经济增长引擎的角色。经济和发展组织预测基于海洋相关的产业对全球总增加值的贡献约为 1.3 万亿欧元。海洋还拥有丰富、脆弱和大部分未经探索的生物多样性。这些生物多样性提供了各种重要的生态系统服务。

　　海洋治理是一个系统工程，涉及全球、区域、国家等多个层次。这些层次上的各个相关要素只有相互协调，才能不断完善海洋治理。目前的全球海洋治理机制并不完善。全球层面，《联合国海洋法公约》被认为是针对建立所有海洋区域调节机制的总体框架。这意味着《联合国海洋法公约》的原则将适用于所有的海域，涉及所有的与海洋相关的活动。然而，《联合国海洋法公约》本身并未提供细致具体的举措和协定。[1] 欧盟在《国际海洋治理：我们海洋的未来议程》中也指出了这一点："《联合国海洋法公约》管理着海洋及其资源的利用，由国际和地区机制框架所支持。该框架提供了一套广泛的规则和原则，但它有时不均衡，缺乏协调性。国际社会已经意识到海洋环境与人类活动息息相关，必须更有效地应对日益增加的海洋压力。当下的总体框架并不能确保可持续治理海洋。"[2] 就区域层面的海洋治理而言，海洋治理区域路径虽然存在几十年，但它的弊端仍然很明显。国家层面上，海洋治理路径是解决海洋问题的关键。国家行为体在全球海洋治理体系中具有关键性的重要地位。某种程度上讲，主权国家是全球海洋治理规范的推动者、制定者、学习者、实施者和维护者。"在过去的几十年中，主权国家的努力催生了一系列的制度性倡议。"[3] 民族国家在全球海洋治理中的治理能力、学习和接受全球海洋治理规范与价值的能力、实施和优化治理任务的能力等关乎全球海洋治理的成效。在全球海洋治理体系中，主权国家应该成为承担更重

---

[1] Peter Bautista Payoyo, *Ocean Governance: Sustainable Development of the Seas*, New York: United Nations University Press, 1994, p. 278.

[2] EU, *International Ocean Governance: An Agenda for the Future of Our Seas*, Belgium: Brussels, 2016.

[3] Peter Bautista Payoyo, *Ocean Governance: Sustainable Development of the Seas*, New York: United Nations University Press, 1994, p. 75.

要治理责任的行为体。

进一步说，如何完善主权国家内部参与全球海洋治理能力至关重要。然而，主权国家在海洋治理能力上还存在重要缺陷，亟须重构国家的海洋治理能力。在弗朗西斯·福山看来，当今世界许多严重问题的根源都来自于国家治理失效。① 提升主权国家参与全球海洋治理能力的一个重要举措是调动地方政府的积极性，吸引地方政府的参与。地方政府可以在官方政策的框架下，充分发挥地方政府的自身优势，有效配合中央政府的各种全球海洋治理实践。比利安娜和罗伯特在《美国海洋政策的未来：新世纪的选择》一书中探讨了美国各级政府对海洋管理的参与。"海洋管理主要的复杂性之一是海洋管理中政府利益的多样性。造成这一局面的直接原因首先是海洋管辖权的三分制，即联邦政府、州政府和地方政府分别都有一定的管理职能，其次是目前美国正在使用的分割的、单一目标的海洋管理方法。这些事实意味着不同的联邦、州和地方政府机构会涉入管理过程的不同阶段。有不止一个的政府参与者不一定是坏事。实际上，在过去的几十年中，沿海各州以多种方式更加积极地参与海洋和沿岸资源的管理。"② 地方政府参与主权国家的全球海洋治理是一种典型的多层次海洋治理逻辑，也是一种微观层面的海洋治理路径。这也符合奥兰·扬所说，"环境治理的实质是引导或激励人类的行动，从而避免'公域悲剧'等不受欢迎的后果的出现，并最终实现生态系统服务得到保护等受社会欢迎的结果"。同时，这也契合奥兰·扬强调的多层级治理。"多层级公共机构存在的格局决定了环境治理体系是一个复杂多变的综合体，在这个综合体中，不同层次社会组织中的制度安排共同发挥作用。环境体制之间的纵向互动这一多层级治理问题如今已经成为环境治理领域越来越热点的话题。这一方面是社会生态环境不断变迁的结果。当前的环境问题往往涉及多层级互动。另一方面，这也是政治权

---

① ［美］弗朗西斯·福山：《国家构建》，黄胜强、许铭原译，中国社会科学出版社2007年版，第1页。

② ［美］比利安娜、罗伯特：《美国海洋政策的未来：新世纪的选择》，张耀龙、韩增林译，海洋出版社2010年版，第18—21页。

力分配不断变化的结果。中央政府在解决环境问题的过程中拥有了越来越大的权力，不过这并不是一种简单的权力再分配，因为中央政府不断增长的权力并不会削弱地方和地区政府解决环境问题的权力。因此，多层级治理的格局日益复杂。"① 多层级治理的改善需要人类寻求有效途径将多层级互动中的冲突降到最低，并且鼓励互动中的协同效应，使不同层级的参与者在解决环境问题的同时保全或改善自身的利益。地方政府参与全球海洋治理是多层级环境治理的内在要求。这不仅有助于降低国家参与全球海洋治理的成本，而且有助于改善地方政府的海洋利益。

## 第二节 山东参与南太平洋海洋治理的内在逻辑

山东参与南太平洋地区海洋治理具备了内在的逻辑，是多层次治理海洋的一个体现。在内在逻辑的牵引下，山东参与南太平洋地区海洋治理是大势所趋，契合了南太平洋地区构建多维度伙伴关系的要求。

### 一 建设海洋强省的行动逻辑

作为东部沿海省份，山东省陆地海岸线约占全国的 1/6，毗邻海域 15.95 万平方千米，有海岛 589 个，海湾 200 多处，有着优越的海洋地理位置，是名副其实的海洋大省。然而，山东并未充分发挥其海洋优势，未发掘其巨大的海洋潜力。"山东集漫长海岸线、良好的港口资源、面对日韩和东北亚的区位等优势于一体，但与沿海先进省份相比，对外开放的总体水平却不够高，无论是利用外贸还是对外贸易都存在一定的差距。"2018 年，山东省委、省政府印发了《山东海洋强省建设行动方案》，制定了明确的海洋强省战略。海洋强省战略与

---

① ［美］奥兰·扬：《直面环境挑战：治理的作用》，赵小凡、邹亮译，经济科学出版社 2014 年版，第 2、106—113 页。

国家海洋强国战略一脉相承，体现了建设海洋强国的山东方案。《山东海洋强省建设行动方案》提供了建设海洋强省的总体框架以及十大行动方案，其中一个行动方案为海洋治理能力提升行动。具体来说："山东应适应全球海洋治理趋势，牢固树立法治理念，综合运用现代信息技术，增强海洋监测管控、生态保护、公共服务能力，加快构建现代海洋治理体系。提升参与国际海洋治理能力。按照国家统一部署，加强涉外海上执法和服务能力建设。以全球气候变化、海平面上升、海洋酸化、极地治理等全球问题为重点，发起参与国际科学计划和海洋组织，举办国际论坛，为国家参与全球海洋治理贡献力量。"①

由此可见，积极参与全球海洋治理已经成为山东海洋强省战略的题中应有之意，也是多层级环境治理的内在要求。在全球海洋治理中，南太平洋地区海洋治理面临的挑战最为艰巨。气候变化对南太平洋的负面影响越来越明显。为了提升参与全球海洋治理能力，积极参与南太平洋地区海洋治理应成为山东践行海洋强省战略的"先手棋"。这契合"一带一路"倡议的共建原则。共建"一带一路"符合国际社会的根本利益，彰显人类社会共同理想和美好追求，是国际合作以及全球治理新模式的积极探索。② 因此，山东欲深度融入"一带一路"建设，参与南太平洋地区海洋治理是合适的切入点。

## 二 构建中国—大洋洲—南太平洋蓝色经济通道的治理逻辑

《山东海洋强省建设行动方案》明确提出了全球拓展，积极开辟对外合作海上大通道，并面向全球优化海洋资源配置，助力国家行动，拓展海洋强省发展新空间。蓝色经济通道这个概念是近年来国内出现在国家官方文件中的一个概念，最早出现在国家发改委和国家海洋局于 2017 年 6 月发布的《"一带一路"建设海上合作设想》中。

---

① 《山东海洋强省建设行动方案》，山东省农业农村厅，2018 年 5 月 14 日，http://www.sdny.gov.cn/snzx/snxw/snxw/201805/t20180514_ 1309989.html。

② 《推动共建丝绸之路经济带和 21 世纪海上丝绸之路的愿景与行动》，新华网，2015 年 3 月 28 日，http://www.xinhuanet.com/world/2015 –03/28/c_ 1114793986.htm。

随着"一带一路"倡议的不断践行，构建中国—大洋洲—南太平洋蓝色经济通道成为一个重要议题。蓝色经济通道具有安全、政治、经济、地理、文化等多层面的含义，致力于可持续利用海洋资源，实现全人类的可持续发展，重点关注小岛屿发展中国家和最不发达国家，是一条海上大通道、海上合作平台，而不是具体的交通线、咽喉要道、海峡或海上交通线附近的战略岛屿。助力构建中国—大洋洲—南太平洋蓝色经济通道成为山东全球拓展的合适路径，而蓝色经济通道与全球海洋治理息息相关。

蓝色经济通道的一个主要内涵是可持续发展，而可持续发展是全球海洋治理的一个内在属性。在国际背景下，"发展"主要指经济发展，涉及自然资源的开发和利用。"可持续"意为保护性的发展，有助于自然资源的持久存活性。国际自然保护联盟（International Union for the Conservation of Nature）于 1980 年推出的《世界保护战略》首次提出了"可持续发展"的概念，随后世界环境和发展委员会采用了这个概念。"可持续发展"用来描述长期内使大多数人受益的方式对资源进行管理。它是以维持保护资源与最大化利用的平衡为目的，对资源进行治理。《联合国海洋法公约》体现了"可持续发展"的许多法律和制度内涵。就海洋治理而言，《联合国海洋法公约》是海洋治理相关条约的总框架。该公约对利用海洋资源采取整体主义的方式，并意识到"海洋空间问题是相互联系的，被认为是一个整体"。该公约拥有很多呼吁国家间、国际组织间合作的条款，作为海洋资源保护的整体目标，并确保最大化地利用海洋资源。[①] 海洋在全球可持续章程中扮演着重要角色。《建立一个可持续海洋的合作伙伴关系：区域海洋治理在执行 SDG14 中的角色》（Partnering for a Sustainable Ocean：The Role of Regional Ocean Governance in Implementing SDG14）指出："海洋对我们的生存和共同生活至关重要。海洋为我们提供了必要的生态系统服务和食物，是国际贸易的支柱，为可持续经济增长

---

[①] Peter Bautista Payoyo, *Ocean Governance：Suatainable Development of the Seas*, New York：United Nations University Press, 1994, pp. 22 – 23.

提供多样的机会。SDG14 致力于海洋的保护与可持续利用。"① 不少学者把可持续视为海洋治理的重要原则。约翰·范德克（John M. Van Dyke）在《公海及其资源的国际治理与管理》（International Governance and Stewardship of the High Seas and Its Resource）中指出："海洋所有竞争性的利用和威胁要求建立一种综合性的机制，用以治理海洋的利用和保护海洋资源。目前已经出现了一些指导性的原则来推动这一机制的实现。其中一个机制是我们必须重视海洋持续的生态活力，特别关注脆弱的生态系统、濒临灭绝的物种以及海洋哺乳动物。我们的主要目标是为子孙后代保持海洋环境的多样性。如果我们遵循这些原则，我们必须要能履行作为海洋资源和生物'护卫'的责任。这个责任要求我们负责地利用海洋，在为子孙后代保持海洋环境长期活力的同时，考虑我们之所需。"②

　　蓝色经济通道把海洋视为全人类共同的财富，突出海洋的整体性，每个海洋地区的人口都应该有权利利用海洋资源。深居内陆以及地理位置偏僻地区的人口如果对海洋感兴趣，同样有权使用海洋资源。拥有开发渔业资源渔船队的远海捕鱼国应该获得投资的认可，但无权占有这些海洋资源。③ 全球海洋治理突出了海洋治理与资源利用之间的平衡，主张建立一个符合全球共同利益的海洋治理机制。"过去的海洋自由原则确保每个国家拥有平等的利用海洋空间的机会，但却是一个消极的原则。该原则并不提倡海洋治理。我们必须解决利用、开发海洋与保护海洋之间的二元对立的观念问题。海洋作为人类

---

　　① Wright, G. , Schmidt S. , Rochette, J. , Shackeroff, J. , *Partnering for a Sustainable Ocean: The Role of Regional Ocean Governance in Implementing SDG14*, PROG: IDDRI, IASS, TMG&UN Environment, 2017, p. 7.

　　② Jon M. Van Dyke, "International Governance and Stewardship of the High Seas and Its Resource", in Jon M. Van Dyke, Durwood Zaelke, Grant Hewison, *Freedom for the Seas in the 21st Century: Ocean Governance and Environmental Harmony*, Washington, DC: Island Press, 1992, pp. 18 – 19.

　　③ Jon M. Van Dyke, "International Governance and Stewardship of the High Seas and Its Resource", ed. by Jon M. Van Dyke, Durwood Zaelke, Grant Hewison, *Freedom for the Seas in the 21st Century: Ocean Governance and Environmental Harmony*, Washington, DC: Island Press, 1992, p. 19.

共同财富的使用需要涉及所有使用者利益的治理体系。这个观点的根基就是海洋是人类共同的财富，把海洋视为一个整体。"① 《联合国海洋法公约》序言指出："海洋问题是密切相互关联的，需要以一个整体来看待。这个对海洋问题整体性的认识是重要的第一步。整体来看，海洋问题与陆地、大气问题密切相关。"②

# 第三节  山东参与南太平洋海洋治理的现实选择

基于《"一带一路"建设海上合作设想》，并结合《山东海洋强省建设行动方案》，山东应充分利用自身的海洋优势，依据自身特点，主动参与南太平洋地区海洋治理。《太平洋岛国区域海洋政策和针对联合战略行动的框架》指出："维护海洋的健康是所有人的职责。海洋是相互联通、相互依存的，覆盖了地球表面的 71%。海洋的可持续利用与保护对人类的生存与生活至关重要。海洋把太平洋岛屿连接在一起，并养育了一代又一代人，不仅扮演着交通媒介的角色，而且是食物、传统和文化的源泉。《太平洋岛国区域海洋政策和针对联合战略行动的框架》确立了维护海洋健康的原则。"③ 《中国海洋事业的发展》前言也强调了维护海洋健康。"维护《联合国海洋法公约》确定的国际海洋法律原则，维护海洋健康，保护海洋环境，确保海洋资源的可持续利用和海上安全，已成为人类共同遵守的准则和共同担负的使命。"④ 因此，维护海洋健康是山东参与南太平洋地区海洋治理的首要原则。

---

① Arvid Pardo, "Perspectives on Ocean Governance", ed., Jon M. Van Dyke, Durwood Zaelke, Grant Hewison, *Freedom for the Seas in the 21st Century*: *Ocean Governance and Environmental Harmony*, Washington, DC: Island Press, 1992, p. 19.

② Peter Bautista Payoyo, *Ocean Governance*: *Suatainable Development of the Seas*, New York: United Nations University Press, 1994, p. 247.

③ Secretariat of the Pacific Community, *Pacific Islands Regional Ocean Policy and Framework for Integrated Strategic Action*, 2005, p. 1, http: //www. sprep. org/att/IRC/eCOPIES/Pacific_Region/99. pdf.

④ 《中国海洋事业的发展》，中华人民共和国国务院新闻办公室，2000 年 9 月 10 日，http: //www. scio. gov. cn/zfbps/ndhf/1998/Document/307963/307963. htm。

### 一　积极构建蓝色伙伴关系

自罗伯特·基欧汉和约瑟夫·奈强调我们生活在一个相互依赖的时代以来，"相互依赖"成为学术界最为流行的术语，关于相互依赖的探讨如火如荼，任何论述国际关系的理论探讨和新理论的出现莫不以此为背景和探讨问题的现实渊源，相互依赖也成为论述国家间关系和超国家关系的主体理论之一。① 蓝色伙伴关系概念的出现恰逢这相互依赖的时代。中国在《"一带一路"建设海上合作设想》中提出了构建蓝色伙伴关系的倡议，"中国政府秉持和平合作、开放包容、互学互鉴、互利共赢的丝路精神，致力于推动联合国制定的《2030年可持续发展议程》在海洋领域的落实，愿与21世纪海上丝绸之路沿线各国一道开展全方位、多领域的海上合作，共同打造开放、包容的合作平台，建立积极务实的蓝色伙伴关系，铸造可持续发展的'蓝色引擎'"②。中国倡导的蓝色伙伴关系顺应世界相互依存的大势，契合中国与太平洋岛国友好相处的普遍愿望，致力于在相互交流中取长补短，在求同存异中共同获益。山东致力于建设开放的海洋，搭建海洋合作平台，创新海洋合作模式，构建蓝色伙伴关系，形成全方位、多层次、宽领域的海洋开放合作新格局。正如《山东海洋强省建设行动方案》所指出的"积极参与全球蓝色经济伙伴论坛，构建蓝色经济伙伴关系"。《太平洋岛国区域海洋政策和针对联合战略行动的框架》指出，建立联合海洋治理的有效合作伙伴关系，可以最大限度地发挥现有组织和伙伴的效力。与此相关的一个举措是建立非政府组织、非国家行为体及私营部门间的网络。③

第一，加强山东海洋局与南太平洋地区相关区域组织的合作。区

---

① ［美］罗伯特·基欧汉、约瑟夫·奈：《权力与相互依赖》，门洪华译，北京大学出版社2012年版，第3—5页。

② 《"一带一路"建设海上合作设想》，新华网，http：//news. xinhuanet. com/politics/2017－06/20/。

③ Secretariat of the Pacific Community, *Pacific Islands Regional Ocean Policy and Framework for Integrated Strategic Action*, 2005, p. 19, http：//www. sprep. org/att/IRC/eCOPIES/Pacific_Region/99. pdf.

域组织在南太平洋地区海洋治理中，扮演着关键角色。山东加强同南太平洋地区区域组织的专业合作是构建蓝色伙伴关系的基础。基于此，山东海洋局应尝试加强同太平洋共同体（SPC）的合作。作为省自然资源厅的部门机构，山东海洋局组织协调海洋强省发展战略和发展规划建议，督促落实海洋强省建设方案。SPC 在《战略计划 2016—2020》明确指出了其战略重点之一，"强化对自然资源的可持续治理。SPC 支持水资源治理战略，包括能力建设、意识提高、监测、评估、保护资源。SPC 为太平洋岛国提供技术建议和服务，用于治理农业、林业和陆地资源"①。应当指出的是，SPC 欢迎有助于推动太平洋岛国可持续发展及对提高太平洋岛民生活水平的合作伙伴。有鉴于此，山东海洋局应该主动对接 SPC 的需求，从专业合作角度切入，制定长期的合作计划。这不仅可以提高山东参与南太平洋地区海洋治理的专业能力，而且可以弥补中国同 SPC 互动的不足。

目前，中国虽然同太平洋岛国论坛、太平洋岛国发展论坛等区域组织保持着密切的双边关系，但缺乏同 SPC 的双边互动。2007 年，SPC 获得了中国援助太平洋岛国论坛的 200 万美元中的一部分，目的是支持《太平洋计划》所确定的两个重点领域：整合性港口发展（Integrated Ports Development）和太平洋地区信息和通信系统（Pacific Regional Information and Communications System）。这些项目为期四年，从 2009—2012 年。自从这两个项目结束以后，SPC 未再次获得中国的进一步的援助。2013 年，《SPC 独立专家评论》（Independent Expert Review of SPC）把中国视为东亚地区一个新兴的援助者，并建议 SPC 发掘把中国作为未来发展伙伴的潜力，以援助其成员国的项目和活动。②

第二，加强高等院校在海洋治理领域的合作。在南太平洋区域组织中，南太平洋大学不仅是一所高校，还是区域海洋治理组织，在南

---

① SPC, *Pacific Community Strategic Plan 2016 - 2020*, New Caledonia: Noumea, 2015, https: //www. spc. int/sites/default/files/resources/2018 - 05/.

② Mrs Fekitamoeloa Utoikamanu, Changing Geopolitics: China and the Pacific "A Regional Perspective", https: //www. victoria. ac. nz/chinaresearchcentre/.

太平洋海洋治理中扮演着重要的角色。南太平洋大学海洋研究院是一个跨学科的学院，整合了自然科学（海洋科学项目）与社会科学（海洋治理项目）。海洋研究院主要包括两门课程：海洋科学课和海洋治理课。它的一个主要任务是鼓励南太平洋大学机构、岛国、区域和国际组织之间针对海洋资源可持续发展的合作与协调。海洋研究院为南太平洋大学所有与海洋相关的活动提供支持和服务[①]。

《山东海洋强省建设行动方案》强调支持驻鲁高校科研院所与国外相关机构组建一批国际海洋科技创新联盟，加强与国际海洋组织、国际海洋协会的交流合作。山东有三所高校涉及海洋治理的相关研究，分别是中国海洋大学、山东大学、聊城大学。中国海洋大学应发挥在海洋研究方面的优势，主动寻求与南太平洋大学进行相关合作。为加快建设世界一流大学建设步伐，服务国家海洋强国战略，山东大学成立了海洋研究院，加强国际和区域合作，在海洋科技若干前沿领域组建优势学术团队，聚焦国家和山东重大需求。[②] 聊城大学太平洋岛国研究中心是国内首个系统研究太平洋岛国的科研机构，在国内外享有一定的声誉。2015 年 8 月，聊城大学与南太平洋大学一致同意签署两校全面交流与合作备忘录。南太平洋大学校长山德拉（Rajesh Chandra）表示："作为南太平洋岛国共同兴办的区域性大学，南太平洋大学愿意与聊城大学太平洋岛国研究中心开展全面的交流与合作，通过高校之间的交流与合作，共同促进中国与太平洋岛国之间的交流与合作。"[③] 未来，这三所高校应积极响应《山东海洋强省建设行动方案》的要求，与南太平洋大学构建深度伙伴关系。

## 二 保护南太平洋生态系统健康和生物多样性

海洋生物多样性是体现海洋生态系统健康状况的一个重要指

---

① "School of Marine Studies", USP, https：//www. usp. ac. fj/index. php? id = 4248.

② 《山东大学海洋研究院简介》，山东大学海洋研究院，http：//www. imst. sdu. cn/yjygk/yjyjj. htm。

③ 《王强率团访问萨摩亚国立大学和南太平洋大学取得圆满成功》，聊城大学新闻网，http：//news. lcu. edu. cn/jgxy/156952. html。

标。它的变化将直接或间接影响人类的生存与发展。当下，海洋生态灾难频繁，海洋生物资源面临衰退，这都与海洋生物多样性的变化密切相关。中国历来重视保护海洋生物多样性。1992 年 6 月，中国率先签署了《生物多样性公约》，并编制了执行该公约的《中国生物多样性保护行动计划》。2010 年，中国再次发布《生物多样性保护战略与行动计划（2011—2030）》。二十多年来，中国制定了很多保护海洋生物多样性的法律法规，主要有《海洋环境保护法》《野生动物保护法》《渔业法》《自然保护区条例》《海洋自然保护区管理办法》等。然而，我国的生物多样性面临着严峻的挑战。"近年来，随着转基因生物安全、外来物种入侵、生物遗传资源获取与惠益共享等问题的出现，生物多样性保护日益受到国际社会的高度重视。目前，我国生物多样性下降的总体趋势尚未得到有效遏制，资源过度利用、工程建设以及竣工后的变化严重影响着物种生存和生物资源的可持续利用，生物物种资源流失严重的形势没有得到根本改变。"①

南太平洋是世界上海洋生物多样性最丰富的地区之一，也是海洋生物多样性受到破坏最严重的地区。基于此，《太平洋岛国区域海洋政策和针对联合战略行动的框架》明确制定了保护海洋生态系统健康的原则。"我们海洋的健康和生产性（productivity）是由区域生态系统过程来驱动。这依赖于生态系统的完整性和降低人类活动对环境的负面影响。陆地污染构成了 80% 的海洋污染，是影响近岸海洋生态系统健康的长期主要威胁，这影响着海洋生态系统进程、公共健康、海洋资源的社会及商业利用。"② 山东应该依据此原则，来共同推进保护南太平洋生态系统健康和生物多样性。

---

① 《关于印发〈中国生物多样性保护战略与行动计划（2011—2030）〉的通知》，中华人民共和国生态环境部，2010 年 9 月 17 日，http：//www. zhb. gov. cn/gkml/hbb/bwj/201009/t20100921_ 194841. htm。

② Secretariat of the Pacific Community, *Pacific Islands Regional Ocean Policy and Framework for Integrated Strategic Action*, 2005, p. 1, http：//www. sprep. org/att/IRC/eCOPIES/Pacific_ Region/99. pdf.

第一，充分洞悉、尊重南太平洋地区关于保护海洋生态系统的规范。目前，南太平洋地区没有专门的关于保护海洋生态系统的区域协议，一些区域性的海洋治理规范涉及保护海洋生态系统。《太平洋岛国区域海洋政策和针对联合战略行动的框架》涉及保护海洋生态系统的原则和倡议。"海洋的健康和生产性由区域生态系统进程决定，依附于海洋生态系统的完整性……一个倡议是在国家层面、区域层面上，要保护生态多样性，包括生态系统、物种等。"①《太平洋景观框架》（Framework for a Pacific Oceanscape）同样把维护海洋健康、保护海洋生物多样性作为一个海洋治理的原则。"降低人类活动的负面影响，采取保护海洋生物多样性的措施……"②《太平洋渔业资源的瓦瓦乌宣言》对保护公海的生物多样性做了承诺。③《太平洋景观愿景：基于海洋可持续发展、治理和保护的和谐的太平洋岛国》（Pacific Oceanscape Vision：A secure future for Pacific Island Countries and Territories based on sustainable development，management and conservation of our Ocean）确立了六个战略重点，其中之一为可持续发展、治理和保护海洋。"太平洋岛国建立海洋空间规划机制，目的是实现经济发展和环境保护的目标，并维护海洋生态系统及生物多样性的完整性。"④《太平洋区域环境署：SPREP 的第二次独立审阅》（Second Independent Corporate Review of SPREP：The Pacific Regional Environment Programme）强调："SPREP 与 SPC 签订了一个合作备忘录。双方将在国家层面上联合采取行动，其中包括在对岛国重要的领域合作，这需要平衡发展、生物多样性和保护的结

① Secretariat of the Pacific Community，*Pacific Islands Regional Ocean Policy and Framework for Integrated Strategic Action*，2005，pp. 16 – 17，http：//www. sprep. org/att/IRC/eCOPIES/Pacific_ Region/99. pdf.

② Cirstelle Pratt，Hugh Govan，*Framework for a Pacific Oceanscape*：*A Catalyst for Implementation of Ocean Policy*，Samoa：Apia，2010，p. 55.

③ "Key Ocean Policies and Declarations"，Pacific Islands Forum Secretariat，http：//www. forumsec. org/pages. cfm/strategic – partnerships – coordination/.

④ SPREP，*Pacific Oceanscape Vision*：*A Secure Future for Pacific Island Countries and Territories Based on Sustainable Development*，*Management and Conservation of Our Ocean*，Honolulu：University of Hawaii Press，2008.

果。SPREP 日益把保护环境与提高人民收入及可持续发展联系在一起，可持续发展的重点是生物多样性与生态系统治理。"① 《南太平洋自然保护公约》（Convention on Conservation of Nature in the South Pacific）规定建立保护区，以保护自然生态系统。"'保护区'意味着国家公园，而国家公园意味着建立保护动植物生态系统的地方。每一个公约成员国应该在现有保护区的基础上，建立保护区，以保护自然生态系统的样本。"②

　　第二，依托 SPC 来治理珊瑚礁、海草床、红树林以及潮滩。珊瑚礁、红树林等在南太平洋地区非常普遍，对气候变化有着重要的作用。太平洋岛屿地区沿岸的潮间带和潮下带经常分布着大面积的海草床和红树林。同世界其他地方相比，虽然热带太平洋海草床和红树林同渔业及无脊椎动物的生态并不明显，但海草床、红树林、沼泽和珊瑚礁存在着连通性。除了繁殖区域的角色之外，海草床、红树林、沼泽还为许多鱼类提供栖息地。海草床和沼泽还是一些海参等软体动物的栖息地。整体来看，沿岸渔业资源依赖海草床、红树林、沼泽的范围比较广。在一些太平洋岛国，由于海草床和红树林离海岸带比较近，由它们所控制的生态系统受到了很大的侵蚀。气候变化被认为是加剧了对海草床、红树林和沼泽的人为影响。珊瑚礁、海草床、红树林、沼泽之间高度的联通性意味着任何一个栖息地的消失都会对其他生态系统的组成部分产生影响。治理的重点应该集中于确保所有栖息地之间稳定的联通性，维护沿岸渔业的繁殖能力。③ 从有记录开始，世界上已经消失了大约 30% 的海草床。土地开垦、海水透明度的下降、营养的流失导致了许多太平洋岛国海草床的减少。沿岸建设和港口发展产生了淤泥，这降低了透光度，有时候会闷死海草床。在有些

① SPREP, *Second Independent Corporate Review of SPREP: The Pacific Regional Environment Programme*, Cook Islands: Rarotonga, 2014, pp. 35 – 40.

② "Apia Convention", SPREP, https://www.sprep.org/convention – secretariat/apia – convention.

③ MIchelle Waycott, Len J McKenzie, Jane E Mellors, *Vulnerability of Mangroves, Seagrass and Intertidal Flats in the Tropical Pacific to Climate Change*, Kenya: Nairobi, 2006.

情况下，红树林的移动也会使淤泥影响附近的海草床。气候变化也会影响海草床的分布。①

　　热带太平洋地区红树林的多样性比较丰富。在全球 71 种公认的红树林种类之中，有 31 种分布在该地区，其中 23 种分布在巴布亚新几内亚，这使得巴布亚新几内亚成为世界上红树林多样性最丰富的国家。在太平洋岛屿地区，自西向东，红树林多样性逐渐减少，萨摩亚只有 4 种红树林以及 1 种杂交种（见表 4 - 1）。海草床、红树林以及潮滩在支持底层鱼类以及无脊椎动物方面扮演着重要角色，这有助于沿海渔业。

表 4 - 1　　　　　　　太平洋岛国红树林和海草床的数量

| 国家 | 总陆地面积 | 红树林 | | | 海草 | | |
|---|---|---|---|---|---|---|---|
| | | 种类 | 面积（平方千米） | 占陆地的比例（%） | 种类 | 面积（平方千米） | 占陆地的比例（%） |
| 斐济 | 18272 | 8 | 424.6 | 2.32 | 6 | 16.5 | 0.01 |
| 新喀里多尼亚 | 19100 | 18 | 205 | 1.07 | 11 | 936 | 5 |
| 巴布亚新几内亚 | 462243 | 33 | 4640 | 1 | 13 | 117.2 | 0.03 |
| 所罗门群岛 | 27556 | 19 | 525 | 1.9 | 10 | 66.3 | 0.24 |
| 瓦努阿图 | 11880 | 17 | 25.2 | 0.21 | 11 | | |
| 密克罗尼西亚联邦 | 700 | 16 | 85.6 | 12.23 | 10 | 44 | 6.29 |
| 关岛 | 541 | 12 | 0.7 | 0.13 | 4 | 31 | 5.73 |
| 基里巴斯 | 690 | 4 | 2.6 | 0.37 | 2 | | |
| 马绍尔群岛 | 112 | 5 | 0.03 | 0.27 | 3 | | |
| 瑙鲁 | 21 | 2 | 0.01 | 0.05 | 0 | 0 | 0 |

---

① "Seagrass", SPC, https：//spccfpstore1. blob. core. windows. net/digitallibrary - docs/files.

续表

| 国家 | 总陆地面积 | 红树林 | | | 海草 | | |
|---|---|---|---|---|---|---|---|
| | | 种类 | 面积（平方千米） | 占陆地的比例（%） | 种类 | 面积（平方千米） | 占陆地的比例（%） |
| 北马里亚纳群岛 | 478 | 3 | 0.07 | 0.01 | 4 | 6.7 | 1.4 |
| 帕劳 | 494 | 15 | 47.1 | 9.53 | 11 | 80 | 16.19 |
| 美属萨摩亚 | 197 | 3 | 0.5 | 0.26 | 4 | | |
| 库克群岛 | 240 | 0 | 0 | 0 | 0 | 0 | 0 |
| 法属波利尼西亚 | 3521 | 1 | | | 2 | 28.7 | 0.82 |
| 纽埃 | 259 | 1 | 0 | 0 | 0 | 0 | 0 |
| 皮特凯恩群岛 | 5 | 0 | 0 | 0 | 0 | 0 | 0 |
| 萨摩亚 | 2935 | 3 | 7.5 | 0.26 | 5 | | |
| 托克劳 | 10 | 0 | 0 | 0 | 0 | 0 | 0 |
| 汤加 | 699 | 7 | 13 | 1.87 | 4 | | |
| 图瓦卢 | 26 | 2 | 0.4 | 1.54 | 1 | 0 | 0 |
| 瓦利斯与富图纳 | 255 | 2 | 0.2 | 0 | 5 | 24.3 | 17 |

资料来源：MIchelle Waycott, Len J McKenzie, Jane E Mellors, Vulnerability of mangroves, seagrass and intertidal flats in the tropical Pacific to climate change, Kenya：Nairobi, 2006, https：//www. spc. int/sites/default/files/wordpresscontent/wp - content/uploads/2017/01/FINAL_ Chapter6_ 110930. pdf, p. 302。

基于此，中国、太平洋岛国、澳大利亚、新西兰应该共同采取行动，对珊瑚礁、海草床、红树林以及潮滩进行监视监测、健康评价与保护修复。具体而言，沿线国家应该推动以社区为基础的联合治理路径，与地方、政府组织和非政府组织密切合作，主要地方利益相关者执行具体的举措。适应性的共管应充分利用社会资本，比如已经存在的传统治理理念、政策机制、资源治理机制等。同时，沿线国家应该注重南太平洋区域层面上的合作。正如 SPC 在为渔业社区提供关于渔业治理的建议中所指出的，"保护海草床需要采取国家层面上的行动，以治理海岸带，主要包括七个方面：监视海水质量和海草床范围、提高对海床重要性及其所面临威胁的认知、减少污染物进入沿海水域、控制沿岸的发展、保护海草床、恢复海草床、限制捕捞能控制海草床数量的鱼类资源"①。

SPC 擅长治理珊瑚礁、海草床、红树林以及潮滩，并拥有了扎实的基础，包括专业知识、数据库。然而，SPC 的资金来源主要来自澳大利亚海洋相关部门，缺乏广泛的资金来源。山东可以为 SPC 提供资金支持，并委派相关技术人员去南太平洋地区进行技术支持。同时，山东可以参考澳大利亚与 SPC 的伙伴协议，制定相应的合作规范，做到有规范可依。长远来看，这便于山东以 SPC 为轴或中心，构建治理珊瑚礁、海草床、红树林以及沼泽的合作机制。

第三，加强海洋濒危物种保护的务实合作。太平洋岛国23%的动物、植物面临着灭绝的危险。

山东非常注重保护濒危物种的宣传工作。2019 年 5 月，烟台海关在烟台蓬莱机场国际出发大厅开展保护濒危物种公益宣传活动，向公众普及濒危野生动植物保护知识。山东主动倡议构建类似太平洋岛屿治理和保护区（Pacific Islands Managed and Protected Areas Community，PIMPAC）的海洋保护区网络。PIMPAC 是一个长期的共享的项目及包括非政府组织、地方社区、国际机构在内的社会网络，目的是共同完善太平洋岛屿保护区的有效利用和治理。PIMPAC 的海洋保护区主要集中在美国太平洋岛屿和其"自由联系邦"②。PIMPAC 将努力加强与更多机构、组织和个人的合作，努力营建太平洋岛屿海洋保护区践行者（practitioner）的伙伴关系。③ 中国在《生物多样性保护战略与行动计划（2011—2030）》中把建立生物多样性保护公众参与机制与伙伴关系视为优先领域。"推动建立生物多样性

---

① "Seagrass"，SPC，https：//spccfpstore1. blob. core. windows. net/digitallibrary‐docs/files.

② "Welcome to PIMPAC"，Pacific Islands & Protected Areas Community，http：//www. pimpac. org/index. php.

③ "PIMPAC Partners"，Pacific Islands & Protected Areas Community，http：//www. pimpac. org/partners. php.

保护体系,建立国际多边机构、双边机构和国际非政府组织参与的生物多样性保护合作关系。"① 因此,山东此举契合了国家关于保护生物多样性的规范。

### 三 提升海洋产业合作水平

海洋和海洋经济受到了很大的关注。海洋经济或蓝色经济源于绿色经济的概念,近年来备受关注。小岛屿发展中国家领导人已经意识到了健康的海洋生态系统、森林、生物多样性资源对可持续发展至关重要。②

第一,推进可持续旅游业(sustainable tourism)合作。南太平洋地区的热带异域风情、文化和生活方式吸引着世界上成千上万的游客,绝大部分的游客主要是被海洋和沿岸环境的美丽风景所吸引。划船、钓鱼、潜水等是海洋旅游业能够成功的一个重要因素。旅游业是太平洋岛屿地区最大的经济部门,是外汇收入的重要来源。20世纪90年代中期,斐济、法属波利尼西亚和新喀里多尼亚控制着太平洋岛屿地区的旅游业。然而,目前,旅游业在该地区已经非常普遍,对一些岛国的就业和经济发展至关重要,比如萨摩亚、帕劳、库克群岛、瓦努阿图。其他岛国也在发展旅游业,尽管规模相对较小,比如纽埃18年来旅客的人数从1000人增加到了4750人。尽管太平洋岛屿地区旅游业的前景比较广阔,但对外部的冲击比较敏感,受金融危机、国际燃料价格上涨等影响较大,特别是北太平洋的北马里亚纳群岛、关岛和夏威夷。值得注意的是,海洋生态旅游业在该地区日益流行,并在提供可替代生存选择(alternative livelihood options)中,扮演着重要的角色。在斐济的威踏布(Waitabu)海洋保护区,一个村

---

① 《关于印发〈中国生物多样性保护战略与行动计划(2011—2030)〉的通知》,中华人民共和国生态环境部,2010年9月17日,http://www.zhb.gov.cn/gkml/hbb/bwj/201009/t20100921_ 194841.htm。

② Commonwealth Foundation, *The SAMOA Pathway: Recommendations from Commonwealth Civil Society*, 2015, p.4, https://commonwealthfoundation.com/wp – content/uploads/2015/08/Commonwealth – Insights_ SAMOA – Pathway.pdf.

办浮潜装置可以在 6 年内为该社区的 20 个家庭提供 40000 美元的收入。虽然海洋生态旅游业日益流行，但在旅游业中的比重仍然很小。旅游业是劳动密集型产业，带动就业的人数从 36000 人增加到 213000 人。由于旅游业具有国际竞争力，因此它在增加就业人数方面拥有很多的潜力。①

第二，对太平洋岛国来说，其自然和田园环境本身就是旅游产品，还是吸引游客来太平洋海岸的最大看点之一。可持续旅游业主要包括以下几个方面：一是保护自然环境，使其继续成为吸引游客的看点，这样可以确保旅游景点作为旅游产品的可持续性；二是保护作为旅游产品的太平洋文化和遗产；三是维护和维持陆地和海洋财富；四是通过经济发展、增加就业率以及发展基础设施来使当地社区受益。在意识到可持续旅游业的重要性之后，南太平洋旅游组织（South Pacific Tourism Organization，SPTO）在 2015 年开始扩大其角色的基础工作，不仅执行区域旅游市场项目，而且聚焦于可持续旅游业发展，这契合 SAMOA Pathway 和联合国《可持续消费和生产 10 年框架项目》（10 - Year Framework Programme for Sustainable Consumption and Production，10YFP）规定的重点。特别是 SPTO 将执行可持续旅游计划作为战略转向的一部分，它加入了 10YFP 的多方利益相关者咨询委员会（Multi - stakeholder Advisory Committee，MAC）。SPTO 的 CEO 科克尔先生（Mr. Cocker）赞扬了太平洋地区的国家政府在推进可持续旅游章程方面的努力。"太平洋政府在其国家规划战略中拥有主流的可持续旅游政策。援助者和发展伙伴同样支持太平洋岛国的可持续旅游项目和工程，并将其作为宣传可持续旅游业重要性的手段。同样地，公共和私营机构接受了可持续旅游业，发布了可持续旅游业的举措和计划。"②

由此可见，可持续旅游业更符合蓝色经济的要求，注重可持续发

---

① IUCN, *Economic Value of the Pacific Ocean to the Pacific Island Countries and Territories*, Switzerland: Glat, 2010, pp. 24 - 30.

② "Sustainable Tourism Development Initiatives in the Pacific Region", SIDS Action Plaform, http://www. sids2014. org/index. php.

展。一方面，随着经济水平的提高，山东可以鼓励适量的游客去太平洋岛国旅游，加大对太平洋岛国旅游业的宣传力度；另一方面，山东应尊重太平洋岛国旅游业可持续的原则，加强同 SPTO 的沟通与交往。截至 2020 年底，SPTO 在广州、成都、北京、上海等城市进行过路演，对太平洋岛国旅游资源进行宣传和推广。中国于 2004 年加入了 SPTO，成为其正式成员。SPTO 在区域旅游部分整合过程中，将继续扮演关键角色。它致力于实现旅游部门的可持续增长。为了实现太平洋地区人民的利益，它将继续与政府、私营部门以及援助共同体一道，推进地区规划的实现。① 中国在《全国海洋经济发展"十三五"规划》中明确指出了促进海洋产业有效对接的内容，其中涉及海洋旅游业的对接。"开展国际邮轮旅游，与周边国家建立海洋旅游合作网络，促进海洋旅游便利化。"② 现在有部分山东企业或个人在斐济、萨摩亚等国家进行旅游投资，比如建立民俗村、开发涉海旅游村等。未来，山东可以鼓励更多有实力的企业去太平洋岛国进行旅游投资，简化外出旅行程序。

山东可以支持太平洋岛国发展海产养殖。同渔业资源相比，海水养殖的商业价值较小，但太平洋岛国的黑珍珠除外，黑珍珠的养殖仅局限在波利尼西亚东部地区。在太平洋的其他地区，海水养殖只有经过大力发展，才能具有可持续的经济价值。据估计，太平洋岛国和属地的海水养殖年产值大约为 1 亿美元，主要养殖珍珠和虾。海水养殖在南太平洋地区的历史是一个反复试验的过程。许多项目被给予了很多期望，但最后在几年之内被迫停止或放弃。很多的海洋养殖项目之所以失败，是因为它们未能很好地规划。③ 相对来说，海水养殖在南太平洋地区的发展刚起步。除了在一些特殊的地方，南太平洋地区没有养殖鱼和虾的传统技术和知识，因此只能捕捞。然而，过度捕捞问

---

① "About SPTO", SPTO, https://corporate. southpacificislands. travel/about/.

② 国家海洋局、国家发改委：《全国海洋经济发展"十三五"规划》，2017 年 5 月，第 31 页，http://www. ndrc. gov. cn/zcfb/zcfbghwb/201705/W020170512615906757118. pdf。

③ SPC, Opportunities for the Development of the Pacific Islands Mariculture Sector, 2012, https://spccfpstore1. blob. core. windows. net/digitallibrary – docs/files/.

题日益严峻。破坏性的捕鱼方式恶化了这一问题。太平洋岛国意识到了海水养殖是从近岸渔业资源获益的长久、可持续的方式。[①]

自 2004 年开始，中国就在"南南合作"的框架下，对太平洋岛国提供海洋养殖方面的援助。2004 年 12 月至 2007 年 12 月，中国农业部先后选派 28 名农业专家和技术员赴太平洋岛国执行任务，为当地海洋养殖提供技术援助。然而，中国对太平洋岛国的技术援助力度还不够，援助效果不是很明显。因此，作为海洋养殖大省，山东应勇于承担这一任务。从现实看，山东可以考虑在南太平洋地区尝试建立海洋牧场。海洋牧场是指基于海洋生态系统原理，在特定海域通过人工鱼礁、增殖放流等举措，构建或修复生物繁殖、生长、索饵等场所，增殖养护渔业资源，改善海域生态环境。山东已经把建设海洋牧场作为建设海洋强省的"十大工程"之一。截至 2017 年底，山东全省省级以上海洋牧场达 55 处，其中国家级 21 处，占全国的 1/3；海洋牧场综合经济收入达 2100 亿元，[②] 居全国首位。

### 四　推进海上互联互通

交通，是经济发展的骨架与血脉。推进 21 世纪海上丝绸之路建设，交通互联互通是基础和重点。推动海上互联互通是确保山东参与南太平洋地区海洋治理的关键。

第一，加强国际海运合作，完善沿线国之间的航运服务网络，共建国际和区域性航运中心。中国母港出发的航线主要集中在日韩地区，通往南太平洋方向的航线较少。目前有三条航线经过南太平洋地区。第一条是远东—南美西海岸航线。从我国北方沿海港口出发的船只多经过琉球奄美大岛、硫黄列岛、威克岛、夏威夷群岛南部的莱恩群岛穿过赤道进入南太平洋，至南美西海岸各港。中国从南美进口的

---

① Tim Adams, Johann Bell, Pierre Labrosse, Current Status of Aquaculture in the Pacific Islnds, http：//citeseerx. ist. psu. edu/viewdoc/.

② 《山东省人民政府关于印发山东省现代化海洋牧场建设综合试点方案的通知》，山东省人民政府，2019 年 1 月 16 日，http：//www. shandong. gov. cn/art/2019/1/16/art＿2259＿30443. html。

商品主要包括铁矿石、大豆等大宗货物，散货船和集装箱都有。第二条是远东—澳大利亚、新西兰航线。中澳之间的集装箱船需要在中国香港加载或转船后经南海、苏拉威西海、班达海、阿拉弗拉海，后经过托雷斯海峡进入珊瑚海。中国从澳大利亚进口的铁矿石成为这个航线贸易上涨的主要贡献者。随着中国经济的迅速发展，对原材料的需求不断上涨。因此这条航线在中国远洋版图中的角色日益重要。第三条是中国—巴布亚新几内亚航线。相比前两条航线，这是一条近洋航线，货运量较小。在此背景下，山东可以开放更多通往南太平洋地区的航线，强化同太平洋岛国的国际海运合作，帮助太平洋岛国提升海运服务。《太平洋对太平洋岛国与属地的经济价值》强调了海运对太平洋岛国的重要性。"虽然海洋是太平洋的生命线，但与其相关的经济价值却被低估。太平洋岛国的海运或者是国内航线，或是国际航线，或是转运航线。海运部门可以进一步分解为旅客运输、海上旅游、军事运输、用于贸易的货物运输。虽然现在绝大部分的外国游客坐飞机到达岛国，但当地岛屿之间的旅客交通或去更远的地方，都是选择海运。除了北太平洋地区之外，军舰的运输总体上体量较小，但对当地的经济和就业却很重要。"① 作为未来国际和地区航运中心，提升太平洋岛国的海运服务是基础。2011 年，SPC 发布了《未来海运服务行动的框架》 (Framework for Action on Transport Service, FATS)："FATS 通过支持太平洋岛国努力确保太平洋人民在任何时候都可以拥有可靠、安全、高效的海运服务，来提升太平洋人民的经济和生活条件。该框架包括七个指导原则，其中之一为'许多合作伙伴，一个团队'。该原则承认许多利益相关者有助于完善南太平洋地区的海运服务，并被视为平等的合作伙伴。"② 太平洋岛国可以视中国、澳大利亚、新西兰为合作伙伴，依据"许多合作伙伴，一个团队"的原则，充分利用它们的资金、技术和人才，来推进该地区的互联互通。《山东海洋强省建设行动方案》也强调了山东应展开海洋开

---

① IUCN, *Economic value of the Pacific Ocean to the Pacific Island Countries and Territories*, Switzerland: Glat, 2010, p. 44.

② SPC, *Framework for Action on Transport Service*, New Caledonia: Noumea, 2011, p. 3.

放合作行动，其中一个举措为畅通对外开放通道。"支持青岛、日照、烟台等港口，面向东南亚、东北亚、欧美、澳洲等地区，通过缔结友好港或姐妹港协议、组建港口联盟等形式，加强与沿线港口合作，到2022年，争取新开辟国际集装箱班轮航线50条。"①

　　与此同时，山东应加强同南太平洋地区海事机构的合作。该地区重要的海事机构主要包括区域海洋署（Regional Maritime Programme, RMP）、太平洋岛屿海洋联盟（Pacific Islands Maritime Association, PIMA）、海洋联盟中的太平洋妇女（Pacific Women in Maritime Association, PacWIMA）、太平洋国际海洋法联盟（Pacific International Maritime Law Association, PIMLA）、PIF、太平洋计划（The Pacific Plan）、太平洋论坛航线（Pacific Forum Line, PFL）。② 2013 年的《强化太平洋岛屿地区的岛屿间航运》（Strengthening Inter – Island Shipping in Pacific Island Countries and Territories）也指出了完善区域航运服务的举措。"区域航运委员会在完善太平洋航运服务方面扮演着重要的角色。太平洋岛国成立区域航运组织，目的是为了国家贸易和商业，可以接触国际市场。"③

　　山东应通过缔结友好港或姐妹港协议、组建港口联盟等形式加强沿线港口合作，支持山东企业以多种形式参与沿线港口的建设和运营。作为海上航线的重要节点，港口在其中具有举足轻重的作用，扮演着"先行官"的角色。在国内港口快速发展、港口贸易的支撑下，中国企业不断完善港口标准化体系，提升全产业链服务能力，积累港口建设、投资、经营实力，积极投入"一带一路"建设中。中国港口工程建设企业、勘察规划设计企业、港口机械制造企业等在"一带一路"沿线国家港口建设中均占有一席之地。据统计，中国企业已经参与了"一带一路"沿线 13 个国家、20 个港口的经营，港口合作项

　　① 《山东海洋强省建设行动方案》，山东省农业农村厅，2018 年 5 月 14 日，http：//www.sdny.gov.cn/snzx/snxw/snxw/201805/t20180514_1309989.html。

　　② Asian Development Bank, *Oceanic Voyages: Shipping in the Pacific*, 2007, p.5, https：//www.adb.org/sites/default/files/publication/29760/shipping – pacific.pdf.

　　③ SPC, ESCAP, *Strengthening Inter – Island Shipping in Pacific Island Countries and Territories*, July 2013, p.8.

目不断落地生根。① 在推进"一带一路"倡议过程中，中央企业发挥了主力军作用。中国航运企业投资海外港口，有利于其在国际航运产业链中占据有利地位。对中央企业来说，投资港口是一种战略选择，充分转换了纯航运承运人的角色。从目前中资企业在海外港口投资的情况看，主要以中远太平洋和招商局国际的规模最大。中远太平洋着重扩大在欧洲的港口投资，海外港口分布在希腊、比利时、意大利等国家；而招商局国际比较重视新兴市场广阔的发展前景和长期潜力，重点投资亚洲和非洲的港口。另外，上海建工集团加大了在南太地区港口合作建设的步伐，与瓦努阿图的卢甘维尔码头扩建项目是港口合作建设的一个缩影。近年来，在"一带一路"战略的牵引下，地方港口企业加快了海外投资的步伐，在更广阔的海外市场中谋篇布局（见表4-2）。上海建工集团承建了瓦努阿图桑托岛卢甘维尔码头改建和扩建项目。该项目是 2014 年 11 月在斐济楠迪召开的中国—太平洋岛国领导人峰会上被签署的，中瓦两国领导人见证了该项目的签署。扩建后，卢甘维尔港口将极大提高吞吐能力，对瓦努阿图经济发展将起到重要的作用。该项目已经于 2015 年 7 月 28 日正式开工，并于 2017 年 8 月竣工。项目占地面积约 33460 平方米，包括一个总长度 360 米的泊位，前沿水深 14.5 米，可靠泊一艘 3 万吨级杂货船或一艘 10 万总吨级油轮。② 因此，山东省应充分利用国家对外投资、建设港口的趋势，发挥自身的优势。与上海、广州等相比，山东在这方面相对比较滞后，但已经开始做出调整。2019 年 8 月，山东省港口集团在青岛成立。它是山东省委管理的国有重要骨干企业，是统筹全省港口等重大交通基础设施建设、推动港口一体化发展的投融资和市场运营主体。山东省港口集团作为山东省港口改革的实施主体，将以打造世界一流海洋港口为目标，大力推动全省港口向集约化、协同化转变，不断提升全省沿海港口一体化发展水平，推动山东省在发展海

---

① 《"一带一路"带来港口发展新机遇》，新华网，2017 年 8 月 8 日，http://www.xinhuanet.com/silkroad/2017-08/08/c_129674926.html.

② 《瓦努阿图总理基尔曼视察我援瓦码头扩建项目》，商务部，http://www.mofcom.gov.cn/article/i/jyjl/l/201512/20151201222130.shtml.

洋经济上走在全国前列。

表4-2　　　中央企业投资21世纪海上丝绸之路沿线港口情况

| 区域 | 国家 | 港口项目 | 投资企业 |
|------|------|----------|----------|
| 亚洲 | 新加坡 | 集装箱码头 | 中远太平洋 |
| | 马来西亚 | 关丹港 | 北部湾港务 |
| | 斯里兰卡 | 科伦坡南港集装箱码头 | 招商局国际 |
| | | 汉班托塔港二期集装箱码头 | 招商局国际/中国港湾 |
| | 巴基斯坦 | 瓜达尔港 | 中国海外港口控股 |
| | 以色列 | 海法新港码头 | 上港集团 |
| 非洲 | 尼日利亚 | 拉各斯庭堪岛港集装箱码头 | 招商局国际 |
| | 多哥 | 多哥集装箱码头 | 招商局国际 |
| | 吉布提 | 吉布提集装箱码头 | 招商局国际 |
| | 埃及 | 塞得港苏伊士运河码头 | 中远太平洋 |
| 欧洲 | 希腊 | 比雷埃夫斯港集装箱码头 | 中远太平洋 |
| | 比利时 | 安特卫普港集装箱码头 | 中远太平洋 |
| | | 泽布吕赫集装箱码头 | 上港集团 |
| | 意大利 | 那不勒斯港集装箱码头 | 中远太平洋 |

资料来源：陆海鹏：《中资企业"一带一路"港口投资分析及银行策略初探》，《国际金融》2016年第3期。

山东可以在太平洋岛国国内改革及地区发展趋势的基础上，帮助它们维护港口的基础设施，并对其进行升级。具体而言，山东可以通过区域海洋组织太平洋港口联盟（Association of patific Ports，APP）强化同太平洋岛国的合作。APP成立于1978年。它的宗旨是通过知识的交流和信息的分享来推动港口成员国与港口使用者之间的区域合作、理解与友谊。港口成员包括来自美属萨摩亚、库克群岛、斐济、新喀里多尼亚、图瓦卢、塔希提、汤加等国的港口组织。联盟成员向更多的群体开放，包括太平洋地区涉及港口相关活动的任何港口使用者、港口组织或实体等。APP致力于为其成员发展培训项目，获得了来自国际组织和发展伙伴的资金援助，主要的发展伙伴包括澳大利亚、新西兰和法国。①

第二，推动共同规划建设海底光缆项目，提高南太平洋通信互联互通水平。早在 1972 年，SPC 就在《南太平洋区域之内的联通》（Communications Within South Pacific Region）中探讨了在南太平洋地区扩大海底光缆、以提高太平洋岛国通讯能力的可能性。"有三种信息传播系统是可行的，未来应重点考虑通信网络的研究。其中就包括深海光缆系统。"② 联合国亚太经社会（ESCAP）的《太平洋岛国的宽带联通性》（Broadband Connectivity in Pacific Island Countries）指出，虽然一些太平洋岛国在通讯领域取得了显著的进步，但南太平洋地区仍然缺乏互联互通水平。据统计，2016 年，只有大约 150 万太平洋岛民享有移动宽带服务，20 万人享有固定宽带服务。法属波利尼西亚、新喀里多尼亚和巴布亚新几内亚拥有太平洋岛国 74% 的固定宽带服务。至于移动宽带，大部分太平洋岛国的服务集中在巴布亚新几内亚（46%）、斐济（31%）、法属波利尼西亚（5%）。历史上，关岛和美属萨摩亚拥有多样化的海底光缆，这主要是因为它们同美国有着密切的合作关系。2013 年，汤加部署了来自斐济的第一条国际海底光缆，如今该海底光缆正扩展到其他两个主要的岛群，这两个岛群占了汤加总人口的 90%。法国的国营企业主要提供了新喀里多尼亚和法属波利尼西亚的通讯服务。2010 年，法国企业在法属波利尼西亚部署了一个海底光缆，这有效提高了国际贷款能力。太平洋次区域带宽联通性的发展情况是不同的。法属波利尼西亚、新喀里多尼亚、斐济和汤加在通讯联通方面经历了快速的增长，而其他太平洋岛国还非常落后。与其他通讯载体相比，海底光缆具有很多优势。据估计，海底光缆可以运载 99% 的国际数据。同卫星通信相比，海底

① Asian Development Bank, Oceanic Voyages: Shipping in the Pacific, 2007, p. 8, https://www.adb.org/sites/default/files/publication/29760/shipping-pacific.pdf.

② SPC, Communications Within South Pacific, Canberra, 1972, p. 2, https://spccfpstore1.blob.core.windows.net/digitallibrary-docs/files.

光缆更可靠、成本更低。除此之外，海底光缆运载能力更高。海底光缆的弹力或适应力（resilience）对确保信息互联互通至关重要。然而，太平洋地区经常出现海底光缆运输中断引起的干扰（见表4－3）。①

表4－3　　　　　　　太平洋地区近年来的海底光缆毁坏情况

| 国家 | 时间 | 事件 | 事件描述 |
|---|---|---|---|
| 澳大利亚 | 2016 | 原因不详 | 澳大利亚和关岛之间的太平洋光缆破裂 |
| 澳大利亚 | 2013 | 飓风 | 飓风引起的洪涝毁坏了昆士兰岛附近的海底光缆 |
| 法属波利尼西亚 | 2014 | 山崩 | Honotua 光缆附近出现了山崩 |
| 马绍尔群岛 | 2016—2017 | 原因不详 | 马绍尔群岛和关岛之间的海底光缆被破坏 |
| 新西兰 | 2016 | 地震 | 7.5 级地震切断了海底光纤 |
| 北马里亚纳群岛 | 2015 | 台风 | 北马里亚纳群岛和其他地区之间的海底光纤断裂 |
| 巴布亚新几内亚 | 2017 | 地震 | 5.5 级地震切断了巴布亚新几内亚同关岛和澳大利亚之间的太平洋光缆 |

资料来源：ESCAP, Submarine Cable Map, http：//www. submarinecablemap. com/。

表4－3 体现了太平洋岛国对网络破坏的脆弱性。大部分太平洋岛国依赖数量有限的海底光缆，以确保网络的互联互通。比如，法属波利尼西亚、密克罗尼西亚联邦、新喀里多尼亚、汤加和瓦努阿图通过一根单独的海底光缆来与世界互联互通。如果这些国家所依赖的海底光缆被破坏，这些国家的信息互联互通将面临很大的危机。这表明南太平洋地区需要提高信息互联互通的水平和能力。还有一个问题影响着海底光缆稳定性的是其使用寿命。太平洋岛国部署的海底光缆比较经济，需要合理规划以确保旧的海底光缆的替换。连接美属萨摩亚

① ESCAP, Broadband Connectivity in Pacific Island Countries, 2018, pp. 13 – 45, https：// www. unescap. org/sites/default/files/PACIFIC_ PAPER_ Final_ Publication_ 1. pdf.

和亚太地区的海底光缆之一——南十字路口光缆网络（Southern Cross Cable Network）正在规划连接美属萨摩亚、澳大利亚与新西兰之间的第三条海底光缆。斐济、托克劳、基里巴斯、萨摩亚都显示出了浓厚的兴趣。据估计，这条海底光缆花费大约 3.5 亿美元，已经投入运营。作为保护海底光缆的政府举措，澳大利亚建立了三个"保护区"，限制毁坏澳大利亚联通世界其他地区海底光缆的行为。澳大利亚政府同样密切关注关于管理部署新海底光缆的所有工程。区域层面，ESCAP 一直通过 2016 年 5 月至 2018 年 4 月的工程项目，来强化太平洋岛国来操作针对极端天气引发的自然灾害的早期预警系统能力。这些工程项目有三个目标：一是强化太平洋岛国的多种危害评估能力和早期预警能力，包括空间技术和地理空间信息系统使用的能力；二是支持太平洋区域关于共享数据平台的合作；三是主推全球发展议程，比如《可持续发展目标》《巴黎协定》《针对灾害危机减缓的仙台框架》等。[①]

由此看来，海底光缆对于提高南太平洋地区的互联互通程度和能力至关重要。然而，山东在南太平洋海底光缆方面的合作遇到了很大的障碍。虽然海底光缆对于全球通信至关重要，并承载着 97% 的全球互联网流量，但澳大利亚对中国近年来在南太平洋铺设海底光缆表现出了很强的抵触心理。美国网络司令部表示，"海底光缆系统的所有权及对其安装与维护的掌控能力，为中国送上了巨大的战略机遇。对海底光缆的控制可能让中国能够触及全球几乎所有通信，这可能让中国能够随时中断通信"。澳大利亚战略政策研究所执行董事彼得·詹宁斯表示，"中国电信企业与中国政府存在关联，这带来了渗透、知识产权盗窃的风险，并可能赋予北京方面在爆发危机时关闭澳大利亚国内网络的能力"。2016 年，所罗门群岛在未知会澳大利亚的情况下，突然转向了华为的一家子公司。该公司曾因安全问题，被澳大利

---

① ESCAP, Broadband Connectivity in Pacific Island Countries, 2018, pp. 47 – 50, https：// www. unescap. org/sites/default/files/PACIFIC_ PAPER_ Final_ Publication_ 1. pdf.

亚情报部门禁止竞标某些合同。① 长远来看，南太平洋地区的海底光
缆建设需要采用整体路径，相关国家应该求同存异，合作共赢，"推
动太平洋岛国的宽带互联互通性重视整体主义路径，多方利益相关者
共同参与"②。

　　山东可以考虑通过 SPC 来执行关于海底光缆的合作项目，而不是
直接同太平洋岛国、澳大利亚、新西兰合作，这样可能有助于淡化相
互之间的猜疑。SPC 负责任地执行了《太平洋数字战略》（Pacific
Digital Strategy）中的三个倡议，取得了明显的进步。SPC 推动了感兴
趣的国家同"南太平洋信息网络"（South Pacific Information Network，
SPIN）之间的讨论，《太平洋数字战略》包括致力于发展合作伙伴，
并推动同发展伙伴的讨论。③ 目前，在信息通信技术（Information and
Communication Technology，ICT）领域，SPC 是主要的协调机构。它主
要是依靠"太平洋 ICT 延伸项目"（Pacific ICT Outreach Programme，
PICTO）。2009—2010 年，SPC 主要通过 PIF、SOPAC 及其他区域组
织来执行以前的数字战略。④

　　山东参与南太平洋地区海洋治理适应了全球海洋治理的多层次治
理趋势，是地方政府参与全球海洋治理的尝试。这将完善中国参与全
球海洋治理的体系，丰富全球海洋治理框架。随着南太平洋地区海洋
问题日益复杂、多元，海洋治理已经成为一项紧迫的课题。山东应尽
快制定参与南太平洋地区海洋治理的具体举措，落实《山东海洋强省
建设行动方案》中提升全球海洋治理能力的要求。随着山东参与南太
平洋地区海洋治理进程的推进，山东将充分发挥自身的海洋优势，更
好地建设海洋强省，深度融入"一带一路"倡议在南太平洋地区的
践行。某种程度上讲，南太平洋地区将成为山东参与全球海洋治理的

---

　　① 《澳大利亚欲搅黄华为所罗门群岛海底光缆项目》，观察者网，2017 年 12 月 30 日，
https：//www. guancha. cn/global - news/2017_ 12_ 30_ 441199_ s. shtml。

　　② ESCAP, Broadband Connectivity in Pacific Island Countries, 2018, p. 63, https：//
www. unescap. org/sites/default/files/PACIFIC_ PAPER_ Final_ Publication_ 1. pdf.

　　③ SPC, *ICT - report*：*Pacific Digital Strategy*, Tonga：Nuku alofa, 2009, p. 2.

　　④ SPC, *SPC and the Pacific Plan*, New Caledonia, 2010, p. 41.

一个尝试。未来，印度洋地区、加勒比地区、北极地区、南极地区都可以成为山东参与全球海洋治理的目标。

　　需要指出的是，全球海洋治理不同于国内海域的治理。地方政府应充分了解以《联合国海洋法公约》为基础的全球层面上的海洋治理机制以及不同区域内的海洋治理机制，与全球海洋治理规范进行对接。对山东而言，借鉴欧盟在南太平洋地区海洋治理的经验是其当务之急。① 欧盟在全球海洋治理中发挥着至关重要的作用，制定了海洋治理的各种规范，有效弥补了《联合国海洋法公约》的不足之处。同时，欧盟已经与太平洋岛国建立了海洋伙伴关系，不仅为太平洋岛国提供了大量的援助，而且根据南太平洋地区的实际情况，为太平洋岛国制定了深海资源治理的规范。因此，山东欲有效参与南太平洋地区海洋治理，可以考虑加强同欧盟的合作。这也契合欧盟的海洋治理机制。"就海洋治理而言，欧盟在全球范围内强化与多边、双边及区域伙伴的合作，并已经与主要的国际行为体和伙伴建立了战略合作关系。"②

---

　　① 更多关于欧盟在南太平洋地区的海洋治理参见梁甲瑞《积极介入：欧盟参与南太平洋地区海洋治理路径探析》，《德国研究》2019 年第 1 期。
　　② EU, *International Ocean Governance: An Agenda for the Future of Our Seas*, Belgium: Brussels, 2016, p. 5.

# 第五章　山东参与南太平洋海洋治理的前景

作为中国参与南太平洋地区海洋治理的一部分，山东积极参与南太平洋地区海洋治理不仅有助于落实国家海洋强国建设的责任担当，而且可以提升山东参与全球海洋治理能力，推动海洋强省建设，最大限度地利用山东优越的海洋资源，有助于解决各类南太平洋地区海洋问题。长远来看，山东参与南太平洋地区海洋治理有助于中国构建同太平洋岛国的海洋命运共同体。因此，对山东、中国以及太平洋岛国而言，山东参与南太平洋地区海洋治理是一种三方得益的过程，因此，它的前景极为广阔。

## 第一节　有助于提升山东参与全球海洋治理能力

同广东、海南等省份相比，山东参与全球海洋治理的步伐较为缓慢，未能充分发展同太平洋岛国的沟通与交往。近年来，随着中国与太平洋岛国关系的不断深入，一些省份也纷纷利用此次机遇，尝试强化同太平洋岛国的合作。2018 年 2 月，汤加国王图普六世访问中国，除北京以外，他还访问了海南与广东。广东立足于本省的海洋治理，积极参与南太平洋地区海洋治理。它把生态保护视为海洋经济发展的关键。广东强化"生命共同体"意识，强调生态保护与修复的系统思维。2017 年 11 月，广东省委领导在会见太平洋岛国驻华使节团时表示，"21 世纪海上丝绸之路倡议为广东与太平洋岛国合作带来了重大机遇"①。为了帮助太平洋岛国提升海洋治理能力，广东已经承办了多期太平洋岛国养殖技术培训班，并为太平洋岛国培训渔业管理和技术人员。与此同时，广东将与太平洋岛国在海龟、珊瑚、海草、湿地以及红树林等方面，加强海洋生态环境保护合作力度，并加强生物多样性保护方面的合作。应当指出的是，广东并未将眼光仅局限在南太平洋地区，而是整个"一带一路"沿线国家所涉及的地区。作为海洋大省，海南处于我国海洋合作和开放的最前沿，是"一带一路"倡议的重要支点。早在 2013 年，海南就提出了海洋强省的发展目标。2017 年，海南省党代会报告中提出，"要大力发展海洋经济，建设海洋强省"。21 世纪海上丝绸之路倡议的实施为海南提供了新一轮的发展机遇，有助于海南加强与 21 世纪海上丝绸之路沿线国家的深度合作。

同为海洋大省，山东虽然距离东北亚地区较近，但参与全球海洋治理能力落后于其他海洋强省。基于海洋的互联互通性，山东应把南太平洋地区海洋治理作为切入点，全面提升参与全球海洋治理能力。这不仅契合山东建设海洋强省战略，而且契合国家建设海洋强国战略。事实上，太平洋岛国不仅是小岛屿发展中国家，也是海洋大型发展中国家。南太平洋地区拥有丰富的海洋资源、广阔的海洋专属经济区、尊重人与自然和谐的海洋治理理念、多样化的海洋治理规范及专业化的各类区域组织，在全球海洋治理中扮演着引领性的角色。太平洋岛国在国际海洋事务中拥有不可忽略的话语权，并对《联合国海洋法公约》做出了历史性的贡献。因此，包括日本、德国、美国、英国等在内的域外国家以及欧盟都积极参与南太平洋地区的海洋治理。一方面，这有助于它们积累丰富的海洋治理经验，提升它们全球海洋治理能力；另一方面，它们有效帮助太平洋岛国克服先天脆弱性，为南太平洋地区海洋治理做出了积极贡献。对山东而言，参与南太平洋地区海洋治理可以积累参与全球海洋治理的经验，为参与全球其他海域

---

① 《李希会见太平洋岛国驻华使节团》，广东省人民政府，2017 年 11 月 22 日，http：//www. gd. gov. cn/ywdt/szfdt/201711/t20171122_ 261829. htm。

的海洋治理夯实基础。目前，21 世纪海上丝绸之路倡议的实施为沿海省份提供了良好的海域对外开放机遇。沿海省份应主动对接国家发展战略，立足于自身优势，把握机遇。参与全球海洋治理不仅是中国海洋强国建设的国家目标，而且是全球治理的焦点。山东的海洋强省建设应把参与全球海洋治理置于核心位置，提升参与全球海洋治理能力。现代主义视域下的海洋治理未必可以产生很好的效果，而许多传统的方法反而行之有效。只有珍惜、呵护海洋，子孙后代才可以拥有一个富足的海洋环境。海洋不能被视为工业化世界的垃圾场，而是需要保护的脆弱区域。当下如何保护海洋的理念来源之一是土著的传统和实践。土著的传统和实践至今仍然与海洋治理密切相关。太平洋岛民已经开始基于传统建构南太平洋地区海洋治理机制，并引进了充满强烈环境意识的路径。[①] 太平洋岛民的经验和倡议可以帮助山东在参与全球海洋治理的过程中，使用基于传统的海洋治理方式。未来，随着参与南太平洋地区海洋治理经验的积累，山东可以把这一经验推广到其他地区的海洋治理，比如南印度洋地区、加勒比地区。这些地区与南太平洋地区的共性是拥有一定数量的小岛屿发展中国家，重视基于传统的海洋治理路径，与南太平洋地区拥有类似的海洋观念。因此，基于传统的海洋治理路径更适用于这些地区。自提出海洋强省战略后，山东积极落实"构建命运共同体"重要指示，积极参与全球海洋治理，东北亚和东亚方向海洋合作得到加强。东北亚地区地方政府联合会海洋与渔业专门委员会永久会址落户威海，东亚海洋合作平台连续开展四届务实合作交流，2019 年签约项目资金 370 多亿元。[②]这些举措使山东不断深化蓝色伙伴关系，持续改善海洋生态环境，明显提升了海洋经济发展质量。

---

① John M. Van Dyke, Durwood Zaelke, Grant Hewison, *Freedom for the Seas in the 21st Century: Ocean Governance and Environmental Harmony*, Washington, DC: Island Press, 1993, p. 4.

② 《山东经略海洋取得良好成效》，山东省海洋局，2020 年 3 月 8 日，http://hyj. shandong. gov. cn/xwzx/sjdt/202003/t20200308_ 3042057. html。

# 第二节　有助于完善山东海岛治理能力

海岛是保护海洋环境、维护海洋生态平衡的基础平台，是壮大海洋经济、拓宽发展空间的重要依托，是捍卫国家海洋权益、保障国防安全的战略前沿。健康的海岛生态系统是国家生态安全的重要组成部分，是经济社会可持续发展的重要支撑。《全国海岛保护工作"十三五"规划》指出，到 2020 年，实现海岛生态保护开创新局面、海岛开发利用跨上新台阶、权益岛礁保护取得新成果、海岛综合管理能力取得新进展的目标。从国际上看，海岛地区应对气候变化和绿色发展转型正成为全球性关注的议题；以生态系统为基础的海岛治理正成为当今全球海岛保护管理的发展趋势。国际地缘政治复杂多变，岛礁生态保护问题成为各方角力的重要内容。21 世纪海上丝绸之路建设对海岛工作参与全球海洋治理提出了新要求。《全国海岛保护工作"十三五"规划》强调了发挥中国海岛在全球海洋治理中的关键作用，并强化与小岛屿国家的合作与交流，其中包括斐济、瓦努阿图等太平洋岛国，借鉴国际海岛保护的成功经验。基于此原则，山东可以强化与太平洋岛国的合作，借鉴太平洋岛国在海岛治理方面的先进理念和经验，提升山东海岛治理能力。

## 一　山东海岛现状

山东近 15 万平方千米的所属海域中，共有海岛 589 个，其中，有居民的海岛 32 个，占 5.4%；无居民海岛 557 个，占海岛总数的94.6%。山东海岛绝大多数位于近岸海域，距大陆海岸线 5 千米以上的海岛主要分布在长岛县境内，距大陆海岸线最远的有居民海岛是北隍城岛，离岸距离约 61 千米。长岛县为山东唯一的海岛县。山东已经建立了保护区，集中保护海岛。涉及海岛的自然保护区包括长岛国家级自然保护区、黄河三角洲国家级自然保护区等。涉及海岛的海洋特别保护区包括长岛长山尾海洋地质遗迹海洋特别保护区、威海刘公岛海洋生态国家级海洋特别保护区等。涉及海岛的地质公园包括长山列岛国家地质公园和养马岛省级地质公园。同时，山东已经展开了高角、镇锣岛等领海基点的保护工作，划定了保护范围，设置了保护标志，规定禁止在领海基点海岛保护范围内进行工程建设以及采石、采矿、砍伐等可能改变该区地形、地貌的行为。然而，随着海岛资源保护与开发矛盾的日益突出，海岛空间资源的稀缺性进一步加剧，山东当前的海岛保护面临着很大的困难。

第一，海岛生态破坏较为严重。部分海岛因开发围海养殖、炸岛挖岛、乱围乱垦等，地形地貌改变，生态系统和自然景观被破坏，如麻姑岛、外连岛和里连岛等；部分海岛滥捕、滥采稀缺生物资源，导致生物多样性降低，生态环境恶化，如三平大岛、马儿岛等；部分海岛因围海而灭失，如内遮岛、二岛和红岛等。国家层面上，我国与20世纪90年代相比，许多海岛已经消失，其中辽宁48个，河北60个，福建83个，海南51个。海岛的治理首先要积极保存海岛，而不仅仅是不实施侵害海岛的行为。①

第二，海岛权属不清。无居民海岛是国家资源，《中华人民共和国海岛保护法》施行前缺乏统一规划和科学管理，导致开发利用活动无序无度；部分单位和个人对海岛权属性质认识不清，随意占用、使用、买卖和出让，造成国家海岛资源的破坏和资产流失，甚至严重影响国家正常的执法管理、科学研究、调查和监测活动等，如马儿岛。

第三，海岛开发利用粗放。无居民海岛资源的开发普遍缺少科学规划，整体布局不够合理，开发随意性、粗放型较大，科技含量不高。尤其在海岛旅游开发方面，尚处于初级阶段，项目单一，以资源利用型为主，经济拉动作用不显著。

第四，海岛基础设施建设滞后。海岛交通、水、电等基础设施建设滞后，公共服务保障能力不足，居民生活与生产条件艰苦。多数海岛交通基础设施不发达，甚至鸡鸣岛、南黄岛、南小青岛等有居民海岛道路、码头等基础设施较为落后；车由岛、小竹山岛、女岛、高山岛等有常住居民的海岛上淡水资源紧缺，电力依靠简易的风车维持。

---

① 贾金宝、娄成武：《海岛保护优先原则的立法反思》，《生态经济》2014年第1期。

绝大部分海岛无垃圾、污水处理设施。

## 二 强化与太平洋岛国的海岛治理合作

作为海洋大型发展中国家，太平洋岛国在海岛治理中处于国际领先地位。事实上，南太平洋地区是一个"岛屿之海"。岛屿是太平洋岛国的一个基本自然属性，是海洋生态系统中不可或缺的组成部分。因此，它们对海岛或低洼环礁极为重视，注重保护海岛或低洼环礁的环境。由于低洼环礁的脆弱性和特殊结构，太平洋岛国把所有的低洼环礁视为稀缺或脆弱的生态系统，并在全球层面、区域层面及国家层面做了大量的努力，建立了特殊的海洋保护区，区分了保护类型。作为海洋环境的关键组成部分，低洼环礁在南太平洋地区很多公约条款中被明确保护。1986 年的《SPREP 公约》要求公约缔约方采取个体或集体的举措保护威胁动植物以及它们的栖息地。缔约方所提供的保护机制之一是保护区，比如海洋公约或海洋保护区，目的是阻止或调节任何可能对物种、生态系统或生物进程有负面作用的活动。[①] 由于海岛与海洋环境的联系较为密切，并易受其影响，因此不能把海岛与海洋区域割裂开来。不难看出，太平洋岛国是以海洋的观念来看待、治理海岛，充分尊重海岛的自然环境以及其与海洋生态环境的关系。事实上，山东以往对待海岛治理的观念具有很大的局限性，割裂了其与海洋区域的关系，以至于很多海岛消失。同时，对于海岛的治理还是基于陆地的观念。比如，一些城市根据严格的城市规划，在海岛上建立了基础设施完善的旅游区，修建了整齐的道路和高楼。这虽然有助于提升海岛旅游能力，但客观上破坏了海岛的原生态。大量旅客的涌入有时超出了海岛本身所能承受的范围，不利于海洋生态环境的保护。对于这一点，太平洋岛国非常重视海岛自身所能承载的压力，严格限制来太平洋岛国旅客的数量，而且反对海岛过分商业化，保存海岛的自然环境。中国已经意识到了与小岛屿国家在海岛保护方面合作

---

① John M. Van Dyke, Durwood Zaelke, Grant Hewison, *Freedom for the Seas in the 21st Century: Ocean Governance and Environmental Harmony*, Washington, DC: Island Press, 1993, p. 219.

的重要性。2017 年 9 月，中国与小岛屿国家海洋部长圆桌会议通过了《平潭宣言》，涉及海岛治理合作的两方面内容：一是开展海岛生态环境保护。在海岛生态环境长期监测、海洋生物多样性保护、珊瑚礁、海草床、海岸沙丘、海岸带河口、红树林，以及相关湿地生态系统监测与研究等领域加强务实交流与合作，促进海岛及周边海域生态系统健康。二是加强海岛及周边海域防灾减灾。加强中国与小岛屿国家开展应对海平面上升、海啸、风暴潮、海岸侵蚀、海洋酸化等方面的合作研究和调查。山东应积极落实《平潭宣言》达成的各项合作共识，加强与太平洋岛国在海岛治理方面的合作与交流，积累丰富的海岛治理经验。

　　加强海岛协同治理是山东海洋强省战略的重要组成部分，是打造山东海洋强省总体格局的关键配置。《山东海洋强省建设行动方案》指出："以保护为核心，强化海岛分类管理，突出主导功能，科学保护海岛及周边海域生态系统，优化利用有居民海岛，保护性利用无居民海岛，严格保护特殊用途海岛。充分利用海岛及邻近海域渔业、旅游、港口和海洋可再生能源等，因岛制宜发展医养结合等特色海岛经济，重点推进五大岛群的保护利用。长岛及烟台岛群，重点发展海洋生态牧场、海洋旅游业，加快建设长岛海洋生态文明综合试验区，争创海洋类国家公园。威海岛群，重点发展海洋生态牧场、海洋旅游业，提升刘公岛海洋文化旅游品位，打造国际知名的国际海岛旅游休闲目的地。青岛岛群，重点发展现代化的港口物流、海洋文化创意设计、游钓型游艇业等，创新特色海岛服务业模式，打造综合性海岛保护利用样板。日照岛群，重点发展深远海智能化海洋牧场，建设全国重要的海岛综合保护开发示范区。滨州岛群，重点保护贝壳堤岛与湿地生态，培育牡蛎礁典型生境，发展海洋生态旅游，建设黄河三角洲海岛保育示范区。"[①]

---

① 《山东海洋强省建设行动方案》，山东省农业农村厅，2018 年 5 月 14 日，http：//www.sdny.gov.cn/snzx/snxw/snxw/201805/t20180514_ 1309989.html。

## 第三节　有助于中国构建海洋命运共同体

2019 年 4 月 23 日，习近平总书记在海军成立 70 周年之际提出了构建海洋命运共同体的倡议，指出了海洋对人类生存和发展的重要性。"海洋孕育了生命、联通了世界、促进了发展。我们人类世界居住的这个蓝色星球，不是被海洋分割成了各个孤岛，而是被海洋连接成了命运共同体，各国人民安危与共。"① 在 2019 年 6 月 8 日的世界海洋日的时候，中国政府再次提出了海洋命运共同体的倡议。"人类居住的这个蓝色星球被海洋联结成命运共同体。我们要共护海洋和平，共筑海洋秩序，共促海洋繁荣。珍惜海洋资源，保护海洋生物多样性。"② 海洋是人类的共同财产，与全人类的命运息息相关，是一个复杂的系统。从这个角度看，海洋命运共同体是一个整体意义上的由不同国家有机组成的系统，而不是各个国家孤立地存在。因此，对海洋的认识或治理需要坚持整体主义原则。在约翰·范德克看来，意识到海洋是人类共同财产有助于如何分配海洋资源。③ 海洋命运共同体倡议的提出是对以往海洋强权或争霸的摒弃，将海洋视为一个整体，构建全人类的命运共同体。值得注意的是，发展是人类永恒的课题。海洋孕育着巨大的发展潜力。以海洋为载体，发展蓝色经济，有助于实现全人类的共同繁荣。

然而，当下，全球海洋碎片化确实是一个不容忽视的现实。历史上，对海洋利用方式的演变客观上将海洋碎片化。"古代文明衰亡之后，国家的实践活动趋向于对海洋作'无主物'的解释，国家对海洋的某些区域提出了行使特定管辖权或拥有完全主权的主张。早在 9

---

① 《习近平集体会见出席海军成立 70 周年多国海军活动外方代表团团长》，新华网，2019 年 4 月 23 日，http://www.xinhuanet.com/politics/leaders/2019-04/23/c_1124404136.htm.

② 《自然资源部邀请您：珍惜海洋资源，保护海洋生物多样性》，自然资源部，http://www.mnr.gov.cn/dt/ywbb/201906/t20190608_2440251.html.

③ John M. Van Dyke, Durwood Zaelke, Grant Hewison, *Freedom for the Seas in the 21st Century: Ocean Governance and Environmental Harmony*, Washington, DC: Island Press, 1993, p.19.

世纪，拜占庭便提出了对渔业和海盐的管辖权主张。威尼斯对亚得里亚海、许多国家对波罗的海的权利主张，基本上都是根据本国的航海力量提出的。这一过程到了 1493—1494 年达到了顶点，这一年，西班牙和葡萄牙根据教皇亚历山大六世发布的一项训令，把全世界绝大部分的海洋加以瓜分。"① 日本学者田中义文在《海洋治理的二元路径》中指出了这一点。"在物理学上，海洋是一个整体，但从法律意义讲，海洋被主权国家所分割。国际海洋法的历史就是把海洋分为许多管辖空间，比如内水、领海、毗连区、专属经济区、群岛水域等。"② 阿韦德·帕尔多（Arvid Pardo）强调了这一点。"世界共同体需要把海洋空间视为一个整体，以建立一个新型合法治理秩序。这样的新型海洋秩序可以保护所有海洋利用者的共同利益，为所有国家在海洋空间利用中提供日益广泛的机会。国际社会只有通过有效地治理超出国家管辖范围海域的海洋资源，着眼于为所有国家获益，平等分享收益，才能实现这些目标。"③ 海洋命运共同体理念的提出，有利于打破旧有的海洋地缘政治束缚，有利于应对人类所面临的共同挑战，也有利于促进国际海洋秩序朝着更为公平、合理的方向发展。④ 构建海洋命运共同体，是推动建设新型国际关系的有力抓手。当今世界，尽管冷战早已结束，然而冷战思维并没有退出历史舞台。只有跳出冷战思维窠臼，顺应时代发展潮流，树立海洋命运共同体理念，坚持平等协商，才能促进海洋发展繁荣，为建设新型国际关系注入强劲动力。

　　太平洋岛国虽然拥有海洋资源禀赋，但经济体量较小，国家比较贫困，因此，发展是这些小岛屿国家摆脱贫困的重要出路。SPC 在

　　① ［加拿大］巴里·布赞：《海底政治》，时富鑫译，生活·读书·新知三联书店1981 年版，第 9—10 页。

　　② Yoshifumi, Tanaka, *A Dual Approach to Ocean Governance：The Cases of Zonal and Integrated Management in International Law of the Sea*, Ashgate Publishing Company, 1988, p. 1.

　　③ Arvid Pardo, "Perspectives on Ocean Governance", in Jon M. Van Dyke, Durwood Zaelke, Grant Hewison, *Freedom for the Seas in the 21st Century：Ocean Governance and Environmental Harmony*, Washington D. C. : Island Press, 1993, p. 39.

　　④ 杨剑：《建设海洋命运共同体：知识、制度和行动》，《太平洋学报》2020 年第 1 期。

《战略计划2016—2020》中确定了自身的发展目标和理念。"SPC 同意太平洋岛国论坛领导人在《太平洋区域主义框架》中通过的理念：我们的太平洋愿景是追求一个和平、和谐、安全、繁荣的地区，太平洋人民可以过上幸福、健康的生活。"① 海洋是人类的共有财产，并不专属于某一个国家。如何可持续利用海洋及其资源是太平洋岛国未来可持续发展的重要出路。山东具备参与南太平洋地区海洋治理的基础和实力，将对太平洋岛国的可持续发展做出积极的贡献，推动中国与太平洋岛国构建海洋命运共同体。这也是国家对山东的期望。2018年3月8日，习近平总书记在参加第十三届全国人大一次会议山东代表团审议时强调，山东有条件把海洋开发这篇大文章做深做大，希望山东为海洋强国建设做出贡献。② 沿海政府海洋治理能力直接影响国家海洋治理体系的成效。在海洋政治治理体系中，应进一步深化依法治国，加快海洋法制建设步伐，调整海洋管理思路，逐步实现向依靠多元主体共治等现代治理模式的转变，促进海洋生产力快速发展和海洋生产关系和谐。

当下，山东正强化海洋意识，全力推进海洋强省建设，海洋发展呈现良好的势头。在这种大形势下，山东参与南太平洋地区海洋治理是一种应然之举。全球层面、国家层面、地方层面的驱动使得山东参与南太平洋地区海洋治理充满了美好的前景。随着中国全力推进"一带一路"倡议在南太平洋地区的践行，山东应顺应国家层面的势头，发挥地方优势，实现地方层面与国家层面的有效战略对接。

---

① SPC, *Pacific Community Strategic Plan 2016 - 2020*, New Caledonia：Noumea, 2015, https：//www. spc. int/sites/default/files/resources/2018 - 05/.

② 《习近平分别参加全国人大会议一些代表团审议》，新华网，2018 年 3 月 8 日，http：//www. xinhuanet. com/politics/2018lh/2018 - 03/08/c_ 1122508329. htm。

# 结　　语

随着全球海洋问题的日益复杂化、多元化，海洋治理已经成为人类共同面临的一项紧迫课题。如何做好这项课题，关系到人类的前途与未来。在陆地资源日益枯竭的背景下，海洋开发给人类带来了新的希望。在海洋研究和利用技术的推动下，人类可利用的新领域越来越多，并产生了切实的经济效果。海洋开发利用的进步，给国际社会以肯定的、无限的希望。海洋能够为人类的可持续发展作出更多、更大的贡献。应当指出的是，海洋的价值绝不仅限于资源、海上通道等传统意义上的价值。事实上，海洋是全球生态系统中不可或缺的组成部分，也是人类及海洋生物的家园。海洋对全球气候的影响和对所及区域的气候控制作用，是早已为人们熟知的事实。但是，近期海洋监测、实验、研究发现，海洋对全球气候的作用，远不只传统的看法，实际上还要深刻、广泛得多。比如，与厄尔尼诺现象伴生的大面积海水升温，不仅对海区生物资源造成破坏，还会使局部地区，乃至全球大范围大气环流异常，引起灾害性天气。全球变暖给海洋带来了显著的变化：海平面上升、海岸侵蚀加剧、沿海低平原海水倒灌等。全球变暖对海洋生态系统也带来了直接影响。比如，大堡礁区域的珊瑚海真的"瞬间苍白"。气候变暖引发的海水温度上升导致大堡礁面临着史无前例的珊瑚白化危机。全世界已有2/3的珊瑚遭到破坏。珊瑚礁生态系统也在遭受污染和过渡捕捞的威胁，这个素有海洋"亚马逊"和"世界海洋之肺"的自然瑰宝正在以惊人的速度退化。海洋在全球气候变化中的作用是突出的。作为一个统一的自然系统，海洋存在着历史演化而形成的内在平衡，如生态系统平衡、生态与环境平衡、海洋沉积动力平衡等。这些平衡都是有条件的，当其依据的条件出现变动，平衡也将被打破，产生对人类直接或间接的影响。随着沿海工业、人口增加和海洋开发的发展，海洋环境出现恶化的趋势。治理海洋已经刻不容缓。

在全球海域中，南太平洋地区不仅拥有丰富的海洋生物多样性和海洋资源、价值重要的海上交通线和战略岛屿、广阔的专属经济区等，而且面临着复杂的海洋问题。目前，整个南太平洋地区生物多样性下降的速度惊人，并在全球造成了巨大的损失。该地区仍面临着栖息地的退化，这挑战了许多海洋物种和生态系统的复原力，其中包括红树林和陆地森林。这加剧了气候变化对珊瑚礁的负面影响。2020年4月19日，第十届太平洋岛屿会议的主题确定为"恢复太平洋复原力的自然保护行动"[①]。南太平洋地区海洋治理已经成为全球海洋治理的焦点，为国际社会所关注，吸引了一些域外国家和国际组织的参与。作为域外大国，近年来，中国参与南太平洋地区海洋治理的力度逐渐加大。在官方政策驱动下，很多地方政府、企业及私人社团开始聚焦到南太平洋地区海洋治理，纷纷展开同太平洋岛国的海洋合作。作为海洋大省，相比较东亚和东北亚地区，山东对南太平洋地区的海洋治理重视程度不够。这并不符合其海洋大省的身份。在建设海洋强省的内在逻辑之下，山东较为重视同太平洋岛国展开海洋合作，逐渐参与南太平洋地区海洋治理。不能否认的是，作为地方政府，山东在参与南太平洋地区海洋治理过程中，仍然不可避免地面临着一些困境。这些困境既有内部原因，也有外部原因。

第一，缺乏对太平洋岛国海洋文化的深刻了解。浓厚的商业气息是山东海洋文化的一个重要内涵。这一特征与历史的积淀有关，山东自古便有兴"渔盐之利""舟楫之便"的传统，商贸意识比较浓厚。另外山东的地理位置和环境也促成了海上商贸活动的大发展。一是山东内陆地区发达的农业和手工业，给商贸活动提供了充足的资源。二

---

① "10th Pacific Islands Conference: Nature Conservation and Protected Area", SPC, April 19, 2020, https://www.spc.int/events/.

是沿海林立的港口为商贸活动提供了场所，所以古代山东一直以海洋
商贸著称于世。早在战国时期，山东的琅琊古港，就成为了开展对外
贸易的港口，此后历朝历代的山东贸易都十分繁荣。隋唐时期的登
州、莱州都是北方重要的通商口岸，北宋时期在密州设立了市舶司，
更体现了山东海洋贸易的兴盛。即使在明清两代，虽然例行的海禁政
策压制了海上贸易的势头，民间海上贸易活动依然在夹缝中求生存，
足见商业贸易活力的旺盛和渗透力之强。① 明清时代，是山东海上贸
易的繁盛时期。只要看一看山东半岛沿海地区鳞次栉比的港口上大大
小小的天妃宫或曰天后宫，就明白了。这些港口商埠及其天后宫的形
成，都是海洋历史记忆和文化基因。②

　　如前文所述，太平洋岛国的海洋文化是一种天人合一的文化，把
海洋视为家园和亲属关系。从本质上看，山东的海洋文化是一种物质
性的海洋文化，这同太平洋岛国的海洋文化有着根本的不同。在参与
南太平洋地区海洋治理过程中，山东的物质性海洋文化难免会同太平
洋岛国的海洋文化发生碰撞。这会给双方的海洋合作带来负面影响。
太平洋岛国把保护海洋视为自身优良的传统。这跟现代化语境下的利
用海洋观念并不相同。

　　第二，南太平洋地区日益拥挤、复杂。《太平洋区域主义状况报
告2017》指出太平洋岛屿地区日益复杂、拥挤的地区形势。"近年
来，一些新的政府、捐助者、社会组织和慈善家对太平洋地区的兴趣
不断增长，而太平洋地区也更多地加入到各不相同的政治集团中，既
包括次区域层面的，也包括全球层面的。这给缔结伙伴关系和获取资
助带来了更大机遇，同时也引发了重新审视地区架构的呼吁，以及存
在多种'区域主义'而非单一区域主义大本营（指太平洋岛国论坛）
的主张。太平洋地区目前拥挤而复杂的地缘政治环境孕育安全风险，

---

① 王颖：《山东海洋文化的发展历程及特点》，《山东教育学院学报》2006年第6期。
② 曲金良：《山东海洋文化在中国海洋文化史上的地位》，《山东社会主义学院学报》
2018年第4期。

'非传统'地区伙伴理应从中收获明显的影响力。"①《萨摩亚观察者》指出太平洋岛屿地区发生了新的变化。包括中国在内的域外行为体影响力日益增加，导致太平洋岛屿地区竞争日趋激烈。太平洋外交中的范式转变正重塑地区秩序。② 萨摩亚总理图伊拉埃帕·萨伊莱莱·马利莱额奥伊（Tuilaepa Lupesoliai Sailele Malielegoi）在第四十八届太平洋岛国论坛峰会上指出，"由于太平洋特殊的地理位置，比如全球权力中心转变的趋向，太平洋是当今全球地缘政治的中心"③。历史上，太平洋曾经成为域外国家博弈的焦点区域。美国、法国、英国、印度、日本等国纷纷提出了自身的印太战略，把南太平洋地区视为其印太战略的重要组成部分。在印太战略框架内，南太平洋地区的战略价值进一步凸显。国家行为体围绕南太平洋地区的博弈日趋激烈。毫无疑问，这将对非国家行为体参与南太平洋地区事务增加难度。

对山东来说，中国近年来在南太平洋地区不断增加的影响力客观上挑战了澳大利亚、美国在该地区的传统地位，引起了它们的恐惧。在《"一带一路"建设海上合作设想》提出后，中国全面发展同太平洋岛国的关系，在太平洋岛屿地区的影响力突飞猛进。目前，有 10个太平洋岛国同中国建立了战略合作伙伴关系。中国对太平洋岛国的援助每年都在增长，在太平洋岛屿地区的经济活动日益活跃。美国与澳大利亚都对此感受到了危机。2018 年 5 月，据《萨摩亚观察者》的报道，中国正在法属波利尼西亚修建一个价值 20 亿澳元的养鱼场。这是太平洋岛屿地区第二大投资。一些美国官员对中国的经济活动表示了担忧，并提醒美国和澳大利亚需要在太平洋岛屿地区更有作为。该渔场项目紧挨着法国之前用于运载核试验装置的军事机场。虽然法属波利尼西亚政府称中国投资者无意控制这条 4000 米长的机场跑道，

---

① Pacific Islands Forum Secretariat, *State of Pacific Regionalism Report 2017*, Fiji: Suva, 2017, pp. 8 – 9.

② Anna Powles, Michael Powles, "New Zealand's Pacific Sea Change", *Samoa Observer*, 8 March, 2018, p. 14.

③ "Opening Address by Prime Minister Tuilaeopa Sailele Mailelegaoi of Samoa to Open the 48ᵗʰ Pacific Islands Forum 2017", Pacific Islands Forum Secretariat, 5 September 2017, https://www.forumsec.org/.

但澳大利亚对此表现出了担忧的态度。① 澳大利亚在该地区对中国抱有敌对性的思维，对中国在南太平洋地区日益增强的影响力表现出了担忧的态度。格雷格·弗莱（Greg Fry）和桑德拉·塔特（Sandra Tarte）认为中国的"影响力援助"是南太平洋地区地缘政治竞争的主要驱动力。② 在马克·斯密斯（Mark Smith）看来，中国未来十年在太平洋岛屿地区的发展，不会直接威胁澳大利亚的领土主权，但会以和平或非和平方式改变战略秩序。长远来看，它将削弱澳大利亚在太平洋岛屿地区的优势。应对中国在南太平洋地区的崛起将成为澳大利亚未来十年突出的战略挑战。③ 2018 年 6 月，在澳大利亚总理警告中国在太平洋岛国修建军事基地后，澳大利亚表示它将与瓦努阿图谈判一项安全协定。在瓦努阿图总理夏洛特·萨尔瓦伊塔比马斯马斯（Charlot Salwai Tabimasmas）访问澳大利亚国会大厦期间，澳大利亚总理麦克姆·腾巴尔（Malcolm Turnbull）宣布了这项谈判。"我们同意就共同安全利益（比如人道主义援助、灾害应对、海事监测、边境安全、治安和防务合作），开始关于双边安全协定的谈判。"④ 2013 年《国防白皮书》虽然明确表示"澳大利亚政府并不视中国为对手"，并认定中国防务力量的增强是其经济增长的"自然和合理"的结果，但亦认为中国的军事现代化将不可避免地会影响地区国家的战略规划和行动，并正在改变西太平洋的军力平衡。⑤

当前，中美战略互疑不断加深。正如王缉思、李侃如在《中美战略互疑：解析与应对》中所言："美国与中国之间不断加深的战略互疑有三个基本来源。第一，自中华人民共和国于 1949 年成立以来，两个政体之间就存在着不同的政治传统、价值体系和文化。第二个战

① David Wroe, "China Casts its Net Deep into the Pacific with ＄3.9 Billion Fish Farm", *Samoaobserver*, 20 May, 2018, p. 20.

② Greg Fry, Sandra Tarte, *The New Pacific Diplomacy*, Australia: ANU Press, 2015, p. 11.

③ Mark Smith, "Navigating Uncertain Waters: The Three Most Significant Geo - Strategic Challenges Confronting Australia In The Next Decade", *The Regionalist*, No. 2, 2014.

④ "Australia tries to counter China's Influence in Pacific Islands, Will Negotiate Security Treaty with Vanuatu", *South China Morning Post*, May 2018.

⑤ "2013 Defense White Paper", *Australia Government Department of Defence*, 2016, p. 42.

略互疑的广泛来源是，对对方国家的决策过程、政府和其他实体的关系理解和鉴别不够。每一方都倾向于认为对方的行动更具有战略目的，是精心设计的，而且内部协调比实际情况更好。第三个战略互疑的总根源，是公认的美国和中国之间的实力差距缩小。"① 如果这些战略互疑得不到有效控制，那么中美很有可能走向对抗。如果中美关系出现问题，澳大利亚不得不面临在中美两国之间选边站的问题。中国在南太平洋地区的影响力一定程度上挑战了美国在该地区的地位。美国对于挑战国的一贯做法是均势与威慑。对挑战国的遏制是西方战略思想中的重要组成部分，这其中包括两个方面。第一个方面是基于势力均衡的战略思想，对任何挑战均势格局的国家进行遏制和打压。这种情况在近代欧洲表现得最为明显。第二个方面是基于霸主国地位的考虑，霸主国会对敢于挑战其领导地位的新兴国家进行压制，防止其实力超过自身。作为霸主国的美国则通过对挑战国的遏制，为本国在世界范围内部署军力提供了合法性依据。正如美国学者雷蒙德·加特霍夫对美国冷战期间的遏制战略所评价的那样："美国遏制战略的主要好处不是劝阻苏联进攻，而是安抚西欧国家。"② 随着太平洋岛屿地区战略环境的改变以及美国网络型伙伴关系的构建，美国对于中国的战略手段由原来的"软平衡"③ 逐渐向"硬平衡"过渡，遏制中国在南太平洋地区的地位。

中国在南太平洋地区所面临的障碍对山东参与该地区海洋治理而言，是一种巨大的挑战。很多中国在南太平洋地区的援助项目及合作项目由地方企业、研究所、高等院校等来承担。比如，为了落实中国与斐济确定的菌草技术项目，福建农林大学组成的专家组迅速到位。他们先后八次到斐济调研，经过深入系统地考察与交流，在驻斐济中

① 王缉思、李侃如：《中美战略互疑：解析与应对》，社会科学文献出版社 2013 年版，第 40—41 页。

② ［美］雷蒙德·加特霍夫：《冷战史：遏制与共存备忘录》，伍牛、王薇译，新华出版社 2003 年版，第 214 页。

③ 更多关于中美南太平洋地区"软平衡"博弈态势的内容参见梁甲瑞、高文胜《中美南太平洋地区的博弈态势、动因及手段》，《太平洋学报》2017 年第 6 期；梁甲瑞《中美南太平洋地区的"软平衡"态势及前景》，《世界经济与政治论坛》2017 年第 2 期。

资企业的协助下，最后形成《中国援助斐济菌草技术示范中心考察报告》。自 2018 年 7 月以来，聊城大学在国家教育部和孔子学院总部的指导下贯彻落实中国与汤加教育交流合作谅解备忘录开展的一系列工作，包括派遣援汤教师、筹建汤加孔子学院和聊城大学汤加学院以及开展农技推广培训等。湖南是援外大省，自 2000 年以来，湖南省累计派出 311 名农业援外专家。其中，派出了 16 名专家和技术员赴萨摩亚执行中萨农业技术合作一期、二期、三期项目，中国援助密克罗尼西亚的第五期示范农场项目，由湖南国际经济技术合作公司承担。公司从湖南省蔬菜研究所和益阳市农业局选配了 4 名专家和 1 名翻译组成了专家组，前往密克罗尼西亚工作。在广东省的促成下，广东知名企业与太平洋岛国在基础设施建设、渔业、农业方面开展了卓有成效的合作，双方取得了良好的经济效益和社会效益。广东建工对外建设有限公司爱巴布亚新几内亚承担了沃达尔农业大学宿舍楼扩建、莱城理工大学数学与计算机系教学楼重建等援建项目。渔业公司在太平洋岛国也建立了渔业基地。同时，为了配合中国对太平洋岛国的外交，广东从 2007 年起，先后派出多个团组出访斐济、瓦努阿图、密克罗尼西亚、汤加等国家，在经贸、文化、医疗、教育、农业等领域开展了丰富多彩的交流活动。这一系列案例体现了地方层面的举措对国家对外战略的促进作用。

国家对外战略的顺利落实将有助于地方层面举措的开展，反之亦然。一方面，中国在南太平洋地区的机遇为中国地方企业、政府、科研院所等提供了广泛参与的机会；另一方面，中国在南太平洋地区的阻力也会对它们构成巨大的挑战。山东参与南太平洋地区海洋治理既有机遇，也会有挑战。能否正确应对这些挑战，对山东的海洋强省战略及中国的"一带一路"倡议都有着重大的影响。

山东参与南太平洋地区海洋治理适应了全球海洋治理的多层次治理趋势，是地方政府参与全球海洋治理的尝试。这将完善中国参与全球海洋治理的体系，丰富全球海洋治理框架。同时，山东应尽快制定参与南太平洋地区海洋治理的具体举措，落实《山东海洋强省建设行动方案》中提升全球海洋治理能力的要求。随着山东参与南太平洋地区海洋治理进程的推进，山东将充分发挥自身的海洋优势，更好地建设海洋强省，深度融入"一带一路"倡议在南太平洋地区的践行。某种程度上讲，南太平洋地区将成为山东参与全球海洋治理的一个尝试。

　　需要指出的是，全球海洋治理不同于国内海域的治理。地方政府应充分了解以《联合国海洋法公约》为基础的全球层面上的海洋治理机制以及不同区域内的海洋治理机制，与全球海洋治理规范进行对接。对山东而言，借鉴欧盟在南太平洋地区海洋治理的经验是其当务之急。[①] 欧盟在全球海洋治理中发挥着至关重要的作用，制定了海洋治理的各种规范，有效弥补了《联合国海洋法公约》的不足之处。

---

　　① 更多关于欧盟在南太平洋地区的海洋治理参见梁甲瑞《积极介入：欧盟参与南太平洋地区海洋治理路径探析》，《德国研究》2019 年第 1 期。